高职设施农业技术专业系列教材
国家骨干高职院校建设项目成果

蔬 菜 栽 培

主　编　柴贵贤
副主编　巩振辉

西北工業大學出版社

【内容简介】 本书是高职院校设施农业技术、蔬菜、园艺及其他种植类专业核心教材，同时可作为蔬菜栽培自学考试、生产岗位培训用书，还可供生产技术人员、管理人员和蔬菜种植专业户参考。本书采用项目篇和任务篇的结构进行编写，让读者在完成任务的过程中掌握常见蔬菜的生产岗位所必须的知识和技能，其中理论篇分为2个课题，比较全面地介绍了蔬菜栽培的基础知识和基本技术。项目篇下设4个任务，是对蔬菜栽培基础理论和基本技术的综合应用。

图书在版编目(CIP)数据

蔬菜栽培 / 柴贵贤编. —西安：西北工业大学出版社，2015.6
ISBN 978-7-5612-4434-0

Ⅰ.①蔬… Ⅱ.①柴… Ⅲ.①蔬菜园艺—教材 Ⅳ.①S63

中国版本图书馆CIP数据核字(2015)第146255号

出版发行：西北工业大学出版社
通信地址：西安市友谊西路127号　　邮编：710072
电　　话：(029) 88493844　88491757
网　　址：www.nwpup.com
印 刷 者：兴平市博闻印务有限公司
开　　本：787 mm×1 092 mm　1/16
印　　张：13
字　　数：235千字
版　　次：2015年10月第1版　2015年10月第1次印刷
定　　价：27.00元

前　言

我国蔬菜栽培历史悠久，品种繁多，蔬菜产业发展已经取得了巨大的经济效益和社会效益。进入21世纪，世界蔬菜消费量年均增长5%以上。按照此增长幅度计算，全世界年均增加蔬菜消费4 000多万吨，到2015年总消费量将达到12.8亿吨。而由于劳动力成本的原因，发达国家蔬菜生产不断萎缩，今后还将减产，这为我国蔬菜发展提供了更广阔的发展空间。在这样的时代背景下，培养从事蔬菜栽培职业类人才已成为时代的需要，同时也是行业发展的需要。

本书适应高职“工作过程系统化”教学理念的要求，以蔬菜生产岗位(群)所必需的知识和技能为主线，在内容选择上以应用为目的，以“必需、够用”为原则，突出蔬菜“两高一优”生产的针对性和实用性。构建基础理论知识教学模块和实践技能应用教学模块，特别注重强化学生的实践技能训练，体现高职教育特色、蔬菜行业特色和北方区域特色，尤其是甘肃蔬菜栽培特色。每一理论和项目前都提出了知识目标和技能目标，利于学生明确学习目标。章后有相对应的实验实训项目，可提高学生的实际动手操作能力，同时编写了知识点回顾，帮助学生自学并提高学习效率。

本书力图清晰、实用性强，既注意教材知识结构的完整性，又注意避免与其他教材内容的重复，将其分为理论篇和项目篇。理论篇分多个课题，比较全面地介绍了蔬菜栽培的基础知识和基本技术。项目篇下设多个任务，是对蔬菜栽培基本理论和基本技术的综合应用，以工作过程为导向，以不同种类蔬菜生产为载体来设计教学任务，阐述主要蔬菜的高产高效栽培技术，适合采用“教、学、做”一体的教学模式，使理论与实践相融合，讲授与实训相融合，课堂与基地相融合，教学与考证相融合，教学过程与生产过程相融合。

本书在编写中承蒙西北农林科技大学巩振辉教授主审及武威职业学院农业经济系各位老师的大力支持，在此表示衷心感谢！

由于水平有限，加之编写时间仓促，收集资料不够广泛，书中难免有不足之处，恳请广大专家及读者批评指正。

编　者

2015年5月

目　录

理论篇

项目篇

理 论 篇

理论一 蔬菜栽培的基础知识

知识目标

1. 掌握蔬菜作物的分类方法。
2. 掌握蔬菜作物生育周期的划分及不同生育期的特点。
3. 掌握温度、光照、水分、土壤和气候条件对蔬菜生长发育的影响。
4. 了解蔬菜的定义、蔬菜栽培的特点。
5. 了解我国蔬菜生产的发展现状和前景。

技能目标

1. 能正确识别常见蔬菜的种类,并能指出各种蔬菜在不同分类法中的地位。
2. 能正确判断常见蔬菜所处的生育期。

信 息 单

课题一 蔬菜栽培概述

一、蔬菜的定义

蔬菜是一切可供佐餐的植物的总称,包括一、二年生草本植物,多年生草本植物,少数木本植物及食用菌、藻类、蕨类和某些调味品等,其中栽培较多的是一、二年生草本植物。蔬菜的食用器官包括植物的根、茎、叶、花、果实、种子和子实体等。

二、蔬菜的营养价值

人类食物当中,动物性食物(肉类、乳类、蛋品等)是人体蛋白质和脂肪的主要来源，植物性食物中的粮食作物是人体热能的主要来源，而蔬菜则是维生素、矿物质和膳食纤维素的主要来源。各类食物必须合理搭配，才能提供人体所需的各种物质，保证人体的正常发育和维持正常的生理功能。

1. **维生素**

蔬菜含有人体需要的多种维生素，人体食用后可维持正常的新陈代谢，增强免疫力，如果缺乏则会引起各种疾病。大多数维生素在人体内不能自身合成，必须靠食物供给。维生素 C 在蔬菜中普遍存在，含量最高的是辣椒，其次是芹菜、花椰菜、番茄及各种绿叶菜。胡萝卜素是维生素 A 原，在人体内和转化成维生素 A，在各种绿色蔬菜和橙色蔬菜中含量丰富。芫荽、马铃薯、金针菜等蔬菜含有较多的维生素 B_1，而白菜、菠菜、雪里蕻含有较多的维生素 B_2。

2. **矿物质**

蔬菜中含有钙、铁、磷、钾、镁等矿物质，是人体矿质元素的主要来源。如菠菜、芹菜、甘蓝、黄花菜含铁较多，绿叶菜含钙较多，海带、紫菜含碘较多，大蒜、胡萝卜、洋葱含硒较多。正是由于蔬菜中含有较多的矿物质，进入人体后呈碱性反应，可以中和肉、蛋、米、面等食物代谢产生的有机酸，所以能维持人体内酸碱平衡。

3. **膳食纤维**

膳食纤维包括纤维素、半纤维素、木质素和果胶等成分。蔬菜中含有丰富的膳食纤维，如韭菜、蒜苗、蕹菜（俗称空心菜）、黄豆芽、苦瓜等的膳食纤维含量都在1%以上，金针菜的膳食纤维含量高达6.7%，海带中膳食纤维的含量则高达9.8%。膳食纤维虽不易被人体消化吸收，但能加速食物中的致癌物质和有毒物质的移除，防止肠道疾病。同时，摄入膳食纤维还可控制进食，抑制胆固醇上升，有利于减肥和防止心脑血管疾病的发生。因此，膳食纤维被称为继糖类、蛋白质、脂肪、维生素和矿物质之后的“第六大营养素”。

此外，马铃薯、山药、芋头等含有丰富的糖和淀粉，豆类蔬菜和瓜类蔬菜种子中含有较多的蛋白质和油脂。蔬菜中的色素、芳香类物质、果酸等不仅可提供一定的营养外，还可促进食欲，帮助消化。

三、蔬菜栽培及特点

蔬菜栽培是指根据蔬菜作物的生长发育规律和对环境条件的要求，确定合理的栽培制度和管理措施，创造适宜蔬菜作物生长发育的环境，以获得高产优质、品种多样并能均衡供应市场蔬菜产品的过程。蔬菜栽培主要任务是要保证蔬菜产品数量充足，品质优良，种类多样和均衡供应。与其他农作物栽培相比，蔬菜栽培具有以下特点：

（1）蔬菜含水量大，不耐贮运，易损伤、萎蔫、腐烂。

（2）蔬菜多抗逆性较差，病虫危害多，故栽培的风险性大，易受不良天气的影响。

（3）蔬菜栽培的技术性较强，对栽培条件要求高。做好蔬菜栽培需要掌握种子处理、育苗、嫁接、变温管理、植株调整、人工授粉、各种病虫害和生理障碍防治等栽培技术，进行反季节栽培还需要提供相应的设施和设备。

（4）蔬菜生产的集约化程度高。即在单位面积上投入较多的生产资料和劳动进行精耕细作，利用提高单位面积产量的方法来获取较高的经济效益。

四、我国蔬菜生产的发展现状与前景

（一）取得的成绩

我国蔬菜生产取得了可喜的成就，市场蔬菜数量充足，供应基本均衡，花色品种增加，商品质量有所提高，价格相对平稳，生产基地进一步巩固，产销一体化进程加快，生产现代化程序逐步提高。具体情况如下：

1. 我国蔬菜生产量

1999 到 2002 年，全国蔬菜种植面积以每年 8% 的速度递增，蔬菜产量连年创新高，总产量已占到世界总产量的一半以上。全国人均蔬菜占有量达到 300 kg/年左右，比世界蔬菜的人均占有量 102 kg/年高出 3 倍左右，蔬菜总供应量远大于蔬菜总需求量。

随着粮食播种面积下降，2003 年国家从宏观上进行了农业种植结构的调整，出台各种方法鼓励农民多种粮食，导致蔬菜播种面积的递增速度有所减缓，2004 年蔬菜种植面积明显下降。总体来看，蔬菜总供应量与总需求量基本平衡，但还存在着地区性、季节性和结构性的产品过剩现象。目前，我国蔬菜生产布局不断优化，已形成了高产高效的优势产区、不同纬度和海拔的反季节产区。蔬菜质量安全水平不断提高。蔬菜已从昔日的副食品成为城乡居民生活必不可少的重要食品，成为农业农村经济发展的重要支柱产业，成为关系社会稳定的重要民生产品。

2. 我国蔬菜生产基地

根据农业部的统计，在我国不同的生态区域已经形成了具有不同产销功能的多层次蔬菜商品生产基地。如以广东、海南、福建、广西为代表的南菜北运基地，以江苏、安徽、山东为代表的早春菜基地，以河北、陕西、内蒙古为代表的夏秋淡季菜基地，以甘肃河西走廊、陕西等地为代表的西菜东运秋菜基地，以山东、河北、河南、辽宁、黑龙江为代表的冬春季设施蔬菜基地，以山东、河北、河南为代表的大白菜基地，以湖北的长阳、陕西的太白、河北的张家口为代表的山区等特殊气候带的夏季反季节蔬菜基地,还有特菜、出口菜基地等。

3. 蔬菜品种多样化

目前,全国蔬菜种子市场品种多达上万个,分门别类也有上千种。其种类可分为地方原有品种,研究单位培育的杂交品种,国外引进品种;露地品种,保护地品种;大路菜品种,特菜品种,稀有品种;早熟品种,中熟品种,晚熟品种;抗热、抗寒、抗盐碱等抗逆性品种,抗病品种等数不胜数。目前,蔬菜新品种研究正朝着不同类型的专一化、区域化等方向发展。

4. 出口蔬菜

我国蔬菜出口产品结构主要有保鲜蔬菜、蔬菜腌制品、蔬菜干制品、蔬菜罐头、蔬菜汤、冷冻保藏蔬菜等,主要出口的国家和地区有日本、韩国、新加坡、美国、中东、英国、新西兰、澳大利亚、法国以及西欧等发达国家。我国蔬菜出口既可以创汇增加收益,又可以缓解我国蔬菜市场的供求矛盾。

5. 经济和社会效益显著

蔬菜生产的迅猛发展,不仅保证市场全年供给,丰富市民的餐桌,满足消费者的最大需求,提高农民的经济收入。同时蔬菜产业基地的形成和良性循环的发展能给当地政府带来巨大的社会效益和经济效益。

(二)存在的问题

近20年来,我国蔬菜产业已取得很大发展,但从总体上看,供大于求的态势依然存在,产品质量及单位面积产量不高,产业链的产前、产中、产后各环节比例不协调,贮藏加工落后,经济效益起伏不定等突出问题亟待解决。

1. 蔬菜产品总体质量不高,农药残留严重超标是影响我国蔬菜产品质量的首要因素

(1)无公害蔬菜的含义

我国现阶段的"无公害"蔬菜,是指各种有害物质残留量符合国家强制标准的蔬菜,它包括3方面内容:首先,农药残留不超标,无公害蔬菜不含禁用的高毒、高残留农药,其他农药残留不超过国家允许的最高残留限量;其次,硝酸盐含量不超标;第三,"三废"及重金属、病原微生物的污染不超标。

(2)蔬菜生产中存在的问题

首先,安全使用农药有待于加强。无公害蔬菜生产的关键技术之一就是安全使用农药,由于我国大多数地区蔬菜生产还处于粗放型管理的初级水平,所以菜农采用化学防治控制蔬菜病害,个别菜农为了提高防治效果还使用剧毒、高残留农药。

其次,化肥的合理使用有待提高。许多菜农受"施肥越多产量越高"老观念的影响,化肥投入量过大,不能做到化肥的平衡施用,造成土壤盐分积累和硝酸盐污染，难以生产硝酸盐含量不超标的优质蔬菜。

第三，无公害蔬菜的农药残毒检测难度大。无公害蔬菜的生产不但对环境条件要求较高，而且对生产过程的每个环节都有具体的要求。然而，目前我国还是各家各户的分散生产方式，对高毒高残留农药的使用和蔬菜中的农药残留及其他有害物质的含量，难以做到更有效的监控，对无公害蔬菜的各项质量指标也难以全面、快速地检测，经销商和消费者往往无法在第一时间内通过外观来分辨哪些是优质无公害蔬菜，哪些是非无公害蔬菜，这使生产无公害蔬菜菜农的利益无法得到保证，也影响生产者的积极性。

第四，产品质量有待于提高。蔬菜的外观，如大小、形状、色泽、整齐度等和内在品质如糖度、矿物质、维生素、风味物质等营养成分含量也与国外发达国家有较大差距，蔬菜生产水平难以达到标准化。

2. 产业化经营水平低

产业化的一个前提是规模化经营。近年来，我国许多地方在蔬菜的产、销一体化方面探索出了“区域分工、连片经营”的模式，但从专业化、规模化的深度和广度上来看，仍只是产业化经营前的一种初级形式。

3. 采后贮藏加工落后

随着我国经济的发展，南菜北运、西菜东调等举措日益频繁，其中蔬菜贮藏、运输问题越来越重要。由于过去我国对这一环节重视度不够，导致产品保质期短和在贮运过程中损伤、变质等现象严重。另外，目前我国蔬菜的年加工量仅占蔬菜总产量的2% ~4% 左右，蔬菜产品精细加工的空间还很大。

4. 蔬菜经营效益下滑

目前蔬菜产品已由卖方市场转为买方市场，出现了结构性、季节性、地区性过剩，有些地区的蔬菜生产仍按数量规模型的发展模式惯性增长，所以蔬菜供大于求的矛盾日益突出。因此，向质量要效益是蔬菜行业的当务之急。

5. 设施蔬菜生产存在的问题

(1) 蔬菜生产的效益不稳定，出现无序竞争

随着设施蔬菜生产面积的迅速扩大，在总体上产销数量基本平衡的同时，又出现了新的生产量过于集中的旺季与个别“品种”奇缺的淡季，造成市场价格上下浮动，在生产资料投入并没有降低甚至还有增加的情况下，农民种菜效益不稳定甚至下滑；与此同时，有些地区设施面积依然在继续扩大，趋同现象日益加重，市场上出现无序竞争，如此恶性循环地发展下去，必然对蔬菜产业的健康发展有极大地影响。

(2) 蔬菜产业结构不合理

有些地区蔬菜产业结构的调整仅仅放在蔬菜种类生产面积比例的改变上，而

没有立足于蔬菜生态经济系统水平上的整体调整，许多人没有从当前比较普遍存在的误区中走出来，不考虑具体条件而盲目地发展反季节蔬菜生产，靠所谓的“珍、奇、特”去占领市场，只重视某一种栽培方式或某一种结构的设施，甚至盲目地追求投资大的完善设施而增加生产成本。

(3)菜农在对日光温室蔬菜生产的认识上存在误区

日光温室的突出特点在于尽可能地蓄积和利用日光能，从而可以最大程度节约冬季生产的能耗。所以，许多农民就错误地认为日光温室冬季生产可以不加温。但是，在我国北方冬季很冷，特别是会出现突然来的寒流天气，而很多日光温室的保温性能较差，在进行越冬日光温室栽培时出现寒害的现象很普遍。农民不能根据不同地区、不同栽培季节气候的变化及栽培蔬菜的需要进行必要而充分的加温措施来防止寒害，其损失惨重，影响整个越冬茬口蔬菜的正常生产。

(4)蔬菜质量不高

这是当前影响设施蔬菜生产可持续发展不可逾越的一大障碍。特别在我国加入了WTO后，蔬菜质量更是参与国际竞争的生命线。现在已经到了将栽培立足点由数量型向质量型转移的关键时期。

(5)蔬菜病虫害日益猖獗

这已成为威胁我国蔬菜生产可持续发展的一大顽疾。蔬菜病虫害的综合防治体系还没有完善地建立起来，病虫害防治技术的服务体系也不健全。

(6)设施土壤次生盐渍化

这已经是一个老话题，但并没有引起生产者的足够重视。蔬菜过量施肥以及不合理施肥是造成土壤肥力下降的主要根源，如再不引起重视并积极采取有效措施，不用太长时间，就有可能出现比较普遍的蔬菜温室土壤障碍。

6.我国蔬菜产业的发展对策

(1)注重提高蔬菜产品的质量

建立健全蔬菜生产和质量标准体系，并与同行标准衔接。蔬菜生产过程中严格执行基地环境质量标准、生产操作规程、产品标准、贮藏和运输标准及其他相关标准所构成的完整的质量控制标准体系，真正实现“从田间到餐桌”的全程监控，以确保生产出安全、优质的蔬菜产品。和其他商品一样，蔬菜产品要拥有自己的商标和品牌，通过品牌效应去占领市场，扩大市场份额。

(2)发展专业化生产，推进产业化经营

依据美国、荷兰等农业发达国家的成功经验，利用各地多样化的气候优势、区位和交通优势、技术优势及独特的品种资源优势发展专业化生产，才能实现资源的优化配置，从而获得高质量和高效益的产品，同时也便于蔬菜产品的交易和集散。

产业化经营是我国加入 WTO 后蔬菜产业的发展方向，它不仅可以将分散的居民组织起来，更重要的是它能通过规模扩张带来规模效益、产业链延伸，分享工业剩余和商业利润，且能通过组织和制度创新节约交易费用，从而给蔬菜生产经营企业带来丰厚的利润回报。

(3)改革流通领域，健全市场体系

按照国际市场的要求来规范我国目前蔬菜产业的市场体系，使国内市场逐步与国际市场接轨，为我国的蔬菜产业参与国际市场竞争做准备。

(4)依靠科技进步，提高蔬菜产业的整体素质

为适应我国加入 WTO 后的新形势，应学习和引进国外的先进经验和技术，从栽培设施、栽培技术、品种开发和人才培养等方面入手，迅速提高蔬菜生产的科技含量。

课题二 蔬菜的分类

蔬菜植物的产品器官，有的是柔嫩的叶片，有的是新鲜的果实和种子，有的是膨大的肉质根或块茎，还有的是嫩茎、花球或幼芽。根据生长周期的不同，有的蔬菜植物是一年生或二年生，还有的是多年生，如金针菜、百合等。除了草本植物以外，有的蔬菜属木本植物，如香椿、竹笋等。

除了人工栽培的蔬菜以外，还有许多野生和半野生的种类，也可作为蔬菜食用。尤其近年来，随着人们生活水平的提高，希望能食用到更多的无公害蔬菜和有保健或医疗效果的蔬菜。因此，野生或半野生蔬菜受到重视。如荠菜、枸杞、紫背天葵、马兰、菊花脑等，其中有些也可以人工栽培，如荠菜、苜蓿等已作为绿叶蔬菜栽培。许多真菌和藻类植物如蘑菇、香菇、木耳、紫菜、海带等，也作为蔬菜食用。但是作为主要蔬菜，仍然是一、二年生的草本植物。

蔬菜的种类很多，据统计，仅我国栽培的就有 200 多种，普遍栽培的有 50 ~ 60 种，同一种类又有许多变种和品种，蔬菜植物的分类方法常用的有三种，即植物学分类法、食用器官分类法和农业生物学分类法。植物学分类可以从形态、生理、遗传及系统发育等方面确定各种蔬菜之间的亲缘关系。如结球甘蓝、花椰菜和球茎甘蓝在食用器官上差别极大，但它们在植物学分类上属于同一种，榨菜(茎瘤芥)、大头菜(根用芥)和雪里蕻(叶用芥)也属于这一情况。植物学分类还有利于研究蔬菜的起源与演化。但有时在植物学分类上属于同一科属的蔬菜，食用器官却大相径庭，栽培技术也差别很大。因此，蔬菜除了按植物学分类方法分类外，还有其他分类方法，主要是按食用器官分类和按农业生物学分类。从栽培角度上讲，农业生物学分类法是最适宜的分类方法。

一、植物学分类法

植物学分类法是依照植物自然进化系统和形态特征，按照科、属、种和变种进行分类的方法。现如今我国栽培的蔬菜种类（包括种、亚种及变种），粗略统计共有210余种，列属于32个科。其中绝大多数属于种子植物，双子叶和单子叶的都有。采用植物学分类方法可以明确科、属、种间在形态、生理上的关系，以及遗传学、系统进化上的亲缘关系，对于蔬菜的轮作倒茬、病虫害防治、种子繁育和栽培管理都有较好的指导作用。常见蔬菜作物按科分类如下：

（一）真菌门

担子菌纲

（1）木耳科：黑木耳。

（2）银耳科：银耳。

（3）蘑菇科：蘑菇、双孢蘑菇、大肥菇。

（4）口蘑科：香菇、平菇。

（5）光柄菇科：草菇。

（6）齿菌科：香肉齿菌。

（7）猴头菌科：猴头菌。

（二）地衣植物门

薄囊蕨纲

凤尾蕨科：蕨菜。

（三）种子植物门

1. 双子叶植物纲

（1）藜科：根甜菜、叶甜菜、菠菜。

（2）落葵科：红花落葵、百花落葵。

（3）苋科：苋菜。

（4）番杏科：番杏。

（5）豆科：菜豆、莱豆、豆薯、豇豆、蚕豆、毛豆、豌豆、刀豆、藜豆、四棱豆、扁豆、苜蓿、菜用大豆。

（6）伞形科：胡萝卜、芹菜、芫荽、茴香、根芹、水芹、大叶芹、孜然芹、美国防风。

（7）十字花科：萝卜、芜菁、芥蓝、结球甘蓝、抱子甘蓝、羽衣甘蓝、花椰菜、青花菜、球茎甘蓝、小白菜、结球白菜、乌塌菜、菜薹、叶用芥菜、芽用芥菜、根用芥菜、辣根、豆瓣菜、荠菜。

（8）茄科：马铃薯、茄子、番茄、辣椒、香艳茄、酸浆、枸杞。

(9)葫芦科:黄瓜、甜瓜、南瓜(中国南瓜)、笋瓜(印度南瓜)、西葫芦(美洲南瓜)、黑籽南瓜、西瓜、冬瓜、节瓜、瓠瓜(葫芦)、丝瓜、苦瓜、佛手瓜、蛇瓜。

(10)菊科:莴苣(莴笋、散叶莴苣、直立莴苣、皱叶莴苣、结球莴苣)、茼蒿、菊芋、苦苣、紫背天葵、牛蒡、朝鲜蓟、婆罗门参。

(11)唇形科:薄荷、荆芥、罗勒、紫苏、草石蚕。

(12)菱科:四角菱、两角菱、无角菱。

(13)楝科:香椿。

(14)旋花科:蕹菜。

(15)锦葵科:黄秋葵、冬寒菜。

(16)睡莲科:莲藕、芡实、花莲。

2. 单子叶植物纲

(1)泽泻科:慈姑。

(2)莎草科:荸荠。

(3)姜科:姜、蘘荷。

(4)薯蓣科:山药、大薯(田薯)。

(5)天南星科:芋、魔芋。

(6)香蒲科:蒲菜。

(7)禾本科:毛竹(笋)、刚竹、麻竹、绿竹、菜玉米、茭白。

(8)百合科:韭菜、葱(大葱、分葱、楼葱、)、细香葱、胡葱、洋葱、大蒜、石刁柏(芦笋)、萱草、黄花菜(金针菜)、卷丹、兰州百合、白花百合、薤。

二、食用器官分类方法

蔬菜植物的产品器官有根、茎、叶、花、果等5类,因此按产品器官分类也分成5种。这种分类方法的特点是同一类蔬菜的使用器官相同,可以了解彼此在形态及生理上的关系。凡食用器官相同的,在器官形成时,对环境条件的要求常常很相似,例如根菜中的萝卜和胡萝卜,虽然它们分别属于十字花科和伞形花科,但它们对于外界环境及土壤的要求都很相似,所以这种分类方法对掌握栽培关键技术有一定的意义。但有的类别,食用器官相同,而生长中发育特征及栽培方法却存在很大差异。例如根茎类中的藕和姜,茎菜中的莴笋和茭白,花菜中的花椰菜和黄花菜,它们的栽培方法都相差很远。还有一些蔬菜,食用部分不同,按食用器官分类不属于同一类,但在栽培方法上很相似,例如甘蓝、花椰菜、球茎甘蓝,分别属于叶菜、花菜、茎菜,但三者对环境条件的要求却有相似之处。

(一)根菜类

这类蔬菜以肥大的肉质根为产品。可分为:

(1)直根(肉质根)类:以肥大的肉质主根为产品,如萝卜、胡萝卜、大头菜(根用芥菜)、芜菁甘蓝和根用甜菜等。

(2)块根类:以肥大的不定根或侧根(营养芽发生的根)为产品,如牛蒡、豆薯和葛等。

(二)茎菜类

这类蔬菜以肥大的茎部为产品,可分为:

(1)肉质茎类:以肥大的地上茎为产品,莴苣、球茎甘蓝、茭白、茎用芥菜。

(2)嫩茎类:以萌发的嫩芽为产品,如石刁柏、竹笋等。

(3)块茎类:以肥大的地下茎为产品,如马铃薯、菊芋、草石蚕等。

(4)根茎类:以肥大的地下根茎为产品,如莲藕、姜等。

(5)球茎类:以地下的球茎为产品,如芋、慈姑等。

(6)鳞茎类:以肥大的鳞茎为产品,如大蒜、洋葱、百合、薤等。

(三)叶菜类

这类蔬菜以普通叶片或叶球、叶丛、变态叶为产品的蔬菜,可分为:

(1)普通叶菜类:以鲜嫩翠绿的叶或叶丛为产品,如小白菜、叶用芥菜、菠菜、茼蒿、落葵、乌塌菜、莴苣、芹菜和苋菜等。

(2)结球叶菜类:以肥大的叶秋为产品,如结球甘蓝、大白菜、结球莴苣和包心芥菜等。

(3)香辛叶菜类:有香辛味的叶菜,如葱、韭菜、芫荽和茴香等。

(四)花菜类

这类蔬菜以花器或肥嫩的花枝为产品的蔬菜,可分为:

(1)花器类:如黄花菜(金针菜)、朝鲜蓟等。

(2)花枝类:如花椰菜、菜薹、青花菜等。

(五)果菜类

这类蔬菜以果实和种子为产品的蔬菜,可分为:

(1)荚果类:以脆嫩荚果或其豆粒为产品,如菜豆、豇豆、刀豆、毛豆、豌豆、蚕豆、扁豆和四棱豆等。

(2)瓠果类:以下位子房和花托发育而成的果实为产品,如黄瓜、南瓜、冬瓜、丝瓜、菜瓜、瓠瓜和蛇瓜等,以及西瓜和甜瓜等鲜食的瓜类。

(3)浆果类:以胎座发达而充满汁液的果实为产品,如茄子、辣椒、番茄等。

三、农业生物学分类法

这种分类法把蔬菜植物的生物学特性与栽培技术特点结合起来，虽然分的类很多，但较实用。

（一）白菜类

这类蔬菜变种、品种很多，以柔嫩的叶片、叶球、花薹为食用部分，均属于十字花科的植物，包括大白菜、小白菜、叶用芥菜、结球甘菜、球茎甘蓝、花椰菜、甘蓝等。植株生长迅速，根系较浅，要求保水保肥力良好的土壤，对氮肥要求高，喜冷凉湿润气候，高温干旱条件下生长不良，大多为二年生植物，第一年形成产品器官，第二年抽薹开花。均用种子繁殖，适于育苗移栽。

（二）根菜类

这类蔬菜以肥大的肉质直根为食用产品，包括萝卜、芜菁、根用芥菜、胡萝卜和根用甜菜等。它们起源于温带，要求温和的气候，耐寒不耐热，多为二年生植物，种子繁殖，不宜移栽。生长期间喜冷凉气候，在生长的第一年形成肉质根，贮藏大量的养分和糖分，到第二年开花结实，在低温下通过春化阶段，在长日照条件下通过光照阶段，由于产品器官在地下形成，要求土层轻松深厚，以利于形成良好的肉质根。

（三）茄果类

主要是茄子、番茄和辣椒等一年生茄科蔬菜，不耐寒冷，露地只能在无霜期生长，根群发达，要求有深厚的土层，对日照长短的要求不严格。一般采用种子繁殖，适合育苗移栽。

（四）瓜类

主要是黄瓜、冬瓜、南瓜、丝瓜、苦瓜、瓠瓜、葫芦、西瓜和甜瓜等葫芦科蔬菜。茎蔓生，雌雄同株异花，要求较高的温度及充足的阳光，不耐寒冷，多用于种子繁殖，适合育苗移栽，生长期需要整枝搭架。

（五）豆类

主要是菜豆、豇豆、豌豆、蚕豆、毛豆、扁豆和刀豆等豆科植物的蔬菜，以新鲜种子及豆荚为食用产品。除蚕豆和豌豆耐寒以外，其余都要求较高的温度及充足的阳光，不耐寒冷。它们是一年生作物，有发达的根群，能充分利用土壤中的水分和养分，又有根瘤菌固氮，氮肥需用量较少。多用于种子繁殖，不耐移栽，蔓生种需搭架。

（六）葱蒜类

这类蔬菜都是百合科的植物，主要是大葱、洋葱、蒜和韭菜等二年生植物。根系不发达，要求土壤湿润肥沃，生长要求温和气候，但耐寒性和抗热力都很强，对干燥空气的忍耐力强，鳞茎形成需长日照条件，而要求低温通过春化。其中大蒜、洋葱在炎夏时进入休眠，一般为二年生作物，用种子繁殖，或用无性繁殖。

(七)绿叶菜类

这类蔬菜以幼嫩绿叶、叶柄或嫩茎为产品的蔬菜，如芹菜、茼蒿、莴苣、苋菜、落葵和冬寒菜等。多用于种子繁殖，除芹菜外，一般不育苗移栽。由于它们大多植株矮小，生长迅速，要求土壤水分及氮肥不断地供应，常与高秆作物进行间、套作。要求肥水充足，以速效性氮肥为主。对温度条件的要求差异很大，可分为两类：苋菜、蕹菜、落葵等耐热，其他大部分喜温和较耐寒。

(八)薯芋类

这是一类富含淀粉的块茎和块根类蔬菜，如马铃薯、芋头、山药和姜等。除马铃薯不耐炎热外，其余都喜温耐热。要求肥沃疏松的土壤，均属于营养器官无性繁殖。

(九)水生蔬菜

这类蔬菜在池塘或沼泽地栽培，如藕、茭白、慈姑、荸荠、菱角和芡实等。大部分用营养器官繁殖，为多年生植物，每年在温暖和炎热季节生长，到气候寒冷时，地上部分枯萎。

(十)多年生蔬菜

这类蔬菜的产品器官可以连续收获多年，如金针菜、石刁柏、竹笋、百合和香椿等，为多年生植物，繁殖一次，可连续收获若干年。在温暖季节生长，冬季休眠，对土壤条件要求不太严格，管理粗放。

(十一)食用菌类

主要包括蘑菇、草菇、香菇、木耳、银耳(白木耳)和竹荪等。其中有的是人工栽培，有的是野生或半野生。

(十二)其他蔬菜

芽菜类、甜玉米、黄秋葵、苜蓿、朝鲜蓟等作物，它们分属不同的科、食用器官，对环境条件的要求均不相同，因此其栽培技术差异较大。

课题三　蔬菜的生育周期

一、蔬菜的生长发育类型

由于蔬菜种类的多样性，其生长发育的速度和特性是多种多样的。根据它们生长周期的长短可将蔬菜植物分成四类。

(一)一年生蔬菜

它们在播种当年就开花结实。如黄瓜、茄子、辣椒、菜豆等。其特点是幼苗生长不久就开始花芽分化，如黄瓜，在第一片真叶展开时，开始花芽分化；番茄在第2～3片真叶展开时，就开始花芽分化，开花结果期都比较长。因此，几乎在整个生长周期内，它的营养生长和生殖生长是同时进行的。

（二）二年生蔬菜

它们在播种的第一年形成贮藏器官，第二年春季开花结实。如大白菜、萝卜，第一年形成叶球和肉质根，经过一个冬季的贮存，第二年春季将叶球或肉质根栽植后，才能抽薹开花。它们的生长周期跨越两年，一般都在越冬期间休眠，进行花芽分化。其特点是营养生长和生殖生长之间有明显的界限。

（三）多年生蔬菜

即一次播种或栽植后，可多年采收。如石刁柏、金针菜等。

（四）无性繁殖蔬菜

这类蔬菜在生产上是用营养器官，如块茎、块根或鳞茎等进行繁殖。它们基本上都是营养生长。这类蔬菜虽然有的也有生殖生长，也可能开花结实（如马铃薯、生姜），但在栽培过程中，不利用这些生殖器官来繁殖。因为这些生殖器官大都发育不完全。即使有发育完全的种子，如马铃薯的某些品种，用种子繁殖后，要经过多年才能得到食用的块茎，因而除了作为育种目的以外，生产上不用种子来繁殖。这类蔬菜的产品器官形成后，往往要经过一段时间的休眠期。它们的繁殖系数比较低，但遗传性比较稳定。需要注意的是，一年生、二年生或多年生，并不是绝对的，它们是在一定条件下形成的，当外界环境条件发生变化时，是可以相互转化的。如菠菜、白菜、萝卜，如果在秋天播种，当年形成叶丛、叶球、肉质根，过冬以后，到第二年春天开花结实，为典型的二年生蔬菜。但它们在春季气温尚寒冷的时候播种，则当年也可以开花结实。由此可见，各种蔬菜的生长发育规律，除决定于本身的生物学特性外，还与栽培环境密切相关。在生产中要获得丰产，就必须掌握其生长发育特点及其与环境条件的关系。

二、蔬菜的生长发育时期

通常蔬菜的生长与发育，指的是从种子发芽到重新获得种子的整个过程，这个过程可分为种子期、营养生长期和生殖生长期三个时期。在每个不同的时期，都有它们各自的生长特点，对环境条件也各有其特殊要求。

（一）种子时期

种子时期是指从母体卵细胞受精到种子开始发芽。此期又可分为以下三个时期。

1. **胚胎发育(种子形成)期**

从母体卵细胞受精到种子成熟为止。受精以后,子房发育成果实,胚珠发育成种子。这一时期为营养物质合成和积累的过程,受外界环境条件的影响很大,在栽培中,应供给母体植株良好的营养条件,包括光合作用条件与肥水供应,以保证种子的健壮发育。

2. **种子休眠期**

种子成熟以后即进入了休眠期。不同种的蔬菜种子,其休眠期的长短各不相同。有的蔬菜种子休眠期较长,有的较短,有的几乎没有。休眠状态的种子,代谢水平很低,需低温干燥的环境条件,以减少养分消耗,保持更长的种子寿命。

3. **种子发芽期**

从种子萌动开始,种子休眠后,遇到适宜的环境就会发芽。发芽时所需能量靠种子本身的贮藏物质,所以种子的大小、贮藏物质的多少对种子发芽快慢及幼苗生长影响很大。因此,在栽培上,要选择籽粒饱满且发芽能力强的种子,并给予最合适的发芽条件。

(二)营养生长期

营养生长时期是指从种子发芽开始到营养生长完成,开始花芽分化为止。蔬菜植物在营养生长期,迅速增加同化面积和发展根系,将从外界获得的物质都用于根、茎、叶等器官的生长和营养物质的积累上。此期又可分为四个阶段。

1. **幼苗期**

从子叶或第一片真叶展开,开始独立生活即进入幼苗期,也是营养生长的初期。幼苗期开始植株进入自养阶段,绝对生长量很小,但生长迅速,代谢旺盛,生命力很强。由光合作用合成的营养物质,除了呼吸消耗外,几乎全部供新生的根、茎、叶的需要。此时它的同化器官叶片和吸收器官根都很幼小,抗逆性差,对土壤水分、养分等环境条件要求严格。

蔬菜幼苗生长的好坏,对以后的生长发育有很大的影响。多数果菜类蔬菜,在幼苗期就开始花芽分化,故幼苗生长的好坏,会影响花芽分化的早晚、数量和质量,对果菜类的早熟丰产有直接影响。所以,生产上必须创造良好的环境条件培育壮苗。

2. **营养生长盛期**

幼苗期结束即进入营养生长盛期。从幼苗期以后,一年生的果菜类,枝叶及根系生长旺盛,为以后开花结实的养分供应打下基础。二年生的叶菜或根菜类,通过旺盛的营养生长,形成特定的营养器官(如结球叶菜类的外叶或根菜类的地上部),成为以后叶球、肉质根形成的营养基础。薯芋类和葱蒜类同样有一个营养生长期,为贮藏器官的形成奠定营养基础。栽培上要创造条件,促进枝叶和根系的生长发育，并积累养分。

3. 贮藏器官形成期

这一时期是二年生或多年生蔬菜，如甘蓝、胡萝卜等所特有的一个时期。此时营养生长速度减缓，进入营养积累期，同化作用大于异化作用。结球白菜、甘蓝等养分积累在叶球中；根菜类养分则积累在肉质根中；葱蒜类养分积累在鳞茎中。这时期为产品器官形成期，所以栽培上要将这一时期安排在气候最适宜的季节里，同时肥水要充足。

4. 贮藏器官（营养体）休眠期

对于二年生或多年生蔬菜，在其贮藏器官，即产品器官形成以后，为适应外界不良环境条件，利用贮藏器官进行休眠。这种休眠是自发性的生理休眠，马铃薯的块茎，大蒜和洋葱的鳞茎等，在其贮藏器官形成以后，必须要有一段时间的休眠。在休眠期间，即使给予适宜的温度、水分等良好的外界条件，它们也不会发芽生长。但大部分蔬菜贮藏器官的休眠是强迫休眠，如大白菜、胡萝卜等，它们在贮藏器官形成后，一旦遇到适宜的生长条件，即可发芽或抽薹。一年生的果菜类，没有贮藏器官休眠期，二年生蔬菜中不形成叶球和肉质根的芹菜、不结球白菜等，也没有这一时期。

（三）生殖生长期

蔬菜的生殖生长指蔬菜开始花芽分化到形成新的种子为止，此期又可分为以下三个时期。

1. 花芽分化期

花芽分化期是从花芽开始分化到开花前的一段时间，是植物由营养生长过渡到生殖生长的形态特征。果菜类一般在幼苗期就开始花芽分化。二年生蔬菜，通过了阶段发育以后，生长点开始花芽分化，然后现蕾开花。在栽培上，要具有满足花芽分化的环境条件，使其及时发育。

2. 开花期

从现蕾开花到完成授粉受精。此期是生殖生长的一个重要时期。这一时期，对外界环境的抗性较弱，对温度、光照及水分的反应敏感，如温度过高或过低，光照不足，或湿度过于干燥等，都会影响授粉、受精，引起落花落果。

3. 结果期

授粉、受精后，子房膨大形成果实，胚珠发育为种子。对果菜类来讲，这是形成产量的关键时期，尤其对于多次结果、陆续采收的茄果类、瓜类、豆类等蔬菜，一面开花结实，一面仍有旺盛的营养生长，所以栽培上需要大量的水肥供应才能保证丰产。对于采收营养器官为产品的蔬菜种类，在非采收时期，应抑制其生殖生长，促进产品器官的形成。

以上所述是蔬菜的一般生长发育过程，对于某一种蔬菜来讲，并不一定都具备所有这些时期。如一年生果菜类，就没有贮藏器官形成期和休眠期。又如一些无性繁殖的薯芋类蔬菜，在栽培中没有种子时期。

课题四　蔬菜的栽培环境

蔬菜植物的生长发育和产品器官的形成，都要在一定的环境条件下才能进行。各种蔬菜植物及其不同的生育期对外界环境条件的要求各不相同。因此，生产者必须了解蔬菜植物生长发育对各种环境条件的要求，才能正确采用优良的栽培技术，创造适宜的环境条件来控制它们的生长发育，达到高产优质的目的。

影响蔬菜生长发育的环境条件主要包括温度、光照、水分、土壤、气体等，所有这些环境因子都不是孤立存在的，而是相互联系的。它们对于蔬菜生长发育的影响，往往是综合作用的结果。例如，阳光充足，温度就随之升高；温度升高，土壤水分蒸发就加快；土壤水分增多，土壤中空气含量就会减少。因此，在生产上，必须全面考虑各个环境条件总体的作用。

一、温度对与蔬菜生长发育的影响

在众多的环境条件中，蔬菜的生长发育对温度最敏感。蔬菜对温度的基本要求包括气温和地温、昼温和夜温。气温和地温对蔬菜植株地下部分和地上部分生长发育及其相互关系产生影响，而昼温和夜温对昼夜不同时段蔬菜植株生长发育和物质积累及其相互关系产生影响。各种蔬菜的生长发育，对温度都有一定的要求，而且都各自有最低温度、最适温度和最高温度“三个基点”。在最适温度范围内，蔬菜植物的同化作用旺盛，所制造的养分超过正常呼吸作用的消耗，生长良好，能获得较高的产量。在最适温度范围以外的最高和最低温度限度以内，蔬菜虽能生长，但是同化作用减弱或呼吸作用过强，会出现生长不良而影响产量。

最低温和最高温是蔬菜生长发育过程中对温度要求的极限，超出了最低或最高温度的范围，生命活动就会停止，甚至全株死亡。喜温蔬菜即使遇到短时间的霜冻，也会引起植株死亡。因此，认识每一种蔬菜对温度适应的范围，及其与生长发育的关系，是安排生产季节、获得高产的重要依据。蔬菜生产季节应设法避开最低、最高温度的时期。

（一）不同蔬菜种类对温度的要求

依据蔬菜生长发育的最适温度，以及它们所能忍受的最高、最低温度，可将蔬菜分为五类。

1. 耐寒多年生蔬菜

即多年生宿根蔬菜，如金针菜、韭菜、石刁柏、辣根等。它们的地上部分能忍耐较高的温度。但到了冬季，地上部分枯死，而以地下的宿根越冬，能耐 -10 ~ -15℃的低温。

2. 耐寒蔬菜

如菠菜、芫荽、大葱、大蒜以及白菜类中的某些耐寒品种。它们耐寒性很强，但不耐热。生长适温为 15 ~ 20℃，可以露地越冬。

3. 半耐寒蔬菜

如萝卜、胡萝卜、芹菜、结球白菜、甘蓝类、莴苣、豌豆、蚕豆、马铃薯等。这些蔬菜的生长适温为 17 ~ 25℃，可以抗霜，但耐寒力稍差，不耐长期的 -1 ~ -2℃低温，在产品器官形成期，温度超过 21℃时，同化机能减弱，生长不良，超过 30℃时，同化作用所积累的物质几乎全被呼吸所消耗。

4. 喜温蔬菜

如黄瓜、茄子、番茄、辣椒、菜豆等。这类蔬菜的生长适温为 20 ~ 30℃。当温度超过 40℃时，生长几乎停止。它们都不耐寒，当温度在低于 10 ~ 15℃时，不能正常开花结实。10℃以下时就停止生长，不能忍耐 5℃以下低温。

5. 耐热蔬菜

如冬瓜、南瓜、丝瓜、苦瓜、西瓜、甜瓜、豇豆、苋菜、蕹菜和一部分水生蔬菜。它们生长要求高温，并有较强的耐热力。在 30℃左右同化作用最旺盛，其中西瓜、甜瓜、豇豆在 40℃的高温下仍能生长。

（二）不同生育时期对温度的要求

同一种蔬菜在其不同的生育时期，要求不同的温度。大多数蔬菜在种子萌芽期都要求较高的温度，以促进种子的呼吸作用及各种酶的活动，有利胚芽萌发。一般喜温蔬菜，种子的发芽最适温度为 25 ~ 30℃。而耐寒及半耐寒蔬菜，种子发芽温度可以在 15 ~ 20℃，或更低。在其适宜温度范围内，温度升高，种子萌芽及幼苗出土都会加快；温度过低，则幼苗出土较慢。由于出土时间长，长期的呼吸作用致使种子中贮藏的养分消耗过多，出苗率降低或幼苗衰弱。幼苗出土后，则要求较低温度，因为这时种子内贮藏的养分已将消耗殆尽，而子叶还未充分发达，植株的同化过程缓慢，如温度过高，则呼吸作用过于旺盛而使幼苗生长衰弱。因此，幼苗出土前，保持较高温度，出土后长出第一片真叶前，应保持较低温度。

幼苗期最适宜的生长温度比种子发芽时要低一些。苗期如温度过高容易徒长，使幼苗生长瘦弱。

营养生长期要求的温度比幼苗期高些。但是对于有些二年生蔬菜，如白菜、甘蓝、萝卜等,在叶球或肉质根形成时期,温度又要求低一些。因此,在生产上,尽可能将这类蔬菜产品器官形成期安排在温度适宜,气候凉爽又有一定的昼夜温差的季节,才能保证优质高产。

二年生蔬菜的产品器形成以后,要进入休眠期,期间要求低温,以使贮藏器官的呼吸作用下降,延长保存时间。

植株进入生殖生长期(抽薹、开花、结果)不论是喜温蔬菜还是耐寒蔬菜都要求较高温度。一年生果菜类蔬菜的花芽分化,通常在幼苗期就开始,而花芽分化的节位、数量和质量对温度的反应相当敏感。一般来讲,果菜类在其生育温度范围内,温度越高,花芽分化的时间越早,而且花芽分化的数量也多,但在较高的温度尤其是高夜温下,花芽分化虽快,但质量很差,极易形成不稔花粉。对于瓜类蔬菜来讲,在花芽分化期,将夜温控制在生长适温的下限,可以促进雌花的形成。

每一种蔬菜在不同的生长发育时期,对温度的要求有很大的区别。生产者掌握了这些区别,便可在生产上采用优良的栽培措施,获得丰产。

(三)温周期对蔬菜生育的影响

每种不同的蔬菜都有其生长的最适温度。作物在生长期,温度总是变化的。温度有两个周期性的变化:即季节的变化和昼夜的变化。在一天中,白天的温度高一些,晚上温度低一些。植物的生长与发育会适应这种昼夜有一定温度变化的环境。保持适宜的昼夜温差,白天阳光充足,植物可以进行较旺盛的光合作用,夜间温度低一些,可以减少呼吸作用对植物能量的消耗。因此,这种昼夜温度的变化,对作物的生长和发育有利。大部分蔬菜的正常生育,都要求有昼夜温度变化的环境。如在热带地区生长的植物,昼夜温差较小,为3~6℃;温带地区生长的植物,昼夜温差为5~7℃,而在沙漠或高原地带,则要相差10℃甚至更多。作物生长发育对日夜温度周期性变化的反应称为"温周期"。

蔬菜植物光合作用的适宜温度比生长的适宜温度要高些。在自然条件下,夜间及早晨植物生长较快。对于果菜类蔬菜来说不论是花芽分化还是开花结实的适宜温度,都要求有昼夜温差。如果夜温比日温还要高时,则对果菜类的花芽分化和结果都不利。试验表明(斋藤,1973),日温为25℃,夜温分别为17℃、24℃、30℃的温度组合下,观察茄子花器发育情况。夜温越高,花的发育越快,当夜温为30℃时,在花芽分化后27 d即开花。但对于花器官的发育,以夜温17℃处理为最好,基本都为长柱花,没有短柱花。夜温24℃与17℃相比,则稍差一些,第五朵花之前,有2.1%的短柱花出现。夜温30℃时,花器发育都不良,花也明显变小。短柱花因授粉不良,最终导致落花。

昼夜温度的变化也影响二年生蔬菜的开花与产品器官的形成。二年生蔬菜中冬性较强的品种，如中、晚熟甘蓝，在我国东北部、新疆、青藏高原等地，由于温差大，白天阳光充足，光合作用旺盛，夜间气温低，呼吸消耗降低，因此，叶球产量远比长江以南地区高。但对易抽薹的萝卜，在昼夜温差大的高原地区栽培，往往因为每天夜间都有一定时间的低温，这种低温与连续低温对春化有相同的作用，因此，常会使萝卜造成未熟抽薹的现象，失去商品价值。

总之，温周期对于蔬菜栽培有重要意义，根据蔬菜作物具有温周期的特性，生产中在确定播种季节时把产品器官的形成期安排在昼夜温差较大的时期，以利于养分的积累，促进产品器官膨大。如育苗时通过不同时期日温和夜温的管理，采取促控结合的"大温差管理"可培育壮苗。在保护地进行蔬菜栽培时，可把一天分几段进行调控，如四段变温管理，根据天气阴晴，把昼温和夜温分为几段进行调控。如晴天的昼温比阴天高 2 ~ 5℃，晴天的夜温比阴天的高 1 ~ 4℃，午后的温度比午前温度低 2 ~ 5℃，日落后 3 ~ 4 h 温度较高，有利于养分转化，其后温度继续下降，以抑制其呼吸作用，使呼吸的消耗维持最低限度。

（四）温度与春化作用

对于有些蔬菜作物，它们必须经过一定时间的低温，才能开花结实，这种现象称为春化作用。如果人工施加低温处理，代替自然界的低温，促进植物进行春化，这种处理称为春化处理。在蔬菜植物中，大部分二年生蔬菜，如白菜类，根菜类、葱蒜类及绿叶菜类蔬菜，都要经过一段低温春化，才能开花结实。春化过程是一诱导现象，本身并不直接引起开花。在春化过程完成以后，植株处于较高温度下才分化花原基，并且在许多情况下还需要特殊的光周期条件。根据感受低温的时期不同，可把蔬菜作物分为两种类型：

1. 种子春化型

种子春化处理需要一定的条件，首先是要种子处在萌动状态下才能进行。如果干燥的种子，即处在休眠状态的种子，对低温没有感应。在人工春化处理时，先将种子消毒后浸泡，吸水后将种子放在发芽适宜温度下，到有 50% 左右的种子已露出胚根时，才放到一定的低温下进行处理，在低温处理期间，要维持适当的湿度，供给种子一定的氧气。这类蔬菜有白菜、芥菜、萝卜、菠菜、茼蒿等。

春化的温度范围因蔬菜而异，耐寒及半耐寒的二年生蔬菜，可以在 0 ~ 10℃ 的范围以内，但不同品种间有一定的差异。低温处理的时间，二年生蔬菜大都在 10 ~ 30 d 之间，但种类及品种之间有差异。通常春性品种，通过春化的时间较短；冬性品种需要的时间较长。秋播萝卜幼苗期低温处理 3 d 就有促进抽薹的效果；如果处理 9 d，则全部都会抽薹。可见春化处理的时间并不需要很长。

春化处理时的植株年龄与处理的时间长短也有关系。因为所谓"种子春化"

并不是只在种子萌动时，才对低温敏感，到长成幼苗后，对低温的反应可能更为敏感。如大白菜，生长60 d苗龄和2 d苗龄的植株，如果低温处理时间相同，前者抽薹开花会比后者早。此外，如果低温春化处理的时间长些，则抽薹开花也会早些。

2. 绿体春化型

绿体春化是指这类蔬菜要在植株长到一定大小后，才能对低温有反应。如果植物体没有达到一定大小，即使遇到低温，也没有春化的反应。如甘蓝、洋葱、大蒜、芹菜等。但是不同种类与品种之间，通过春化阶段时对植株大小的要求不同，有的要求严格，有的要求不严格。所谓植株"一定大小"的标志，可以用生长期（生长天数）表示，也可以用实际生育程度如植株茎粗、叶片数目等来表示。

春化处理温度范围及处理时间的长短与蔬菜的种类和品种有关。有的种类要求严格，有的种类要求不太严格。如甘蓝和洋葱必须在0～10℃，20～30 d或更长时间才能通过春化。

绿体春化在感受低温的部位方面有相当大的差异，有的植物茎尖分生组织是感受部位，如叶片受到低温处理，茎尖保持温暖，则不能通过春化。另一些植物感受低温的部位则没有这样专化。此外，绿体春化时，植株要有一定的完整性。试验证明，植株长到一定大小，春化处理时，把叶片全部去掉，就会失去春化的效果。同样，如把根全部或部分去除，也会影响到春化效果。克鲁季里和雪得斯卡（1961）把生长53 d以后的甘蓝植株，在3～5℃下春化70 d，带叶的植株会抽薹；不带叶的就不会抽薹。洋葱春化时，有叶及鳞茎的能抽薹；无叶有鳞茎的也会抽薹；但既无叶又无鳞茎的则不会抽薹。有的植株进行离体培养时，它们的离体叶片或离体根都能感受低温，以致从这些部位再生的植株已被春化，能在其他条件合适的情况下开花。感受低温的部位显然只限于进行细胞分裂的部位，不再能进行细胞分裂的老叶片完全缺乏这种感应性。

因此，绿体春化植物通过低温春化的反应是多种多样的。许多以种子萌动通过春化的蔬菜，在自然状态下，大都是在幼苗期甚至在很大的植株时通过春化。

（五）土壤温度对蔬菜生长发育的影响

土壤温度的高低直接影响蔬菜作物的生长发育。地温主要影响种子的发芽、根系的形成和生长以及根系对养分和水分的吸收，进而影响蔬菜作物的生育和产量。一般根系生长的适宜温度为24～28℃。土温过低，根系生长受抑制，蔬菜易感病；土温过高，根系生长细弱，吸收能力减弱，植株早衰。冬春季栽培，土温较低时，易控制浇水，通过中耕松土或覆盖地膜等措施提高土温和保墒。夏季土温偏高，宜采用小水勤浇、培土和畦面覆盖等措施降低地温，保护根系。此外，在生长旺盛的夏季中午不可突然浇水，否则会导致根际温度骤然下降而使植株萎蔫，甚至死亡。

二、光照对蔬菜生长发育的影响

光照是植物生长发育所必要的环境条件之一。也是植物进行光合作用不可缺少的条件。光照对蔬菜作物生长发育的影响是多方面的,其作用主要是通过光照强度、光质和光周期等来实现。

(一)光照强度对蔬菜生长发育的影响

光照度首先影响蔬菜植物的光合作用。一般用光补偿点、光饱和点、光和强度(同化率)来表示。一般喜温的蔬菜类光合作用的饱和点要求高一些,而耐寒的叶菜类光合作用的饱和点相对低一些。在光饱和点的光照度以内,光照愈强,光合速率愈大,但当超过光饱和点,光照度再增加,其光合速率不再增加。有时强光伴随着高温,反会抑制植物的生长,造成减产。因此,生产上并非光照越强越好。

光照度不仅会影响蔬菜作物的产量,同时还会影响蔬菜的生长发育。一般来说,随着光照度的减弱,叶面积变大,株高增加。例如,在保护地中栽培的蔬菜作物,都比露地栽培蔬菜植株高,叶面积也大。植株形态的变化,是植物对环境适应性的一种表现,在弱光条件下,蔬菜干物质积累少,茎叶纤细,根系较小,叶片黄弱变薄,徒长,产量降低;对于果菜类来说,花芽分化延迟,节位升高,花发育不良。

蔬菜植物一生中对光的要求,随不同生育期而改变。如发芽期,大部分蔬菜不一定要求光,幼苗比成株耐荫,开花结果期比营养生长期需要较强的光照。根据蔬菜作物对光照度的不同要求,可将其分为以下 3 类:

(1)喜强光蔬菜:西瓜、甜瓜、南瓜、番茄、茄子、芋头、豆薯等。

(2)喜中等光蔬菜:白菜类,根菜类和葱蒜类。

(3)耐弱光蔬菜:菠菜、茼蒿、芹菜等大部分绿叶类蔬菜以及薯芋类的生姜等。

在栽培上,尤其在保护地栽培上,光照强弱必须与温度的高低相互配合,才有利于蔬菜作物的生长发育及产品器官的形成。如果光照减弱,温度也要相应地降低,光照增加,温要相应提高,才有利于光合产物的积累。如果在弱光环境下,温度又高,会引起呼吸作用的增加,消耗过多的营养物质。

(二)光质对蔬菜生长与发育的影响

光质由不同波长的光谱组成。人眼可见的太阳光光谱的波长为 400 ~ 700 nm,而植物对光波的反应则更为广泛一些,可从 350 ~ 780 nm。光一般可分为可见光、紫外光和红外光。可见光又分为赤、橙、黄、绿、青、蓝、紫 7 色光。光质对蔬菜作物的光合作用、形态建成、种子发芽、植株生长、根及鳞茎肥大、花芽分化及打破休眠以及病虫害发生等都有一定影响。

1. 光质对蔬菜种子发芽的影响

按照蔬菜种子发芽对光质的敏感程度,可将蔬菜种子分为3类:

(1)需可见光种子:种子发芽时需要一定的可见光,在黑暗条件下不能发芽或者发芽不良,如莴苣,紫苏、芹菜、胡萝卜等。

(2)嫌光种子:种子发芽要求在黑暗条件下进行,有光则发芽不良,如南瓜、瓠瓜、苋菜、葱、韭菜、萝卜等。

(3)光质不敏感种子:在有可见光或黑暗条件下均能正常发芽,如白菜类、甘蓝类、豆类、茄果类、黄瓜、西瓜等大多数蔬菜种子都属于此类。

2. 光质对蔬菜生长的影响

不同波长的光对作物的光合效率影响不同,如红橙光的光合作用效率相对较高,蓝紫光次之,绿光最差。一般长波光(如远红外线)对促进细胞的伸长生长有效,短波光(紫外线)则抑制细胞过分伸长。光质还会影响蔬菜的品质,紫外线有利于维生素C的合成和花青素的形成。设施栽培蔬菜易发生徒长,生产番茄、黄瓜等其果实维生素C的含量往往没有露地栽培的高,栽培的紫茄子紫色较浅,就是因为玻璃、薄膜阻隔了紫外线的透过。

3. 光质对蔬菜根、茎肥大和花芽分化的影响

光质在影响蔬菜植物发育的同时,同时也影响到蔬菜根、贮藏器官和花芽分化的形成等。在短日照条件下补充远红光可促进洋葱鳞茎肥大,蓝光其次,红光则不能促进鳞茎形成;水萝卜补以红光可促进根的形成,但补蓝紫光则会抑制根的形成,而促进生殖生长。

蓝光可促进许多蔬菜的花芽分化,增加蓝光有利于水萝卜、芜菁、芹菜、菠菜、莴苣等蔬菜的生殖生长。在15 h长日照下,蓝光可提高黄瓜雌花着生率,而抑制侧枝发生。这说明400~500 nm波长的光与许多蔬菜的成花具有密切关系。

(三)光周期对蔬菜生长发育的影响

光周期是指一天中,日出到日落的理论日照时数,而不是实际有阳光的时数。

所谓光周期现象是指植物开花结实必需一定的光照时间和黑暗时间交替的现象。依据蔬菜作物花芽分化对光周期的反应,可将其分为三类:

1. 长日蔬菜

在较长的日照条件下(一般在12~14 h以上)促进植株开花,而在较短的日照条件下,不开花或延迟开花。如白菜、甘蓝、萝卜、胡萝卜、芹菜、菠菜、莴苣、蚕豆、豌豆、葱、大蒜等。它们都在春季开花,大都为二年生蔬菜。

2. 短日蔬菜

在较短的日照条件下(一般在12～14 h以下)促进植株开花,而在较长日照条件下,不开花或延迟开花。如大豆、豇豆、扁豆、茼蒿、苋菜、蕹菜等。

3. 中日蔬菜

在较长或较短日照条件下都能开花。如黄瓜、番茄、辣椒等。这些蔬菜理论上属于短日植物,但对光照条件不敏感,只要温度合适,春季或秋季都可以开花结实,在温室冬季也可以开花结实,因此,这类蔬菜可以视为中日植物。

三、水分对蔬菜生长发育的影响

水是绿色植物进行光合作用的主要原料,也是植物细胞的主要成分之一,尤其是蔬菜作物,其产品大多数是柔嫩多汁的器官,含水量在90%以上,各种营养元素只有在水溶液的状态下才能被植物吸收,因此水分供应尤为重要。

(一)不同蔬菜种类对水分的要求

不同种类蔬菜对水分的亏缺反应不同,即对干旱的忍耐能力或适应性有差异。蔬菜作物的需水特点主要受遗传性决定,由吸收水分的能力和对水分消耗的多少两方面来支配。根据蔬菜作物需水特性不同,可将其分为五类:

1. 耐旱蔬菜

这类蔬菜作物叶片多缺刻,有茸毛或蜡质,蒸腾量小,根系强大,入土深。对水分消耗量少,根系吸收力强大。对空气湿度要求较低,能吸收深层水分,不需多灌水。如西瓜、甜瓜、胡萝卜等。

2. 半耐旱蔬菜

这类蔬菜叶面积中等,组织较硬,多茸毛,水分蒸腾量较小,根系较发达。对水分的消耗量较多,根系吸收力较强。对土壤和空气湿度要求不高,需适度灌溉。如茄果类、豆类、铃薯类等。

3. 半湿润蔬菜

这类蔬菜叶面积小,表面有蜡质,根系分布范围小,根毛少。对水分消耗量少,根系吸收力弱,耐较低空气湿度,对土壤湿度要求较高,应经常保持土壤湿润。如葱蒜类、芦笋等。

4. 湿润蔬菜

这类蔬菜叶面积大,组织柔嫩,根浅而弱。消耗水分多,根系吸收力弱,要求土壤和空气湿度较高,在生产上应加强水分管理。如黄瓜、白菜、甘蓝、多数绿叶蔬菜等。

5. 水生蔬菜

这类蔬菜叶面积大,组织柔嫩,根系不发达,根毛退化,吸收很弱。消耗水分最多，根系吸收力最弱，要求较高的空气湿度，须在水中栽培。如茭白、莲藕等。

（二）不同生育期的需水特点

同种蔬菜作物在不同生育期对水分需要量也不同。种子萌发时，需要充足的水分，以利于胚根伸出；播种后尤其是播种浅的蔬菜，容易缺水，播后保墒是关键。幼苗期因根系弱小，在土壤中分布较浅，抗旱力较弱，须经常保持土壤湿润。水分过多，幼苗长势过旺，易形成徒长苗。生产上蔬菜作物育苗常适当蹲苗，以控制土壤水分，促进根系下扎，增强幼苗的抗逆能力。但若蹲苗过度，控水过严，易形成“小老苗”，即使定植后其他条件正常，也很难恢复正常生长。大多数蔬菜作物营养生长盛期要进行营养器官的形成和养分的大量积累，细胞、组织迅速增大，养分的制造、运转与积累。此时，若水分不足，叶片及叶柄皱缩下垂，植株呈萎蔫现象，暂时的萎蔫可通过栽培措施补救；相反，水分过多，由于根系生理代谢活动受阻，吸水能力降低，会导致叶片发黄、植株徒长等类似的干旱症状。生殖生长期对水分要求较严。通常在开花结果期，要求较低的空气湿度和较高的土壤含水量。一方面满足开花与传粉所需的空气湿度；另一方面充足的水分又有利于果实发育。开花期缺水影响花器发育，水分过多时引起茎叶徒长，所以此期不管是缺水还是水分过多，均易导致落花落蕾。进入结果期，特别是结果盛期，果实膨大需较多的水分，应充足供应。各种蔬菜作物在生育期中对水分的需要分别有关键时期和非关键时期，非关键时期是节水栽培或旱作的适宜时期。

四、土壤对蔬菜生长发育的影响

土壤是蔬菜生长发育的基础，也是蔬菜高产、优质栽培的根本性条件。不同蔬菜对土壤条件要求也各不相同。多数蔬菜对土壤的要求是“厚”，即熟土层深厚；“肥”，即养分充足、完全；“松”，即土壤松软通气；“温”，即温度稳定，冬暖夏凉；“润”，即保水性好，不旱不涝。要满足以上条件，必须在逐年深耕的基础上，结合施用大量有机肥，改善排灌条件。在前期作收后要立即翻耕，休闲，经霜冻或日晒风化，以提高肥力，改善土壤透气性，消灭病虫害，再种植后一茬。

（一）土壤质地

土壤质地的好坏与蔬菜栽培，成熟性、抗逆性和产量有密切的关系。按质地，土壤可分为沙壤土、壤土、粘壤土等。沙壤土疏松排水良好，不易板结开裂，升温快，但保水、保肥能力差，有效的矿质营养少、植株易早衰，是扦插用土及西瓜、甜瓜等实现早熟、丰产、优质栽培的理想用土；壤土土壤松细适中，春季升温慢，保水保肥能力较好，土壤结构良好，有机质丰富，是栽培一般蔬菜最理想的土壤，几乎适用于所有蔬菜作物的生产。粘壤土土质细密，春季升温缓慢，保水保肥能力强，含有丰富的养分，但排水不良，雨后易干燥开裂，植株发育迟缓，适于晚熟栽培。

（二）土壤溶液浓度与酸碱度

土壤溶液浓度与土壤组成有密切关系，含有机质丰富的土壤吸收能力强，土壤溶液浓度低，沙壤土恰好相反。施肥时要根据蔬菜种类、生长期、土质及其含水量确定施肥次数、施肥量，避免施肥过多，造成土壤溶液浓度高于植株体内细胞液的浓度，而引起反渗透现象，致使植物萎蔫而死亡。

不同蔬菜对土壤溶液浓度的适应性不同。大多数蔬菜适宜在中性或弱酸性（pH6.0～6.8）土壤中生长，但也有少量蔬菜适于碱性土壤。适应性强的瓜类（除黄瓜）、菠菜、甘蓝类，在0.25%～0.3%的盐碱土壤中生长良好；适应性中等的有葱蒜类（除大蒜）、大白菜、萝卜、黄瓜等，能耐0.1%～0.2%的盐碱度；适应性弱的菜豆，只能在0.1%以下的盐碱度土壤中生长。土壤盐碱度调节方法：当土壤酸度过度时，应施石灰中和，并避免施酸性肥料；碱性过高时，可采用灌水冲洗或施石膏中和。

（三）不同蔬菜种类对营养的要求

蔬菜与其他作物一样，最需的土壤元素有氮、磷、钾，其次是钙、镁、硫、铁等元素，微量元素需要量虽然较小，但也不可缺少。蔬菜作物种类繁多，对营养元素需求也存在一定的差异。不同蔬菜种类，以及在不同生育时期对营养元素的需要也有差别。而且即使同一种类、同一品种，因生育期不同，对营养条件的要求也各异。因此，了解各种蔬菜作物的生理特性，采取相应的措施是栽培成功与否的关键。叶菜类中的小型叶菜，如小白菜生长全期需氮最多；大型叶菜生长期需氮也多，在生长盛期须增施钾肥和磷肥，若氮素不足，则会导致植株矮小，组织粗硬；叶球类蔬菜生长后期磷、钾不足，则不易结球。根、茎菜类幼苗期需较多氮、适量磷和少量钾，而根、茎肥大时则需多量钾、适量磷和少量氮，若后期氮素过多，钾供给不足，则生长受阻，产品器官发育迟缓。葫芦科蔬菜幼苗期需氮相对较多，结果期要求氮、磷、钾充足，增施磷肥有利于花芽分化。果菜类蔬菜的幼苗期需氮较高，磷、钾吸收少，进入生殖生长期，对磷的需要激增，而氮的吸收略减，如果后期氮过多，而磷不足，则茎叶徒长影响结果；前期氮不足，则植株矮小，磷钾不足则开花晚，产量品质也随之降低。

五、气体对蔬菜生长发育的影响

（一）对氧和二氧化碳的要求

蔬菜植物进行呼吸作用必须有氧的参与。大气中的氧完全能够满足植株地上部的要求，但土壤中的氧因土壤结构状况、土壤含水量多少而发生变化，进而影响植株地下部氧气分布情况，影响根系的生长发育。如土壤松散、氧气充足，根系生长良好，侧根和根毛多；如土壤渍水板结、氧气不足，致使种子霉烂或烂根死苗。因此，在栽培上应及时中耕、培土、排水防涝，以改善土壤中氧气状况。二氧化碳是植物光合作用的主要原料之一。植株地上部的干重中，有45%是碳素，这些碳素都是通过光合作用从大气中获得。大气中二氧化碳的含量为0.03%左右，这个浓度远不能满足光合作用的最大要求。上午9～10 h，由于光合作用大量消耗二氧化碳，使蔬菜作物冠层内的二氧化碳发生亏损，由于光合源不足，阻碍光合作用效率的提高。因此，在生产上要想方设法通过增加蔬菜作物群体内二氧化碳的浓度来增加光合作用强度，进而提高产量。现在蔬菜生产中主要是增施有机肥和加强中耕来增加植物周围空气中的二氧化碳浓度。

（二）有毒气体对蔬菜的危害

1. 二氧化硫（SO_2）的危害

当空气中SO_2的浓度达到2×10^{-7}时，几天后就能使植株受害。由于SO_2从叶的气孔及水孔侵入，与植物体内的水化合成硫酸（H_2SO_4）毒害细胞。对SO_2敏感的蔬菜有番茄、茄子、萝卜、菠菜等。

2. 氯气（Cl_2）的危害

氯气的毒性比SO_2大2～4倍。如萝卜、白菜接触到1×10^{-7}浓度的氯气2小时就会出现症状，使叶绿素分解，叶片黄化。

3. 乙烯（C_2H_4）的危害

有毒塑料薄膜覆盖时，如气体中含有1×10^{-7}以上的C_2H_4，就会对蔬菜产生毒害，为害症状与Cl_2相似，叶片均匀变黄。

4. 氨气（NH_3）的危害

在保护地栽培时使用大量有机肥或无机肥会产生NH_3，导致保护地蔬菜受害。施尿素特别是施氨水作肥料，当氨气与作物接触时，常发生黄叶现象。

技 能 单

技能　蔬菜分类与种类识别

一、目的要求

1. 认识、鉴别各类蔬菜植物及其食用（产品）器官。

2. 能对各类蔬菜分别进行“植物学分类”、“食用器官分类”及“农业生物学分类”。

3. 掌握蔬菜三种分类方法的分类依据及其特点。

二、材料用具

各种类别的蔬菜(根菜、茎菜、叶菜、果菜、花菜等)植株或食用器官的蔬菜、多媒体课件、彩色图片、挂图等。

三、方法与步骤

1. 教师通过多媒体课件、彩色图片、挂图等讲解每种蔬菜的名称、科属、习性，学生做好记录。

2. 学生利用课余时间分组到蔬菜市场调查各种上市蔬菜的种类，观察其实用器官的形态特征。

四、作业

1. 写出各种蔬菜产品的食用器官是蔬菜植物的哪个器官。

2. 根据“植物学分类”、“食用器官分类”及“农业生物学分类”三种分类方法，归类所调查的蔬菜。

知识点回顾

一、填空题

1. 蔬菜的分类方法包括(　　　　)、(　　　　)和(　　　　)。

2. 依据农业生物学分类法可以把蔬菜分为(　　　　)、(　　　　)、(　　　　)、(　　　　)、(　　　　)、(　　　　)、(　　　　)、(　　　　)、(　　　　)、(　　　　)、(　　　　)。

3. 按蔬菜的食用器官分类可以把蔬菜分为(　　　　)、(　　　　)、(　　　　)、(　　　　)、(　　　　)。

4. 种子萌发所需要的基本条件是(　　　　)、(　　　　)、(　　　　)、(　　　　)。

5. 蔬菜的生长发育过程大体分为(　　　　)、(　　　　)、(　　　　)三个时期。

6. 按照农业生物学分类方法，茄子、菠菜和菜豆分别属于(　　　　)、(　　　　)和(　　　　)类蔬菜。

7. 根据蔬菜对温度的要求，韭菜、胡萝卜和冬瓜分别属于(　　　)、(　　　)和(　　　)性蔬菜。

8. 萝卜属于(　　　)春化型，甘蓝属于(　　　)春化型。

9. 根据蔬菜对水分的要求，胡萝卜、马铃薯和大蒜分别属于(　　　)、(　　　)和(　　　)性蔬菜。

10. 萝卜、胡萝卜和洋葱分别属于(　　　)、(　　　)和(　　　)科。

二、名词解释

1. 春化现象　2. 种子春化　3. 绿体春化　4. 光周期　5. 光周期现象

三、判断题

1. 种子春化型蔬菜只有在种子萌动时，才对低温敏感。(　　)
2. 绿体春化时，植株要有一定的完整性。(　　)
3. 春化处理温度范围及处理时间的长短，与蔬菜的种类和品种有关。(　　)
4. 如果低温处理时间相同，苗龄大的蔬菜抽薹开花比苗龄小的早。(　　)
5. 对果菜类来说光照减弱，花芽分化延迟，节位升高，花发育不良。(　　)
6. 磷钾不足则茄果类开花晚，产量品质也随之降低。(　　)
7. 芦笋属于湿润型蔬菜。(　　)
8. 对低温条件要求不太严格，比较容易通过春化阶段的蔬菜品种称冬性强的品种。(　　)
9. 白菜是长日性蔬菜。(　　)
10. 磷肥有利于蔬菜的花芽分化。(　　)

四、简答题

1. 什么是蔬菜？蔬菜栽培有什么特点？
2. 根据农业生物学分类法，蔬菜作物可分为哪几类？各有何特点？
3. 蔬菜的生育周期可分为哪几个时期？各有何特点？
4. 根据对温度的要求，蔬菜可分为哪几类？分别举例。
5. 根据对光周期的反应，蔬菜可分为哪几类？分别举例。
6. 根据对水分的要求，蔬菜可分为哪几类？分别举例。
7. 蔬菜不同生育期对水分的要求有何特点？
8. 举例说明种子春化型蔬菜和绿体春化型蔬菜的特性，说明其在生产中的意义。

理论二　蔬菜栽培的基本技术

知识目标

1. 掌握蔬菜播种、育苗和田间管理的基本技术。
2. 理解蔬菜栽培制度的主要内容和实施原则。
3. 了解蔬菜种子的基本特点。

技能目标

1. 能正确识别常见蔬菜种子,并能完成种子播前处理和播种工作。
2. 掌握蔬菜设施育苗和嫁接育苗的方法及关键技术。
3. 能进行菜地的耕作技术,掌握蔬菜定植后的田间管理。

信　息　单

课题一　蔬菜种子及其处理

蔬菜栽培的基本技术包括种子播前处理、播种、育苗、菜田耕作、定植、追肥灌水、搭架整枝和化学调控等基本环节。现代蔬菜生产的目标已由“数量型”向“质量型”转变,因此,在掌握蔬菜栽培的基本技术的前提下,还应以无公害蔬菜生产的技术规程来指导和约束生产。利用智能温室进行蔬菜的无土栽培是蔬菜生产彻底摆脱自然界束缚的一种方式,是蔬菜现代化生产的标志。

一、蔬菜种子及其特点

(一)蔬菜种子的含义

蔬菜栽培上应用的种子含义很广,概括性地说泛指所有的播种材料,主要包括以下四类:

(1)植物学上的种子:由胚珠受精后形成。如瓜类、豆类、茄果类和白菜类蔬菜的种子。

(2)果实:由胚珠和子房共同发育而成。如菊科(瘦果)、伞形科(双悬果)、藜科(聚合果)等蔬菜的果实。

(3)营养器官:有些蔬菜用鳞茎(如大蒜、百合)、球茎(如芋头、荸荠)、根茎

（如姜、莲藕）、块茎（如马铃薯、山药）作为播种材料。

（4）菌丝体：真菌的菌丝体，如蘑菇、木耳等。

二、蔬菜种子的形态和结构

（一）蔬菜种子的形态

种子形态指种子的外形、大小、颜色、表面光洁度，种子表面特点如沟、棱、毛刺、网纹、蜡质、突起物等，常见蔬菜种子形态见图2－1。种子形态是鉴别蔬菜种类、判断种子质量的重要依据。如成熟种子色泽较深，具蜡质；欠成熟的种子色泽浅，皱瘪。新种子色泽鲜艳光洁，有香味；陈种子色泽灰暗，散发霉味。

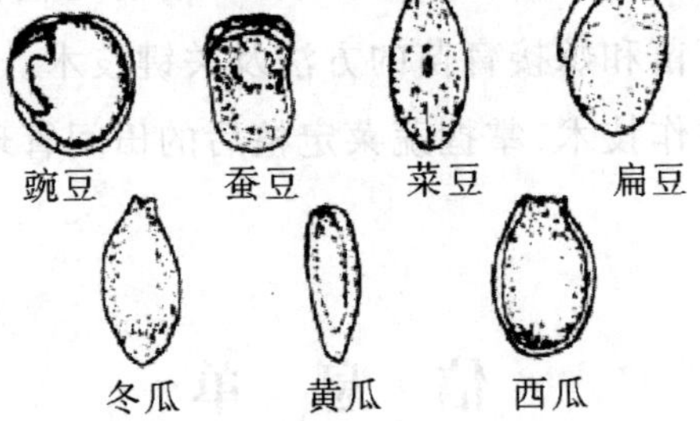

图2－1　常见蔬菜种子形态

蔬菜种子的大小差别很大，小粒种子的千粒重是1 g左右，大粒种子千粒重却高达1 000 g以上。瓜类、豆类蔬菜种子较大，绿叶菜类种子相对较小，如荠菜、芹菜、苋菜的种子。种子的大小与营养物质的含量有关，对胚的发育有重要作用，还关系到出苗的难易和秧苗的生长发育速度。种子越小，播种的技术要求越高，苗期生长越缓慢。

（二）种子的结构

蔬菜种子结构包括种皮、胚，有的蔬菜种子还有胚乳，有的果实型种子还有果皮。根据成熟种子胚乳的有无，可将种子分成有胚乳种子（如苋菜、胡萝卜和百合等的种子）和无胚乳种子（如大豆、番薯、薄荷和各种瓜类的种子）。

三、种子寿命和使用年限

种子的寿命又叫发芽年限，指种子保持发芽能力的年数。种子寿命和种子在生产上的使用年限不同。生产上通常以能保持60%～80%以上发芽率的年限为使用年限。一般贮藏条件下，蔬菜种子的寿命不超过1～6年，使用年限只有1～3年。

四、种子的萌发

（一）种子萌发的过程

蔬菜种子的萌发分为吸胀、萌动和发芽等3个阶段。种子吸水可分为吸胀吸水和生理吸水两个阶段。首先,有生活力的种子吸收水分膨胀达到饱和,贮藏物质中的淀粉、蛋白质和脂肪通过酶的活动,分别水解为可溶性糖、氨基酸、甘油和脂肪酸等。这些物质运输到胚的各个部分,经过转化合成胚的结构物质,从而促使胚的生长。生长最早的部位是胚根。当胚根生长到一定程度时,胚根首先从发芽孔伸出,突破种皮,露出白嫩的根尖,这就是种子的萌动,俗称"露白",或"破嘴"。种子露白后,胚根、胚轴、子叶、胚芽的生长加快,胚轴顶着幼芽破土而出。

(二)种子萌发的条件

种子的萌发,除了种子本身要具有健全的发芽力以及解除休眠期以外,也需要一定的环境条件,主要是充足的水分、适宜的温度和足够的氧气,但有些种子发芽还需要一定的光照条件。

1. 水分

水分是种子萌发的关键条件,种子萌发的第一步就是吸水。干燥的种子含水量少,一般仅占种子总重量的5% ~10%,这样的条件使一切生理活动都很微弱。只有吸足水分,种子内贮藏的营养物质溶解于水并经过酶的分解后才能转运到胚,供胚吸收利用。多数蔬菜种子需要浸种 12 h 即可完成吸水过程,提高水温(40 ~60℃)可使种子吸水加快。种子吸水过程与土壤溶液渗压及水中气体含量有密切关系。土壤溶液浓度高、水中氧气不足或 CO_2 含量增加,可使种子吸水受抑制。种皮结构也会影响种子的吸水,例如十字花科的种子种皮薄,吸水速度快,一般浸种 4 ~5 h 可吸足水分,黄瓜的种子则需 4 ~6 h,葱、韭菜的种子需 12 h。

2. 温度

蔬菜种子发芽需要一定的温度,不同蔬菜种子发芽要求的温度不同。喜温蔬菜发芽要求较高的温度,适温一般为 25 ~30℃;耐寒、半耐寒蔬菜种子发芽适温为 15 ~20℃。在适温范围内,发芽迅速,发芽率也高。

3. 氧气

种子得到足够的水分和适当的温度后,就开始萌动,此时氧气的供应对萌发起着主导作用。在氧气充分的情况下,胚细胞呼吸作用逐渐加强,酶的活动逐渐旺盛,种子中贮藏物质通过呼吸作用,提供中间产物和能量,才能充分供应生长的需要。一般种子要求空气中含氧量在 10% 以上才能正常萌发,含脂肪较多的种子比含淀粉多的种子需要更多的氧气,当含氧量下降到 5% 以下时,多数种子不能萌发。

4. 光照

不论哪种蔬菜种子,播到土壤中,只要温、水、气条件适合,一般都能正常发芽出苗，这说明它们都能在黑暗条件下发芽。但是，蔬菜种子的发芽对光照的反应是有差别的。根据种子发芽对光照的要求，可将蔬菜种子分为需光种子、嫌光种子和中光种子三类。需光种子发芽需要一定的光，在黑暗条件下发芽不良，如莴苣、紫苏、芹菜、胡萝卜等的种子；嫌光种子要求在黑暗条件下发芽，有光时发芽不良，如苋菜、葱、韭及其他一些百合科蔬菜的种子；大多数蔬菜种子为中光种子，在有光或黑暗条件下均能正常发芽。

五、蔬菜种子的质量检验

蔬菜种子质量的优劣，最终表现为播种的出苗速度、整齐度、秧苗纯度和健壮程度等。这些种子的质量标准，应在播种前确定，以便做到播种、育苗准确可靠。种子质量的检验内容包括种子净度、品种纯度、千粒重、发芽势和发芽率等。

（一）种子净度

种子净度指供检样品中净种子的质量分数，其他植物种子、泥沙、花器残体、果皮等都属于杂质。

（二）品种纯度

品种纯度指品种在特征、特性方面典型一致的程度，是鉴定品种一致性程度高低的指标。用本品种的种子数占供检作物样品种子数的百分率表示。

（三）千粒重

千粒重是度量蔬菜种子饱满度的指标，用自然干燥状态的1000粒种子重（g）表示，称作种子的“千粒重”或“绝对重量”。同一品种的蔬菜种子，千粒重越大，种子越饱满充实，播种质量越高。

（四）发芽势

发芽势指种子发芽试验初期（规定日期内）正常发芽种子数占供试种子的百分率。种子发芽势高，则表示种子活力强、发芽整齐、出苗一致，增产潜力大。

种子发芽势＝[发芽试验初期（规定日期内）正常发芽种子粒数/供试种子粒数]×100%

（五）发芽率

发芽率指在发芽试验终期（规定日期内）全部正常发芽种子数占供试种子数的百分率。

发芽率＝[发芽试验终期（规定日期内）全部正常发芽种子粒数/供试种子粒数]×100%

统计发芽种子数时，凡是没有幼根、幼根畸形、有根无芽、有芽无根毛及种子腐烂者都不算发芽种子。

六、种子播前处理

种子播前处理包括浸种、催芽、种子消毒、机械处理等。播前处理能促进种子迅速整齐地萌发、出苗，消灭种子内外附着的病原菌，增强种胚和幼苗抗性，达到培育壮苗和增产的目的。

(一)浸种

浸种是将种子浸泡在适宜水温和充足的水量条件下，使种子在短时间内充分吸水，达到萌芽所需的基本水量。水温和时间是浸种的重要条件。

1. 一般浸种

用温度与种子发芽适温(20～30℃)相同的水浸泡种子。一般浸种法对种子只起供水作用，无灭菌和促进种子吸水作用，适用于种皮薄、吸水快的种子。

2. 温汤浸种

将种子投入到55～60℃的热水中，保持恒温15 min，然后自然冷却至室温。水量为种子量的3～5倍，浸种时要不断搅拌。茄果类蔬菜种子浸泡4 h～8 h，由于55℃是大多数病原菌的致死温度，15 min是在致死温度下的致死时间。因此，温汤浸种对种子具有灭菌作用，适用于种皮较薄、吸水较快的种子。如茄果类种子。

3. 热水烫种

将充分干燥的种子放到75～85℃的热水中，然后用两个容器来回倾倒搅动，直至水温降至室温。热水烫种有利于提高种皮透性，加速种子吸水，兼起到杀菌消毒的作用，适用于一些种皮坚硬，革质或附有蜡质，吸水困难的种子，如西瓜、丝瓜、苦瓜、蛇瓜等种子。种皮薄的种子不宜采用此法，避免烫伤种胚。

浸种前应将种子洗干净，除去果肉物质和种皮上的黏液，以利于种子迅速充分吸水。浸种水量以种子量的5～6倍为宜，浸种过程中要保持水质清新，可在中间换1次水。

(二)催芽

催芽是将已吸足水的种子置于黑暗或弱光环境里，并给予适宜温度、湿度和氧气条件，促使迅速发芽。具体方法是将已经吸足水的种子用保水透气的材料(如湿纱布、毛巾等)包好，种子呈松散状态，置于适温条件下。催芽期间，一般每4～5 h翻动种子包1次，以保证种子萌动期间有充足的氧气供给。每天用清水淘洗1～2次，除去黏液、呼吸热，补充水分。也可将吸足水的种子和湿沙按1∶1混拌催芽。催芽期间要用温度计随时监测温度，当大部分种子露白时，停止催芽，准备播种。若遇恶劣天气不能及时播种时，应将种子放在5～10℃低温环境下，保湿待播。

催芽过程中,采用胚芽锻炼和变温处理有利于提高幼苗的抗寒力和种子的发芽整齐度。胚锻炼是将萌动的种子放到0℃环境中冷冻12~18 h,然后用凉水缓冻,置于18~22℃条件下处理6~12 h,最后放到适温条件下催芽。锻炼过程中要保持种子湿润,变温要缓慢。经锻炼后,胚原生质黏性增强,糖分增高,对低温的适应性增强,幼苗的抗寒力增强。此法适用于瓜类和茄果蔬菜类的种子。变温处理是在催芽过程中,每天给予12~18 h的高温(28~30℃)和12~6 h的低温(16~18℃)交替处理,直至出芽。在整个催芽过程中,催芽初期可使温度偏高以加速养分的转化和利用,出芽后逐渐降温防止胚根徒长进行“蹲芽”。

(三)种子消毒

1.高温灭菌

结合浸种,利用55℃以上的热水进行烫种,杀死种子表面和内部的病菌。或将干燥(含水量低于2.5%)的种子置于60~80℃的高温下处理几小时至几天,以杀死种子内外的病原菌和病毒。

2.药液浸种

先将种子在清水中浸泡4~6 h,捞出后沥干水,再浸到一定浓度的药液里,一定时间后取出,清洗后播种,以达到杀菌消毒的目的。浸种的药剂必须是溶液或乳浊液,浓度、时间要严格掌握。药液浸种后必须用清水淘洗干净后才能继续催芽、播种,否则易产生药害或影响药效。药液用量一般为种子的2倍左右。常用浸种药液有800倍50%多菌灵溶液、800倍托布津溶液、100倍福尔马林溶液,1 000倍液的多菌灵可湿性粉剂溶液、1%硫酸铜溶液、0.1%高锰酸钾溶液等。

3.药剂拌种

将药剂和种子拌在一起,种子表面附着均匀的药粉,以达到杀死种子表面的病原菌和防止土壤中病菌侵入的目的。拌种的药粉、种子都必须是干燥的,否则会引起药害和影响种子蘸药的均匀度,用药量一般为种子重量的0.2%~0.5%,药粉须精确称量。操作时先把种子放入罐内或瓶内,加入药粉,加盖后摇动5 min,使药粉充分且均匀地粘在种子表面。拌种常用药剂有杀毒矾、多菌灵、福美双等。

(四)其他处理方法

1.微量元素处理

微量元素是酶的组成部分,参与酶的活化作用。播前用微量元素溶液泡种子,可使胚的细胞质发生内在变化,使之长成健壮、生命力强、产量较高的植株。目前生产上应用的有0.02%硼酸溶液浸泡番茄、茄子、辣椒等的种子5~6 h,0.02%硫酸铜、0.02%硫酸锌、0.02%硫酸锰溶液浸泡瓜类、茄果类的种子,有促进早熟、增加产量的作用。

2. 激素处理

用150～200 mg/L赤霉素溶液浸种12～24 h，有助于打破休眠，促进发芽。

3. 机械处理

有些种子因种皮太厚，需要播前进行机械处理才能正常发芽。如对胡萝卜、芫荽、菠菜等种子播前搓去刺毛，磨薄果皮，苦瓜、蛇瓜种子催芽前嗑开种喙，均有利于种子的萌发和迅速出苗。

课题二　蔬菜播种技术

一、播种期的确定

播种期的正确与否关系到产量的高低、品质的优劣和病虫害的轻重，在蔬菜一年多季作地区还关系到前后茬口的安排。要使蔬菜健壮生长，获得高产、稳产和优质，须安排合理的播种期，使蔬菜在温、光、水、肥等条件较适宜的时期生长。确定露地播种期总原则是根据不同蔬菜对气候条件的要求，把蔬菜的旺盛生长期和产品器官主要形成期安排在气候（主要指温度）最适宜季节，以充分发挥作物的生产潜力。根据这一原则，对于喜温蔬菜春播，可在终霜后进行；对于不耐高温的西葫芦、菜豆、番茄等，应考虑避开炎夏；对不耐涝的西瓜、甜瓜应考虑躲开雨季；二年生半耐寒蔬菜（如大白菜、萝卜）在秋季播种，葱蒜类、菠菜也可在晚秋播种，速生蔬菜可分期排开播种。设施蔬菜播种期应考虑蔬菜种类、育苗设备、苗期是否分苗以及适宜的苗龄、安全定植期等，一般用安全定植期减去日历苗龄来推算。

二、播种方式

根据播种的形式不同，蔬菜播种可分为撒播、条播和穴播三种方式。

（一）撒播

撒播是将种子均匀撒播到畦面或田地表面上。撒播的蔬菜密度大，单位面积产量高，可以经济利用土地；缺点是种子用量大，间苗费工，对撒籽技术和覆土厚度要求严格，覆土深浅不一，后期不便中耕除草。此方式适用于生长迅速、植株矮小的速生菜类及苗床播种。

（二）条播

条播是将种子均匀撒在规定的播种沟内。条播地块行间较宽，便于机械化播种及中耕、起垄，同时播种量少，覆土方便。此方式适用于单株占地面积较小而生长期较长的蔬菜，如菠菜、胡萝卜、大葱等。

(三)穴播

穴播又称点播,即在播行上每隔一定距离开穴播种。此方式适用于营养面积大、生长期较长的蔬菜,如豆类、茄果类、瓜类等。点播能保证株距和密度,有利于节省种子,便于间苗、中耕,也便于机械化耕作管理,但播种用工多,出苗不整齐,易缺苗。

根据播种前是否浇水可分为干播和湿播两种方式。

(一)干播

将干种子播于土壤湿度适宜的土壤中,播前将播种沟或播种畦踩实,播种覆土后,轻轻镇压土面,使土壤和种子紧紧贴合以助吸水。

(二)湿播

播种前先打底水,待水渗后再播种。浸种或催芽的种子必须湿播。

播种深度(覆土厚度)主要根据种子大小、土壤质地、土壤湿度及气候条件而定。种子小,贮藏物质少,发芽后顶土能力弱,宜浅播;反之,大粒种子宜深播。种子播种深度以种子直径的2~6倍为宜,小粒种子覆土厚度为0.5~1 cm,中粒种子覆土厚度为1~1.5 cm,大粒种子覆土厚度为3 cm左右。另外,沙质土壤,播种宜深;黏重土,地下水位高者宜浅播。高温干燥时宜深播,天气阴湿时宜浅播。喜光种子,宜浅播。

三、播种量

播种量应根据蔬菜的种植密度、单位重量的种子粒数、种子的使用价值及播种方式、播种季节来确定。点播种子播种量计算公式如下:

单位面积播种量(g)=〔种植密度(穴数)×每穴种子数〕÷(每克种子数×种子使用价值)×安全系数(1.2-4.0)

种子使用价值=种子净度×品种纯度×种子发芽率×有效出苗率

课题三 蔬菜育苗技术

一、设施常规育苗

(一)营养土的配制

营养土是为了满足幼苗生长发育而专门配制的含有多种矿质营养,疏松通气,保水保肥能力强,无病虫害的育苗专用土壤,也叫苗床土、床土。营养土一般由大田土、腐熟的有机肥、疏松物质(可选用草炭、细河沙、细炉渣、炭化稻壳,锯末等)、化学肥料等按一定比例配制而成。蔬菜的营养土配制应遵循以下原则:一是营养土应含有丰富的有机质,有机质含量不少于30%,疏松透气,总孔隙60%左右,具有良好的保水、保肥性能。二是营养元素完全,除了有N、P、K、Ca、Mg、S等大量元素外,还要有Cu、Fe、Zn、B、Mo等多种微量元素,并且各元素的比例协调。三是营养土应保持中性,pH值在6.5~7.0之间。四是物理性状良好,浇水不板结,缺水不干裂。五是营养土内应无病原菌、草籽和虫卵。

1. 营养土的种类

根据用途不同,营养土可分为播种床土和分苗床土。

(1)播种床土。要求特别疏松、通透,以利于幼苗出土和分苗起苗时不伤根,对肥沃程度要求不高。配制体积比为大田土4份,草炭5份,优质粪肥1份,大田土4份,细炉渣(用清水淘洗几次)2份,腐熟的马粪或有机肥4份。每立方米加复合肥0.5~1.0 kg。播种床土厚度为6~8 cm。

(2)分苗床土。分苗床土也叫移植床土。为保证幼苗期有充足的营养和定植时不散坨,分苗营养土应增加大田土和优质粪肥的比例,配制体积比为大田土6份,草炭、鸡粪等有机物3份,优质粪肥1份,每立方米加尿素0.5 kg,过磷酸钙0.2~0.25 kg。分苗床土厚度为10~12 cm。

2. 营养土消毒

为防止营养土带菌,引发苗期病害,可采用下列方法消毒。

(1)药土消毒。将药剂与床土拌匀后堆置,播种时,2/3药土铺底,1/3药土覆盖,使种子四周都有药土,可以有效地控制苗期病害。常用药剂有多菌灵和百菌清,每平方米苗床用量8~10 g。

(2)福尔马林熏蒸消毒。一般用0.5%福尔马林喷洒床土,拌匀后堆置,用薄膜密封5~7 d,然后揭开薄膜待药味挥发后再使用。

(3)药液消毒。用代森锰锌或多菌灵200~400倍液消毒,每平方米床面用10 g原药,配成2~4 kg药液喷浇即可。

(二)苗床设置

设施育苗的场所可以是阳畦、大棚、温室等,通常将苗床设在温度和光照都比较好的部位,如温室和大棚的中间部位。

1. 播种(移植)苗床

选好位置后先制作床底,宽度100~150 cm,长度可根据育苗多少来确定,苗床四周根据需要做5~10 cm高的畦埂。低温季节育苗可在床底铺设地热线,做成电热温床。最后在苗床内分别填入配制好的播种床土或移植床土备用。

2. 育苗容器

(1)育苗穴盘。育苗穴盘多在播种和培育籽苗时使用,制造穴盘的材料一般有聚苯泡沫、聚苯乙烯、聚氯乙烯和聚丙烯等。标准穴盘的尺寸为540 mm×280 mm，因穴孔直径大小不同，孔穴数在18～800之间。栽培中常用的有32穴，50穴，72穴，105穴，128穴，200穴，288穴。育苗穴盘的穴孔形状主要有方形和圆形，方形穴孔所含基质一般要比圆形穴孔多30%左右，水分分布亦较均匀，种苗根系发育更加充分。使用育苗穴盘可以节省种子用量，降低生产成本，保持植物种苗生长的一致性，并能与各种手动及自动播种机配套使用，便于集中管理，提高工作效率，而且移栽时不损伤根系，缓苗迅速，成活率高。

（2）营养钵。营养钵指用聚乙烯或聚氯乙烯制成的圆筒形育苗容器，底部有一个或多个出水的小孔，防止积水沤根。利用营养钵育苗，可保持根系完整，定植后有利于缓苗，定植成活率大大提高。目前生产的营养钵型号从5 cm×5 cm（上口直径×高度）至21 cm×21 cm，规格齐全，可根据苗龄大小选择使用。塑料营养钵价格便宜，一次投入可以多次使用，逐步代替了自制的纸筒、稻草钵等育苗容器。

（3）营养土方。营养土方是将营养土压制成用于护根育苗的土块。具体制作方法是将营养土平铺在苗床中，经踩踏镇压后，厚度不小于8 cm，随即浇透水。次日切方前再浇一次水，并用木板将床面刮平，当床面不黏时开始下刀切方，土方的边长为8～10 cm。土方切好后用小木棍在土方中央捣一个深度1～1.5 cm的小坑，作为播种或分苗的种植穴。

（4）育苗营养块。目前市场上有以草炭为主要原料，添加适量营养元素、保水剂、固化成型剂等，经高压成形的专用育苗营养块出售，可用于较大粒种子直播。使用时将苗床底部平整压实后，铺一层地膜，将营养块与土壤隔离。然后按间距1～2.5 cm把营养块摆放在苗床上，用喷壶向营养块反复喷水，直至营养块完全膨胀（无硬心），即可将已出芽的种子点播于播种穴内，定植时可带坨移栽。利用营养块育苗省去了筛土、混拌、消毒、装钵和定植前脱钵的工序，同时减少了苗期病害的发生，提高了育苗质量。

（三）苗床播种

1. 播种量及苗床面积的确定

单位面积播种量（g）＝单位面积定植株数÷（每克种子数×种子使用价值）×安全系数（1.2～4.0）

播种床面积（m^2）＝播种量（g）×每克种子数×每粒种子所占面积（cm^2）

中、小粒种子可按每平方厘米分布3～4粒有效种子计算；较大粒种子可按每粒有效种子占苗床面积4～5 cm^2计算。

分苗床面积（m^2）＝分苗总株数×单株营养面积（cm^2）/10 000

幼苗单株营养面积根据苗龄的长短可按64～100 cm^2 来计算。

2.播种

播种宜选择晴天上午,此时温度高,出苗快且整齐。阴雨天播种,地温低,迟迟不出苗,易造成种芽腐烂。对于葱蒜类、白菜类等较小粒种子,可采用苗床撒播,对于瓜类、豆类等种子较大、不耐移植的蔬菜可采用营养钵直播或营养土方直播,但出苗后一定要注意防止徒长。播种前打足底水,待水渗后撒一层药土,播种后盖一薄层药土,上面再覆一层细潮土,覆土厚度为0.5～3.0 cm。已浸种催芽的种子易成团,可先用细河沙或草木灰拌种后再播种。

(四)苗期管理

1.出苗期

从播种到幼苗出土直立为止。这一时期床土水分要充足,通气性要好,并维持较高的温度。播种后应立即用地膜或无纺布覆盖床面,增温保墒,为幼苗出土创造温暖湿润的良好条件。喜温蔬菜苗床温度控制在25～30℃,喜凉蔬菜20～25℃,在此范围内白天稍高,夜间稍低,通过气温影响地温。冬季育苗可通过铺设电热温床、加盖小拱棚来提高温度。当幼芽大部分出土时,要撤掉覆盖物,同时要防止土面裂缝,子叶带壳,要求保持土壤湿润,分次上土,保证子叶脱壳,当种子开始拱土时,床温应适当降低,以免徒长。

2.幼苗期

从出苗到分苗为止。这是幼苗逐步过渡到独立生活的关键时期,此期的特点是幼苗的光合能力还很弱,下胚轴极易发生徒长,形成“高脚苗”。另外,此期极易发生苗期病害。所以,管理重点在于控水降温,防止徒长,同时促进根系扩展和养分积累。播种后80%幼苗出土就应开始通风,降低苗床气温。喜温蔬菜日温20～25℃,夜温12～16℃;喜凉蔬菜日温15～20℃,夜温10～12℃,土温控制在18℃以上。这一段时间的低温有利于花芽分化。此外,这段时间还需要有充足的阳光。育苗温室草苫早揭晚盖,延长光照时间,小拱棚白天揭开使幼苗多见光。此期尽量不浇水,可向幼苗根部筛细潮土,减少床面水分蒸发,降低苗床湿度,同时还可以对根部进行培土,促使不定根的发生。前期如苗床缺水,可选晴天浇使不定根的发生。后期如苗床缺水,可选晴天浇1次透水再保墒,切忌小水勤浇。如果发生猝倒病应及时将病苗挖去,以药土填穴。

3.分苗(移植)期

分苗就是将幼苗从播种床内起出,按一定距离移栽到分苗床中或营养钵中。分苗的目的是扩大幼苗的营养面积,满足光照和土壤营养条件。分苗时期以破心前后为最好,最迟不能超过2～3叶期(果菜类花芽分化期)。早分苗根系小,叶面积不大，移植时不易伤根，蒸腾作用弱，成活快，并能促进侧根大量生长。但早分苗必须保证分苗床有较高的土温，喜温蔬菜需16～18℃，喜凉蔬菜需10～12℃，否则不如三叶期分苗。

分苗前3～4 d逐渐降低播种床温度、湿度，给予充足的阳光，增强幼苗的抗逆性，以利分苗后迅速缓苗。分苗前1 d播种床浇1次透水，避免起苗时伤根。对于不耐移植的蔬菜可将幼苗移入营养钵或营养土方中，对于较耐移植的幼苗可移入分苗床中。分苗时注意淘汰病弱苗、无心叶苗等。如幼苗不齐，可按大小分别移植，以便于管理。分苗后，如遇低温季节首先要提高土温，喜温蔬菜要求土温达16℃以上，喜凉蔬菜8℃以上。其次要保持床内空气高湿，以防苗失水萎蔫。因此，分苗后要立即浇水并随时盖膜以提高土温和保湿。如因气温过高导致萎蔫时，需盖上遮阳网使局部遮光来降低床内气温，待蔬菜秧苗直立起来后再揭网见光。3～5天后，苗叶色变淡，心叶展开，根系大量发生，标志着缓苗完成。之后要做好通风和保温工作。果菜类白天25～30℃，夜间20℃；叶、茎和花菜类白天20～22℃，夜间12～15℃，可通过调节夜间温度结合白天通风及揭盖苫的时间早晚来控制秧苗的生长速度和健壮程度。如秧苗生长过快且出现细弱状态，应降低夜温。同时要注意苗床换气，即使阴冷天气也要短期通风，以防高湿致病，同时苗床内的有机肥易产生氨气而使根叶损伤。

4. 成苗期

分苗缓苗后到定植前为成苗期。这一段时期，生长中心在根、茎、叶以及果类花器的形成。此期要求有较高的日温、较低的夜温、强光和适当肥水，避免幼苗徒长，促进果菜类花芽分化，防止温度过低造成叶菜类未熟抽薹。

(1)温度。喜温蔬菜的适温指标为日温25～30℃，夜温15～20℃；喜凉蔬菜日温20～22℃，夜温12～15℃。保持10℃左右的昼夜温差，即所谓的“大温差育苗”。要特别注意控制夜温，夜温过高呼吸消耗大，幼苗细弱徒长。可根据天气调节温度，晴天光合作用强，温度可高些；阴天为减少呼吸消耗，温度可低些。地温高低对秧苗作用大于气温。严寒冬季，只要地温适宜，即使气温偏低秧苗也能正常生长。因此，成苗期适宜地温为15～18℃。定植前7～10 d，逐渐加大通风降低苗床温度，对幼苗进行低温锻炼，使之能迅速适应定植后的生长环境。

(2)水分。成苗期秧苗根系发达，生长量大，必须有充足的水分供应，才能促进幼苗的生长发育。水分管理应注意增大浇水量，减少浇水次数，使土壤见干见湿。浇水宜选择晴天上午进行，冬季保证浇水后有2～3 d连续晴天。否则，温度低，湿度大，幼苗易发病。

(3)光照。可通过倒坨把幼苗调至温光条件较好的中间部位。苗长大后将营养钵分散摆放，扩大受光面积，防止相互遮阴。每次倒坨后必然损伤部分须根，故应浇水防萎蔫，冬季弱光季节育苗可在苗床北部张挂反光幕增加光照。

(4)其他。定植前趁幼苗集中，追施1次速效氮肥，喷施1次广谱性杀菌剂。

(五)壮苗指标

壮苗是指健壮程度较高的秧苗。从生产效果上理解，壮苗是指生产潜力较大的高质量秧苗。对秧苗群体而言，应包括无病虫害、生长整齐、株体健壮三个主要方面。通常壮苗的共同特征是茎粗短，节紧密；叶片大而厚，叶色浓绿；根毛白色，多而粗壮；无病虫害，无损伤，大小均匀一致。具体到每一种作物，壮苗又有一些特殊的要求。如茄果类要求第一果穗或第一朵花出现，但不开放，其中番茄、茄子(白绿茄除外)的叶色要浓绿且带紫色，番茄植株上的茸毛较多，苗平顶而不突出。瓜类蔬菜的秧苗要直立，子叶完整、肥厚而有光泽，茎叶有刺毛而且较硬。甘蓝类蔬菜的秧苗要求叶片丛生，叶面有蜡粉等。

(六)育苗时常见问题及原因

1.烂种或出苗不齐

烂种一方面与种子质量有关，种子没有完全成熟，贮藏过程中发霉，浸种时温度过高或浸种时间过长均可造成烂种；另一方面播种后苗床温度长期过低而湿度过大，土壤中化肥浓度过大、施用未腐熟的有机肥，种子出土时间长，长期处于缺氧条件下阻止幼芽继续生长，易引发烂种。出苗不齐是种子成熟度不一致、播种床面不平整、底水不均、覆土薄厚不均匀或床面板结，化肥施用过量等原因造成的。

2.幼苗“戴帽”出土

覆土太薄，使种皮受压不够不易脱落，或播种时地水不足，种子尚未出苗，种皮干燥发硬，夹住子叶不易脱落。另外，种子不充实或床土中感染病菌也容易发生“戴帽”现象。瓜类种子直插播种，也易戴帽出土。为防止“戴帽”出土，选择饱满的种子播种，且播种时覆土厚度要适当，保证播种后有适宜的土温。出苗期保持土壤湿润，如床土过干，可喷少量水保持床土湿润，发现有覆土太薄的地方，可补撒一层湿润细土。发现“戴帽”出土者，可先喷水使种皮变软，再人工脱去种皮。

3.沤根和烧根

幼苗不发新根，根呈锈色，病苗极易从土壤中拨出。沤根主要是由于苗床土温长期过低，加之湿度过大或遇连阴雨雪天，光照不足，或床土配制不好、土质过黏、透气性差致使幼苗根系在低温、过湿、缺氧状态下呼吸受阻发育不良，造成沤根。育苗时应保持合适的苗床温度，播种时一次打足底水，出苗过程中适当控水，严防床面过湿。烧根时根尖发黄，不长新根，也不烂根，植株不生长，矮小脆硬，叶片小而皱缩。烧根是由于施肥过多，或床土中施入未腐熟的有机肥造成的。育苗时应选用充分腐熟的农家肥均匀配制育苗土。

4. 徒长苗

徒长苗也叫高脚苗，茎细长，节间长，叶薄色淡，根系不发达，抗逆性较差，定植后缓苗慢，不易获得早熟高产。幼苗徒长是光照不足、夜温过高、水分和氮肥过多、播种密度过大、秧苗拥挤相互遮掩、通风不良等原因造成的，可通过增加光照、保持适当的昼夜温差、适度控水、适量播种、及时分苗等管理措施来防止。

5. 老化苗

老化苗又称“僵苗”或“小老苗”。老化苗生长缓慢、苗体小、根系老化发锈、不长新根、茎矮化、节间缩短、叶片小而厚，叶色呈暗绿色，秧苗脆硬而无弹性，老化苗定植后发棵缓慢，开花结果迟，结果期短，易早衰。老化苗是育苗过程中床土长期过干和床温过低，或激素处理不当或床土透气性差，土壤板结，使根系生长受到抑制等原因造成的，育苗时应注意防止长时间苗床温度过低、过度缺水和不按要求使用激素，另外炼苗和蹲苗要适度，时间不能太长。

二、嫁接育苗

(一)嫁接育苗的意义

蔬菜嫁接育苗又称“嫁接换根”，指将切去根系的蔬菜幼苗或带芽枝段接于另一种植物的适当部位，两者接口愈合后形成一株完整的新苗。无根的蔬菜幼苗或枝段称为接穗，提供根系的植株称为砧木。蔬菜嫁接换根可有效地防止多种土传病害，克服设施连作障碍，并能利用砧木强大的根系吸收更多的水分和养分，同时增强植株对低温、干旱、瘠薄等逆境的适应能力，起到促进生长、提高产量的作用。

(二)嫁接砧木的选择原则

优良的嫁接砧木应具备以下特点：符合嫁接的目的，有较突出的抗病性，对接穗的主防病害表现为高抗或免疫；嫁接亲和力强，共生亲和力强，表现为嫁接后易成活，成活后长势强；嫁接后抗逆性增强，能弥补栽培品种的性状缺陷；对接穗果实的品质无不良影响或不良影响小。

目前常用蔬菜嫁接砧木多为野生种、半野生种或杂交种。如黄瓜多以黑籽南瓜、白籽南瓜为砧木，西瓜多以葫芦和瓠瓜为砧木，甜瓜多以杂种南瓜为砧木，番茄、茄子均以其野生品种为砧木。

(三)嫁接技术

1. 嫁接场所、工具的准备

嫁接场所最好在育苗温室内，嫁接时要求室温20～25℃，相对湿度不低于80%，光照较弱。如天热光强，要遮阴降温。嫁接工具包括嫁接操作台、座凳、湿毛巾、竹签、双面刀片、嫁接夹或塑料条、喷雾器、水桶、喷壶等。其中竹签要选取一面带有竹皮的细竹棍,一端削成长5~7 mm的平滑单斜面,前端要平直锐利、无毛刺,用于砧木苗茎插孔,另一端削成4~8 mm的大斜面,用于去除砧木生长点。

2. 砧木和接穗的准备

蔬菜嫁接用的砧木和接穗主要是通过播种培育的壮苗。由于蔬菜嫁接后需要通过7~10 d的愈合缓苗期,加之刚刚成活的幼苗生长缓慢,嫁接育苗的苗龄比常规育苗长,接穗的播种期也应该比常规育苗提前1~2周。蔬菜嫁接对接穗苗龄要求严格,为了使两者同时达到适宜的大小,根据发芽和前期生长特性、嫁接方法、苗期环境条件等合理安排播种期就显得十分重要。一般接穗的播种量要比计划的苗数增加20%~30%,而砧木的播种量又要比接穗增加20%~30%。

3. 嫁接方法

(1)靠接法。适用于胚轴较细的砧木种类。嫁接适期瓜类蔬菜为砧木子叶全展、第一片真叶显露,接穗第1片真叶始露至展开;茄果类蔬菜为砧木和接穗均匀长至3~4片真叶。

瓜类蔬菜嫁接时首先削去砧木的生长点和真叶,留下2片子叶,用刀片在距子叶0.5~1.0 cm的下部胚轴(茎)上,自上而下按35°~40°斜切一刀,深度为茎粗的1/2;接穗黄瓜则在子叶下1.0~1.5 cm处的胚轴上自下而上斜切一刀,角度为30°左右,深度为茎粗的3/5;最后把砧木和接穗的两个切口相互嵌入,使黄瓜子叶在黑籽南瓜子叶之上,并用嫁接夹固定。嫁接后立即将接穗根系栽入砧木的营养钵。茄果类蔬菜靠接时,砧木和接穗的切口选在第1、2片真叶之间或子叶与第一片真叶之间,并除去砧木的顶稍,方法与瓜类蔬菜类似。嫁接完成后将砧穗复合体移栽,保持两者根距1~2 cm,以利于成活后断茎去根。

靠接法保留接穗的根系,待成活后再将之切除,操作容易成活率高,但工序繁琐、工效较低。而且瓜类嫁接接口位置较低,定植后容易受土壤污染和发生不定根,降低嫁接防病效果。

(2)插接法。适用于胚轴较粗的砧木种类,主要用于西瓜、黄瓜和网纹甜瓜的嫁接苗生产。嫁接适期为子叶全展,砧木子叶展平、第1片真叶显露至初展。

嫁接时用竹签剔除砧木真叶和生长点,持一宽度与接穗下胚轴粗细接近、前端削尖略扁的光滑竹签,紧贴砧木1片子叶下方斜插,深度0.5~0.8 cm,暂不拔出;用刀片在接穗子叶节下约0.5 cm处向下斜切,切口长度0.5~0.8 cm,再从背面斜切一刀,使之呈不对称楔形;拔出竹签,将削好的接穗插入砧木小孔,使两者密接。砧木和接穗子叶伸展方向呈十字形花嵌合,便于见光。

插接法的优点是嫁接时砧木苗无须拔出,操作方便,嫁接效率高。瓜类蔬菜嫁接部位紧靠子叶节,细胞分裂旺盛,愈合速度快,成活率高。接口位置较高,定植后不易接触土壤,省去了嫁接后去夹、断根等工序。缺点是嫁接后对温湿度要求高,嫁接后管理要求较严格。

(3)劈接法。劈接是茄子嫁接的主要方法。砧木和接穗需要相当大的苗,要求砧木5~6片叶、茎粗0.4~0.5 cm,接穗4~5片真叶。

嫁接时保留砧木基部1~2片真叶,将上部茎切除,从切口部位垂直纵切长度1~2 cm;保留接穗上部2~3片真叶切断,将其基部削成楔形后插入。

劈接法操作技术简单,容易掌握。砧木接穗结合面较大且结合紧密,成活率高。接穗离地面较高,防病效果好。

(4)贴接法。瓜类蔬菜砧木、接穗子叶充分展平,真叶显露;茄果类蔬菜长至5~6片真叶时,适宜进行贴接。

瓜果类蔬菜贴接时,将砧木的1片子叶连同生长点斜切掉,切面长度0.5~1 cm;在接穗与子叶平行方向的胚轴上距子叶0.5~1 cm处削成相应切面。茄果类蔬菜贴接时,砧木保留2片真叶,用刀片在第二片真叶上方的节间斜削,去掉顶端,形成斜角为30°左右的斜面,斜面长约1.0~1.5 cm左右。再将接穗苗拔下,保留2~3片真叶,用刀片削成一个与砧木相反的斜面(去掉下端),斜面大小与砧木的斜面一致。最后将砧穗切面对齐,用嫁接夹固定。

贴接法操作简单,速度快,效率高,适于大批量嫁接,但不如劈接法愈合牢固。

(四)嫁接后的管理

1.温度管理

嫁接完成后要立即将营养钵整齐地摆放在扣有小拱棚的苗床内保温保湿,低温季节小拱棚内可铺设地热线。嫁接后3 d内是愈伤组织形成时期,也是嫁接苗成活的关键时期,小棚内温度应保持在25~30℃,不超过30℃,夜间18~20℃,不低于15℃。嫁接后3~4 d开始通风,棚内白天温度25~30℃,夜温14~20℃。定植前7 d,可降温至15~20℃。正常条件下,接穗真叶半展开,标志着砧穗已完全愈合,应及时将已成活的嫁接苗移出小拱棚,经2~3 d的适应期后,同自根苗一样进行大温差管理,促进嫁接苗花芽分化。

2.湿度管理

保湿是嫁接成败的关键措施,嫁接后的3天内一定要保证小拱棚内相对湿度在95%以上,嫁接后4~6 d,棚内的相对湿度应降低至90%左右,嫁接后7~10 d,此期是真导管形成期,可适度通风降湿,棚内湿度应降至85%左右,湿度过大,易造成接穗徒长和叶片感病。此后可逐渐加大通风量,若发现秧苗萎蔫,应及时遮阴喷水,停止通风。

3. 光照管理

嫁接后 3 天内，中午温度过高、光照过强时，必须用遮阳网或草帘遮阴降温，防止接穗失水而萎蔫。早晚可去掉遮阴物，使嫁接苗见光。并注意开棚检查，切口未对上的重新对好，黄瓜苗有萎蔫的可重新补接上。嫁接第 4 天起可早晚各见光 1 h 左右，一般 7 d 后就可全见光。

4. 去腋芽、断根

嫁接时，砧木生长点和腋芽没彻底去干净时，会萌出新芽，因此，在苗床开始通风后，要及时去掉，以保证嫁接苗的成活率和正常生长。靠接法嫁接的黄瓜苗，在嫁接后 10 ~ 12 d 左右，用刀片将黄瓜幼苗茎在接合处的下方切断，并拔出根茎。断根晚，黄瓜根系在土中易遭受枯萎病菌侵染，病菌可向上侵染达 1m 左右，使嫁接失败。

课题四　蔬菜田间管理技术

一、整地定植

进行育苗的蔬菜，当秧苗达到定植标准以后，从苗床移栽到田间，称为定植。

(一)整地作畦

1. 耕翻

耕翻是指在耕层范围内土壤在上下空间上易位的耕作过程。土壤耕作按时间来划分，有春耕和秋耕。秋耕一般在秋季蔬菜收获后，土壤尚未结冻前进行。秋耕可以使土壤经冻垡后，质地疏松，增加吸水保水能力，消灭土壤中的越冬害虫，并可提高翌年春季的土温。因此春季早熟栽培多采用秋耕。春耕是指对已秋耕过的菜田进行耙磨层镇压，保墒等作业，或对未秋翻的地块进行翻耕。春耕的目的在于为春播或定植做好准备，一般掌握在土壤化冻 5 cm 左右时进行。在二作区或三作区，一年中当前茬栽培结束后，还应进行伏耕。伏耕以整地、保墒为目的，同时进行一定的晒垡也有利于土壤肥力的提高。

在深耕时，需要注意：不要将生土翻上来，遵守“熟土在上，生土在下，不乱土层的原则”；深耕不需要每年进行，可深浅结合；深耕应结合施用大量的有机肥；深耕的深度应结合具体茬口和土壤特性决定，土层厚时，可适当深耕，土层浅时，可适当浅耕，根菜类、果菜类宜深耕；叶菜类宜稍浅耕。深耕应在秋茬蔬菜收获后进行。

2. 作畦

根据当地的气候条件、土壤条件和作物种类的不同，栽培畦可作成平畦、低畦、高畦或垄。

(1)平畦。畦面与田间通道相平的栽培畦形式。平畦土地利用率较高,适用于排水良好、雨量均匀,不需要经常灌溉的地区。

(2)低畦。畦面低于地面,即畦间走道比地面高的栽培畦形式。低畦有利于蓄水和灌溉,适用于地下水位低、排水良好、气候干燥的地区。

(3)高畦。为排水方便,在平畦基础上,挖一定的排水沟,使畦面凸起的栽培畦形式。适合于降水量大且集中的地区。

(4)垄。垄是一种较窄的高畦,其特点是垄底宽上面窄。高畦和垄有利于提高地温、加厚土层,且排水方便,北方需要灌溉的地区则多采用垄。

(二)定植的时期和方法

1.定植时期

确定秧苗定植时期要考虑当地的气候条件、蔬菜种类、栽培目的、栽培场地条件及保护措施等。对于一些耐寒和半耐寒的蔬菜种类,长江以南地区多进行秋冬季栽培,以幼苗越冬;而在北方地区,多在春季土壤化冻后,10 cm 土温稳定在 5 ~ 10℃时定植。对于喜温性果菜类,温度是重要条件之一,一般要求日最低气温稳定在 5℃以上,10 cm 土温应稳定在 10℃以上。果菜类抢早定植,安全定植指标是 10 cm 土温不低于 10 ~ 15℃,并且不受晚霜的危害。在安全的前提下,提早定植是争取早熟高产的重要环节。北方春季应选无风的晴天定植,最好定植后有 2 ~ 3 d 的晴天,以借助较高的气温和土温促进缓苗。南方定植温度多较高,宜选无风阴天或傍晚,以避免烈日暴晒。

2.定植方法

(1)明水定植法。整地作畦后,按要求的株行距开定植沟(穴),沟内栽苗,然后放明水。此法浇水量大,地温降低明显,适于高温季。

(2)暗水定植法。按株行距开沟(穴),按沟(穴)灌水,水渗下后栽苗封沟覆土。此法用水量小,地温下降幅度小,表土不板结,透气好,利于缓苗,但较费工。

定植深度以达到子叶以下为宜。不同种类有所不同,例如黄瓜根系浅、需氧量高,定植宜浅。茄子根系较深、较耐低氧,定植宜深。番茄可栽至第一片真叶下,对于番茄等的徒长苗还可深栽,以促进茎上不定根的发生。大白菜根系浅、茎短缩,深栽易烂心。北方春季定植不宜过深,潮湿地区定植不宜过深。

3.定植密度

合理的定植密度是指单位面积土地有一个合理的群体结构,使个体发育良好,同时能充分发挥群体的增产作用,达到充分利用光能,地力和空间,从而获得高产。定植密度因蔬菜种类和栽培方式而异,例如爬地生长的蔓性蔬菜定植密度宜小,直立生长或支架栽培的蔬菜密度可适当增大;对一次采收肉质根或叶球的蔬菜，为提高个体产量和品质，定植密度宜小，而以幼小植株为产品的绿叶菜类为提高群体产量定植密度宜大；对于多次采收的茄果类及瓜类，早熟品种或栽培条件不良时密度宜大，晚熟品种或适宜条件下栽培时定植密度宜小。

二、施肥

（一）施肥的方式

1. 基肥（底肥）

基肥是蔬菜播种或定植前结合整地施入的肥料。其特点是施用量大、肥效长，不但能为蔬菜的整个生育时期提供养分，还能为蔬菜创造良好的土壤条件。基肥一般以有机肥为主，根据需要配合一定量的化肥，化肥应以迟效肥与速效肥兼用为标准。基肥的施用方法主要有：

（1）撒施。将肥料均匀地铺撒在田面，结合整地翻入土中，并使肥料与土壤充分混匀。

（2）沟施。栽培畦（垄）下开沟，将肥料均匀撒入沟内，施肥集中，有利于提高肥效。

（3）穴施。先按株行距开好定植穴，在穴内施入适量的肥料。既节约肥料，又能提高肥效。

用后两种方法时，应在肥料上覆一层土，防止种子或幼苗根系与肥料直接接触而烧种或烧根。

2. 追肥

追肥是在蔬菜生长期间施用的肥料。追肥以速效性化肥和充分腐熟的有机肥为主，施用量可根据基肥的多少、蔬菜种类和生长发育时期来确定。追肥的方法主要有：

（1）地下埋施。在蔬菜行间或株间开沟或开穴，将肥料施入后覆土并灌水。

（2）地面撒施。将肥料均匀撒于蔬菜行间并进行灌水。

（3）随水冲施。将肥料先溶解于水中，结合灌水施入蔬菜根际。

3. 叶面喷肥

将配制好的肥料溶液直接喷洒在蔬菜茎叶上的一种施肥方法。此法可以迅速提供蔬菜所需养分，避免土壤对养分的固定，提高肥料利用率和施用效果。用于叶面喷肥的肥料主要有磷酸二氢钾、复合肥及可溶性微肥，施用浓度因肥料种类而异，浓度过高易造成叶片伤害。

（二）合理施肥的依据

1. 不同蔬菜种类与施肥

不同蔬菜种类对养分吸收利用能力存在差异。例如，白菜、菠菜等叶菜类蔬菜喜氮肥，但在施用氮肥的同时，还需增施磷肥、钾肥；瓜类、茄果类和豆类等果菜类蔬菜，一般幼苗需氮较多，进入生殖生长期后，需磷量剧增，因此要增施磷肥，控制氮肥的用量；萝卜、胡萝卜等根菜类蔬菜，其生长前期主要供应氮肥，到肉质根生长期则要多施钾肥，适当控制氮肥用量，以便形成肥大的肉质直根。

2. 不同生育时期与施肥

蔬菜各生育期对土壤营养条件的要求不同。幼苗期根系尚不发达，吸收养分数量不太多，但要求很高，应适当施一些速效肥料；在营养生长盛期和结果期，植株需要吸收大量的养分，因此必须供给充足肥料。

3. 不同栽培条件与施肥

沙质土壤保肥性差，故施肥应少量多次；高温多雨季节，植株生长迅速，对养分的需求量大，但应控制氮肥的施用量，以免造成营养生长过盛，导致生殖生长延迟；在高寒地区，应增施磷肥、钾肥，提高植株的抗寒性。

4. 肥料种类与施肥

化肥种类繁多，性质各异，施用方法也不尽相同。铵态氮肥易溶于水，作物能直接吸收利用，肥效快，但其性质不稳定，遇碱遇热易分解挥发出氨气，因而施用时应深并及时覆土。尿素施入土壤后经微生物转化才能被吸收，所以尿素作追肥要提前施用，采取泵施、穴施、沟施，避免撒施。弱酸性磷肥宜施于酸性土壤，在石灰性土壤上施用效果差。硫酸钾、氯化钾、氯化铵、硫酸铵等化学中性、生理酸性肥料，最适合在中性或石灰性土壤上施用。

三、灌溉

(一)灌溉的主要方式

1. 明水灌溉

明水灌溉包括沟灌、畦灌和漫灌等几种形式，适用于水源充足、土地平整的地块。明水灌溉投资小，易实施。适用于露地大面积蔬菜生产，但费工费水，土壤易板结，故灌水后要及时中耕松土。

2. 暗水灌溉

(1)渗灌：利用地下渗水管道系统，将水引入田间，借土壤毛细管作用自下而上湿润土壤。

(2)膜下暗灌：在地膜下开沟或铺设滴灌管进行灌溉。该法省水省力，使土壤蒸发量降至最低，低温期可减少地温的下降，适用于设施蔬菜栽培。

3. 微灌

(1)滴灌：通过输水管道和滴灌管上的滴孔(滴头)，使灌溉水缓缓滴到蔬菜根际。这种方法不破坏土壤结构,同时能将化肥溶于水中一同滴入,省工省水,能适应复杂地形,尤其适用于干旱缺水地区。

(2)喷灌:采用低压管道将水流雾化喷洒到蔬菜或土壤表面。喷灌雾点小,均匀,土表不易板结,高温期间有降温、增湿的作用,适用于育苗或叶菜类生产。但喷灌易使植株产生微伤口,加之高温高湿,易导致真菌病害的发生。

(二)合理灌溉的依据

1. 根据季节、气候变化灌水

低温期尽量不浇水、少浇水,可通过勤中耕来保持土壤水分。必须浇水时,要在冷尾暖头的晴天进行,最好在中午前浇完。高温期间可通过增加浇水次数,加大浇水量的方法来满足蔬菜对水分的需求,并降低地温。高温期浇水最好选择在早晨或傍晚。

2. 根据土壤情况灌水

土壤湿度是决定灌水的主要因素,缺水时应及时灌水。对于保水能力差的沙壤土,应多浇水,勤中耕;对于保水能力强的黏壤土,灌水量及灌水次数要少;盐碱地上可明水大灌,防止返盐;低洼地上,则应小水勤浇,排水防碱。

3. 根据蔬菜的种类、生育期和生长状况灌水

(1)根据蔬菜种类进行灌水。对白菜、黄瓜等根系浅而叶面积大的种类,要经常灌水;对番茄、茄子、豆类等根系深且叶面积大的种类,应保持畦面"见干见湿";对速生性叶菜类应保持畦面湿润。

(2)根据不同生育期进行灌水。种子发芽期需水多,播种要灌足播种水;根系生长为主时,要求土壤湿度适宜,水分不能过多,以中耕保墒为主,一般少灌或不灌;地上部分功能叶及食用器官旺盛生长时需大量灌水。始花期,既怕水分过多,又怕过于干旱,所以多采取先灌水后中耕。食用器官接近成熟时期一般不灌水,以免延迟成熟或裂球裂果。

(3)根据植株长势进行灌水。根据叶片的外形变化和色泽深浅、茎节长短、蜡粉厚薄等,确定是否要灌水。如露地黄瓜,如果早晨叶片下垂,中午叶萎蔫严重,傍晚不易恢复,甘蓝、洋葱叶灰蓝,出现表面蜡粉增多,叶片脆硬等状态,说明缺水,要及时灌水。

四、植株调整

植株调整是通过整枝、打杈、摘心、支架、绑蔓、疏花疏果等措施,人为地调整植株的生长和发育,使营养生长与生殖生长、地上部和地下部生长达到动态平衡,植株达到最佳的生长发育状态,促进其产品器官的形成和发展。同时,还可以改变田间蔬菜群体结构的生态环境，使之通风透光，降低田间湿度，以减少病虫害的发生。

（一）整枝、摘心和打杈

1. 整枝

果菜类蔬菜栽培中，在植株具有足够的功能叶时，为控制营养生长，减少养分消耗，清除多余分枝，创造一定的株形，以促进果实发育的方法称为整枝。

2. 摘心

摘心是除掉顶端生长点。对于侧蔓结果为主的瓜类（甜瓜、瓠瓜），应在主蔓长出不久即进行摘心，促使其早分枝，早开雌花。对于搭架栽培的果菜，为了抑制营养生长，除掉顶端生长点的作业，又称"打顶"或"闷尖"。

3. 打杈

除掉侧枝或腋芽称为打杈。使植株在具有足够的功能叶时，为减少养分消耗，清除多余分枝的措施。多次进行可减少养分消耗。

（二）摘叶、束叶

1. 摘叶

在植株生长期间摘除病叶、老叶、黄叶，有利于植株下部通风透光，减轻病害的发生和蔓延，减少养分消耗，促进植株良好发育。

2. 束叶

束叶是大白菜、花椰菜的一项管理措施。大白菜生长后期，将其外叶束起，促使包心紧实、叶球软化，并能保护叶球免遭冻害；花椰菜的花球形成时，将近球叶片束起或折弯盖在花球上，使花球洁白，品质提高。但束叶不能过早进行，否则会影响光合作用。

（三）支架、牵引、绑蔓

1. 支架

对不能直立生长的蔬菜如黄瓜、番茄、菜豆等，利用支架进行栽培，可增加栽植密度，充分利用空间和土壤。常见架形有人字架、四脚架、篱架、直排架和棚架。

2. 牵引

牵引是指设施栽培中对一些蔓性、半蔓性蔬菜进行攀援引导的方法。将牵引绳索的一端固定在架顶，另一端固定在根部，把植株环绕在牵引绳索上。

3. 绑蔓

对于攀缘性较差的黄瓜、番茄等蔬菜，利用麻绳、稻草、塑料绳等材料将其茎蔓固定在架竿上称为绑蔓。生产中多采用"8"字形绑缚，可防止茎蔓与架竿发生磨擦。绑蔓时松紧要适度，既要防止茎蔓在架上随风摆动，又不能使茎蔓受伤或出现缢痕。

（四）压蔓、茎下落盘蔓

1.压蔓

压蔓是将爬地生长的蔓性蔬菜的部分茎节压入土中，以促进不定根的发生，增加吸收面积，防止大风吹动。使植株在田间排列整齐，茎叶均匀分布。

2.茎下落盘蔓

设施内为减少架竿遮阴，多采用吊蔓栽培。对于黄瓜、番茄、菜豆等无限生长型蔬菜，茎蔓长度可达 3 m 以上，为保证茎蔓有充分的空间生长和便于管理，可根据果实采收情况随时将茎蔓下落，盘绕于畦面上，使植株生长点始终保持适当的高度。

（五）疏花疏果和保花保果

1.疏花疏果

对于以营养器官为产品的蔬菜，应及早除去花器，以减少养分消耗，促进产品器官形成，如马铃薯、大蒜等；以较大型果实为产品的蔬菜，选留少数优质幼果，除去其余花果，靠集中营养、提高单果质量、改善品质来增加效益，如西瓜、冬瓜、番茄等，要注意选留最佳结果部位和发育良好的幼果。

2.保花保果

当植株的营养来源不够花和果实所需时，一些花和果实会自行脱落，当植株营养状况良好时，如外界环境对受精过程不适宜，也会刺激体内 ABA 水平的提高而导致落花落果甚至落叶，因此，对于设施栽培中易落花落果的蔬菜，如番茄、菜豆等，宜采取保花保果的措施，以提高坐果率。

课题五　蔬菜的栽培制度与周年生产

一、蔬菜的栽培制度

蔬菜的栽培制度是指在一定的时间内，在一定的土地面积上各种蔬菜安排布局的制度。它包括因地制宜地扩大复种，采用轮作、间、混、套作等技术来安排蔬菜栽培的次序，并配以合理的施肥和灌溉制度、土壤耕作和休闲制度。通常所说的“茬口安排”系栽培制度设计的俗称。

（一）连作与轮作

1.连作及其危害

连作又称“重茬”，是指在同一块土地上，不同茬次或者是不同年份内连续栽培同一种蔬菜。一年一茬的连作如第一年栽培番茄，第二年还是番茄；一年多茬的连作如第一年春夏种番茄，秋季种植萝卜或白菜，第二年春夏季再种番茄。

连作具有较大的危害性。首先,因为同一种蔬菜在同一块土地上连续栽培,对于其所需要的养分年年不断地吸取,而吸收少的营养留在土中,造成土壤内营养元素的失调。其次,各种蔬菜地下部根系的分布位置各有深浅,吸收养分范围各有大小。如果年年连作,同类蔬菜根系深浅相同,致使不同位置的土壤营养不能得到充分利用,甚至造成根层营养缺乏。再次,各种蔬菜的病虫害的病原常在土中越冬,连作无疑是为病虫害培养寄主,导致病虫害逐年加重。另外,连作会造成某种蔬菜根系分泌有毒物质或有害物质积累,对土壤微生物及其自身都会产生抑制作用。最后,某些蔬菜的连作还会导致土壤 pH 值的连续上升或者下降。

2. 轮作

轮作是指在同一块土地上,按一定的年限轮换种植几种性质不同的蔬菜,也称换茬或倒茬。一年单主作区即为不同年份栽种不同种类的蔬菜;一年多主作区则是以不同的多次作方式,在不同年份内轮流种植。轮作对于合理利用土壤肥力,减轻病虫害,提高土地利用率都有显著作用。蔬菜的轮作和大田作物的轮作存在一定的差异,由于蔬菜种类多,不可能将田块分为许多小区,每年轮换一种作物,且每类蔬菜多具有相同的特性,因此要将各类蔬菜分类轮流栽培,如白菜类、根菜类、葱蒜类、茄果类、瓜类、豆类等。同类蔬菜集中于同一区域,不同类的同科蔬菜也不宜相互轮作,如番茄和马铃薯。绿叶菜类的生长期短,应配合在其他作物的轮作区中栽培,不独占一区。

3. 轮作应掌握的原则

(1)吸收土壤营养不同,根系深浅不同的蔬菜互相轮作。如叶菜类吸收氮肥较多,根茎类吸收钾肥较多,果菜类吸收磷肥较多,可以轮作栽培;根菜类、果菜类(除黄瓜)深根作物与叶菜类及葱蒜类浅根作物轮作。

(2)互不传染病虫害。同科作物往往病虫害易互相传染,应避免同科连作。

(3)有利于改进土壤结构,提高土壤肥力。在轮作系中配合豆科、禾本科,接着禾本科种植需 N 肥多的白菜类、茄果类、瓜类,往后是需 N 肥较少的根菜类和葱蒜类,最后种植豆类。薯芋类栽培需深耕培土多肥,其杂草少,余肥多,也是改进土壤的作物。瓜类和韭类也能遗留较多的有机质,改进土壤。

(4)注意不同蔬菜对土壤 pH 值的要求。各种蔬菜对土壤 pH 值的适应性不同,轮作时应注意。如甘蓝、马铃薯能增加酸性,而玉米、南瓜等能降低酸性,所以对土壤酸性敏感的洋葱等作物,作为玉米、南瓜的后作可获高产,作为甘蓝的后作则减产。另外豆类的根瘤也会留给土壤较多的有机酸,连作减产。

(5)考虑到前作对杂草的抑制作用。如胡萝卜、芹菜等生长缓慢,易草荒;葱蒜类、根菜类也易受到杂草危害;而南瓜、冬瓜等对杂草抑制作用较强,甘蓝、马铃薯等也易于消除草荒，所以可以相互轮作。

4. 轮作与连作的年限

根据轮作原则，蔬菜种类不同而轮作年限也不同。如白菜、芹菜、甘蓝、花椰菜等在没有严重发病的地块上可以连作几茬，但需增施有机肥。需2～3年轮作的有马铃薯、黄瓜、辣椒等；需3～4年轮作的有番茄、大白菜、茄子、甜瓜、豌豆等；需6～7年以上轮作的有西瓜等。一般地，十字花科、伞形科等较耐连作，但以轮作为佳；茄科、葫芦科、豆科、菊科连作危害大。

轮作虽有许多优点，但蔬菜生产不可能都实行轮作，连作制度尚不能完全废弃，这就需根据蔬菜种类确定连作年限。黄瓜病虫害较多，连作不可超过2～3年，3年后一定要另种其他蔬菜；大白菜由于需求量多，栽培面积大，虽然病害较重，仍需部分连作，但连作限度不应超过3～4年；葱蒜类忌连作。

（二）间、混、套作

两种或两种以上的蔬菜隔畦、隔行或隔株同时有规则地栽培在同一地块上，称为间作；两种或两种以上的蔬菜同时不规则地混合种植，称为混作。在前作蔬菜的生长发育后期，在其行间或株间种植后作蔬菜，前、后两作共同生长的时间较短，称为套作。

合理的间、混、套作，就是把两种或两种以上的蔬菜，根据其不同的生理生态特征，发挥其种类间互利因素，组成一个复合群体，通过合理的群体结构，增加单位土地面积上的植株总数。更有效地利用光能与地力，时间与空间，造成互利的环境，甚至减轻杂草病虫等的危害。所以，间、混、套作是增加复种指数，提高单位面积产量，增加经济效益的一项有效措施，也是我国蔬菜栽培制度的一个显著特点。

在实行蔬菜的间、混、套作时，由于作物间既有互助互利的一面，又不可避免地存在矛盾的一面，因此要根据各种蔬菜的农业生物学特性，选择互利较多的作物互相搭配，还要因地制宜地采用合理的田间群体结构及相应的技术措施，才能保证高产优质高效。如搭配不合理，加剧了互相竞争，反而会导致减产减收。

在实施间混套作时应掌握以下原则：

1. 合理搭配蔬菜的种类和品种

（1）高矮结合。高秧与矮秧搭配，有利于光能的充分利用，也可增加单位面积株数，对不同层次的光照和气体都能有效地利用，同时还可改善田间小气候条件。如黄瓜与辣椒间作。

（2）深浅结合。深根性与浅根性种类相搭配，以合理利用不同层次土壤中的营养，也避免了同一层次内的根系竞争。如茄果类与叶菜类间套作。

（3）早晚结合。在生长期、熟性和生长速度上掌握生长期长与短，生长快的与慢的，早熟的与晚熟的相搭配。如生长期短的叶菜类与生长期长的黄瓜间套作，生长缓慢的芹菜与速生小白菜混播。

(4)阴阳搭配。在对光照的要求上，掌握喜强光的与耐荫的相搭配。如黄瓜与芹菜间作。

(5)对营养元素竞争小的相搭配。这样可以有效地利用土中不同的营养，如叶菜类需N元素多，对P、K元素要求较少；果菜类需P、K元素较多，它们互相间套作可以互有益处。

(6)互不抑制。应注意某些作物分泌的物质对另外作物的抑制。

2.合理安排田间结构

间、混、套作后，单位面积上的总株数增加，所以要处理好作物间争光线、争空间和争肥水的矛盾。

(1)分清主副、合理配置。主副作的比例要得当，使二者匀能获得良好的生长发育条件，可在保证主作密度与产量的前提下，适当提高副作的密度与产量。但不能以副作干扰主作。

(2)合理安排株行距。高矮结合时，矮生作物种植幅度适当加宽，高杆作物适当幅度变窄，缩小株距，充分发挥边际效应。

(3)合理安排共生期。主副作共生期越长相互竞争越激烈，可利用各种措施缩短共生期。如间作者同期播种或定植，但主副作的收获期可以不同。套作者前茬利用后茬的苗期，不影响自身的生长；后茬利用前茬的后期，不妨碍壮苗。有的前作为后作的萌发出苗保苗创造了良好的条件。

3.采取相应的栽培技术措施

间混套作要求比较高的劳力、肥料和技术等条件。如间作中各种条件跟不上，副作采收又不及时，会降低主作产量。对于套作，它不仅高度地利用空间，而且也高度地利用时间，增加复种。复种指数的增加，等于扩大了土地面积，这种制度最适于近郊人多地少，肥源充足的地方。

4.必须注意两种作物在肥水、通风等管理中矛盾不能太大

(三)多次作

在同一块土地上一年内连续栽培多种蔬菜，可以收获多次的称为多次作或复种制度。在一年的整个生长季节或一部分季节内连续栽培同一种蔬菜，称为重复作。合理地安排蔬菜的多次作，并尽可能结合间、套作方式，是提高菜田光能和土地利用率，实现全年均衡供应、高产稳产和品种多样化的有效途径。

多次作制度通常从两个方面来理解其含义。从狭义上说，是在固定的土地面积上，在一年的生产季节中，连续栽培蔬菜的茬次。如一年二熟、二年五熟、一年三熟等。从广义上讲，是在一个地域内，在一年的生产季节中，连续栽培蔬菜的季节茬数。如越冬茬、春茬、夏茬、秋茬等。通常前者称为“土地(利用)茬口”，后者称为“(生产)季节茬口”。二者在生产计划中共同组成完整的栽培制度。

各地的多次作制度基本可反映该地的自然条件、经济条件和耕作技术水平，也反映出菜田利用的程度。通常以“复种指数”作为度量菜田利用程度的指标。复种指数是指一年内土地被重复利用的平均次数，可用当地的栽培面积除以耕地面积计算。

二、栽培季节与茬口安排

蔬菜的栽培季节是指从种子直播或幼苗定植到产品收获完毕为止的全部占地时间而言。对于先在苗床中育苗，后定植到菜田中的，因苗期不占大田面积，苗期可不计入栽培季节。

茬口安排是当年和两三年内在同一块地内安排蔬菜的种植茬次，以提高土地的利用率和增加蔬菜生产产品。

(一)蔬菜栽培季节确定的原则

确定蔬菜栽培季节的基本原则，是将蔬菜的整个生长期安排在它们能适应的温度季节里，且将产品器官的生长期安排在温度最适宜的季节里，以保证产品的高产、优质。当然同时也应考虑到光照、雨量及病虫害等问题。

1. 露地蔬菜栽培季节确定的原则

露地蔬菜生产是以高产优质作为主要目的，因此确定栽培季节时，应将所种植蔬菜的整个栽培期安排在其能适应的温度季节里，而将产品器官形成期安排在温度条件最为适宜的月份里。

2. 设施蔬菜栽培季节确定的原则

设施蔬菜生产是露地蔬菜生产的补充，其生产成本高，栽培难度大。因此，应以高效益为主要目的来安排栽培季节。具体原则是将所种植蔬菜的整个栽培期安排在其能适应的温度季节里，而将产品器官形成期安排在该种蔬菜的露地生产淡季或产品供应淡季里。

3. 蔬菜栽培季节确定的基本方法

(1)露地蔬菜栽培季节的确定方法

1)根据蔬菜的类型来确定栽培季节。耐热以及喜温性蔬菜的产品器官形成期要求高温，故一年当中，以春夏季的栽培效果为最好。

喜冷凉的耐寒性蔬菜以及半耐寒性蔬菜的栽培前期对高温的适应能力相对较强，而产品器官形成期却喜欢冷凉，不耐高温，故该类蔬菜的最适宜栽培季节为夏秋季。

北方地区春季栽培时，往往因生产时间短，产量较低，品质也较差。

另外选择品种不当或栽培时间不当时，还容易出现未熟抽薹问题。

2）根据市场供应情况来确定栽培季节。要本着有利于缩少市场供应的淡旺季差异、延长供应期的原则，在确保主要栽培季节里的蔬菜生产的同时，通过选择合适的蔬菜品种以及栽培方式，在其他季节里，也安排一定面积的该类蔬菜生产。

近几年来，北方地区兴起的大白菜和萝卜春种、西葫芦秋播以及夏秋西瓜栽培等，不仅提高了栽培效益，而且也延长了产品的供应时间。

3）根据生产条件和生产管理水平来确定栽培季节。如果当地的生产条件较差、管理水平不高，应以主要栽培季节里的蔬菜生产为主，确保产量；如果当地的生产条件好、管理水平较高，就应适当加大非主要栽培季节里的蔬菜生产规模，增加淡季蔬菜的供应量，提高栽培效益。

（2）设施蔬菜栽培季节的确定方法

1）根据设施类型来确定栽培季节。不同设施的蔬菜适宜生产时间是不相同的，对于温度条件好，可全年进行蔬菜生产的加温温室以及改良型日光温室（有区域限制），其栽培季节确定比较灵活，可根据生产和供应需要，随时安排生产。

温度条件稍差的普通日光温室、塑料拱棚、风障畦等，栽培喜温蔬菜时，其栽培期一般仅较露地提早和延后 15 ~ 40 d，栽培季节安排受限制比较大，多于早春播种或定植，初夏收获，或夏季播种、定植，秋季收获。

2）根据市场需求来确定栽培季节。设施蔬菜栽培应避免其主要产品的上市期与露地蔬菜发生重叠，尽可能地把蔬菜的主要上市时间安排在国庆节至来年的“五一”国际劳动节期间。在具体安排上，温室蔬菜应以 1 ~ 2 月份为主要上市期，普通日光温室与塑料大棚应以 5 ~ 6 月份和 9 ~ 11 月份为主要的上市期。

（二）蔬菜的基本茬口类型

1. 露地蔬菜茬口

（1）季节茬口

1）越冬茬：秋季露地直播，或秋季育苗，冬前定植，来年早春收获上市。越冬茬是北方地区的一个重要栽培茬口，主要栽培一些耐寒或半耐寒性蔬菜，如菠菜、莴苣、分葱、韭菜等，在解决北方春季蔬菜供应不足中有着举足轻重的作用。

2）春茬：春季播种，或冬季育苗，春季定植，春末或夏初开始收获，是夏季市场蔬菜的主要来源。

适合春茬种植的蔬菜种类比较多，而以果菜类为主。耐寒或半耐寒性蔬菜一般于早春土壤解冻后播种，春末或夏初开始收获，喜温性蔬菜一般于冬季或早春育苗，露地断霜后定植，入夏后大量收获上市。

3）夏茬：春末至夏初播种或定植，主要供应期为 8 ~ 9 月份。夏茬蔬菜分为伏菜和延秋菜两种栽培形式。

伏菜俗称火菜。伏菜，是选用栽培期较短的绿叶菜类、部分白菜类和瓜类蔬菜等，于春末至夏初播种或定植，夏季或初秋收获完毕，一般用作加茬菜来解决秋淡一类的耐热蔬菜和品种缺乏的问题。

延秋菜是选用栽培期比较长、耐热能力强的茄果类、豆类等蔬菜，进行越夏栽培，至秋末结束生产。

4）秋茬：夏末初秋播种或定植，中秋后开始收获，秋末冬初收获完毕。

秋茬蔬菜主要供应秋冬季蔬菜市场，蔬菜种类以耐贮存的白菜类、根菜类、茎菜类和绿叶菜类为主，也有少量的果菜类栽培。

（2）土地利用茬口

1）一年两种两收：一年内只安排春茬和秋茬，两茬蔬菜均于当年收获，为一年二主作菜区的主要茬口安排模式。蔬菜生产和供应比较集中，淡旺季矛盾也比较突出。

2）一年三种三收：在一年两种两收茬口的基础上，增加一个夏茬，蔬菜均于当年收获。该茬口种植的蔬菜种类丰富，蔬菜生产和供应的淡旺季矛盾减少，栽培效益也比较好，但栽培要求比较高，生产投入也比较大，生产中应合理安排前后季节茬口，不误农时，并增加施肥和其他生产投入。

3）两年五种五收：在一年两种两收茬口的基础上，增加一个越冬茬。增加越冬茬的主要目的是解决北方地区早春蔬菜供应量少的问题。

2.设施蔬菜主要茬口

（1）季节茬口

1）冬春茬：中秋播种或定植，入冬后开始收获，来年春末结束生产，主要栽培时间为冬春两季。

冬春茬为温室蔬菜的主要栽培茬口，主要栽培一些结果期比较长、产量较高的果菜类。

在冬季不甚严寒的地区，也可以利用日光温室、阳畦等对一些耐寒性强的叶菜类，如韭菜、芹菜、菠菜等进行冬春茬栽培。冬春茬蔬菜的主要供应期为1～4月份。

2）春茬：冬末早春播种或定植，4月前后开始收获，盛夏结束生产。春茬为温室、塑料大棚以及阳畦等设施的主要栽培茬口，主要栽培一些效益较高的果菜类以及部分高效绿叶蔬菜。

在栽培时间安排上，温室一般于2～3月份定植，3～4月份开始收获；塑料大棚一般于3～4月份定植，5～6月份开始收获。

3）夏秋茬：春末夏初播种或定植，7～8月份收获上市，冬前结束生产。

夏秋茬为温室和塑料大棚的主要栽培茬口，利用温室和大棚空间大的特点，进行遮阳栽培。

主要栽培一些夏季露地栽培难度较大的果菜及高档叶菜等，在露地蔬菜的供应淡季收获上市,具有投资少、收效高等优点,较受欢迎,栽培规模扩大较快。

4)秋茬:7～8月份播种或定植,8～9月开始收获,可供应到11～12月份。

秋茬为普通日光温室及塑料大棚的主要栽培茬口,主要栽培果菜类,在露地果菜供应旺季后、加温温室蔬菜大量上市前供应市场,效益较好。但也存在着栽培期较短,产量偏低等问题。

5)秋冬茬:8月前后育苗或直播,9月份定植,10月份开始收获,来年的2月份前后拉秧。秋冬茬为温室蔬菜的重要栽培茬口之一,是解决北方地区"国庆"至"春节"阶段蔬菜(特别是果菜)供应不足的状况。

该茬蔬菜主要栽培果菜类,栽培前期温度高,蔬菜容易发生旺长,栽培后期温度低、光照不足,容易早衰,栽培难度比较大。

6)越冬茬:晚秋播种或定植,冬季进行简单保护,来年春季提早恢复生长,并于早春供应。

越冬茬是风障畦蔬菜的主要栽培茬口,主要栽培温室、塑料大棚等大型保护设施不适合种植的根菜、茎菜以及叶菜类等,如韭菜、芹菜、莴苣等,是温室、塑料大棚蔬菜生产的补充。

(2)土地利用茬口

1)一年单种单收:主要是风障畦、阳畦及塑料大棚的茬口。风障畦和阳畦一般在温度升高后或当茬蔬菜生产结束后,撤掉风障和各种保温覆盖,转为露地蔬菜生产。

在无霜期比较短的地区,塑料大拱棚蔬菜生产也大多采取一年单种单收茬口模式;

在一些无霜期比较长的地区,也可选用结果期比较长的晚熟蔬菜品种,在塑料大棚内进行春到秋高产栽培。

2)一年两种两收:主要是塑料大棚和温室的茬口。

塑料大棚(包括普通日光温室)主要为"春茬－秋茬"模式,两茬口均在当年收获完毕,适宜于无霜期比较长的地区。

温室主要分为"冬春茬－夏秋茬"和"秋冬茬－春茬"两种模式。

该茬口中的前一季节茬口通常为主要的栽培茬口,在栽培时间和品种选用上,后一茬口要服从前一茬口。

为缩短温室和塑料大棚的非生产时间,除秋冬茬外,一般均应进行育苗移栽。

(三)茬口安排的一般原则

1.要有利于蔬菜生产

要以当地的主要栽培茬口为主,充分利用有利的自然环境,创造高产和优质的蔬菜,同时降低生产成本。

2. 要有利于蔬菜的均衡供应

同一种蔬菜或同一类蔬菜应通过排开播种，将全年的种植任务分配到不同的栽培季节里进行周年生产，保证蔬菜的全年均衡供应。要避免栽培茬口过于单调，生产和供应过于集中。

3. 要有利于提高栽培效益

蔬菜生产投资大，成本高，在茬口安排上，应根据当地的蔬菜市场供应情况，适当增加一些高效蔬菜茬口以及淡季供应茬口，提高栽培效益。

4. 要有利于提高土地的利用率

蔬菜的前后茬口间，应通过合理的间、套作，以及育苗移栽等措施，尽量缩短空闲时间。

5. 要有利于控制蔬菜的病虫害

同种蔬菜长期连作，容易诱发并加重病虫害。因此，在安排茬口时，应根据当地蔬菜生产的季节性比较强的特点，适宜的栽培季节应因栽培方式、蔬菜种类、市场需求以及生产条件等不同而异。

露地蔬菜应将所种植蔬菜的整个栽培期安排在其能适应温度的季节里，而将产品器官形成期安排在温度条件最为适宜的月份里；设施蔬菜栽培应将所种植蔬菜的整个栽培期安排在其能适应温度的季节里，而将产品器官形成期安排在该种蔬菜的露地生产淡季或产品供应淡季里。

技 能 单

技能一　蔬菜种子的识别

一、目的

认识主要蔬菜种子的形态特征和解剖结构，使学生能够识别和区分常见蔬菜种子，掌握各种蔬菜所属的科、属，并能够初步判断种子的新陈和生活力。

二、材料和用具

当地主要蔬菜种子标本，几种有代表性蔬菜浸泡过的种子及新、陈的种子，刀片、培养皿、镊子、放大镜。

三、说明

1. 种子识别的必要性

种子是蔬菜植物繁殖后代的主要材料。不同种类的蔬菜植物，种子的形态结构亦不同,播种技术也有区别。因此,为了在实际工作中避免损失,必须认识种子。

2. 种子的形态特征

(1)种子外形。有球形、盾形、扁卵形、肾形、披针形、纺锤形、舟形、棱柱形,不规则形等。

(2)种子大小。分大、中、小三级。

(3)种子色泽及表面特征。指种皮表面的颜色,如黄色、褐色、黑色、杂色等,以及种子表面是否光滑、有无茸毛或刺毛、呈瘤状突起或凸凹不平、呈棱状或网纹状,有无蜡质等。

(4)种子边缘情况及种脐正生或歪生。

(5)有无芳香味或特殊气味。

(6)种子构造。种子是由种皮、胚和胚乳三个部分组成,也有无胚乳的种子,它们只有皮和胚两个部分,但其子叶非常肥大。

四、方法步骤

1. 形态观察

仔细观察并记载新、陈种子在色泽、气味等方面的区别。用肉眼和放大镜观察各种蔬菜种子的外部形态,记载其如颜色、形状、表面等特征。

2. 结构观察

取浸泡过的种子用刀片纵横剖开,用放大镜观察各部分结构,并绘图说明。

五、作业

1. 简述所见各种蔬菜种子的形态特征及新旧种子的主要区别。

2. 列表写出所见各种蔬菜所属的科。

技能二　蔬菜种子播前质量检验

一、目的

优质种子是蔬菜高产稳产的基础,种子的发芽率、生活力是蔬菜播种前种子质量检验的重要内容,是衡量种子使用价值高低的重要指标。通过实践,掌握蔬菜种子播种前质量检验的方法。

二、材料和用具

待测的蔬菜种子(有生活力种子、无生活力种子)、刀片、培养皿、镊子、红墨水等。

三、说明

发芽率指在发芽试验终期（规定日期内）全部正常发芽种子数占供试种子数的百分率。发芽势指种子发芽试验初期（规定日期内）正常发芽种子数占供试种子的百分率。发芽率是检测种子质量的重要指标之一，农业生产上常常依此来计算用种量。种子发芽势高，则表示种子活力强、发芽整齐、出苗一致，增产潜力大。

四、方法步骤

1. 发芽率、发芽势测定

分别取不同品种的供试种子100粒，先用清水将种子浸泡一定时间，使之充分吸水，再将种子用湿纱布包裹好，并用绳子系上标签注明蔬菜品种，处理日期等，然后将其放在恒温箱内发芽（喜温、耐热性蔬菜25～30℃，耐寒、半耐寒蔬菜20～25℃）。发芽期间内每天定期查看，并及时补充水分。到规定日期时统计发芽种子数，计算发芽势、发芽率。

2. 种子生活力

采用红墨水染色法测定蔬菜种子的生活力。方法是将待测种子各取100粒，用温水（30℃）浸泡5 h，使种子膨胀，然后取出，沿胚的中央纵切成两半，将一半置于培养皿中，并加入5%红墨水（以淹没种子为宜）染色5～10 min（温度高，时间可短些）。染色后倒去红墨水，用水冲洗至冲洗液无色为止，并统计有生活力的种子。活种子的胚不着色或着色很浅，死种子的胚与胚乳则着色。

五、作业

1. 计算供试蔬菜种子的发芽率和发芽势。
2. 计算有生活力种子的百分率。

技能三　蔬菜育苗营养土分配制

一、目的

营养土的配制及消毒是蔬菜育苗成败的重要环节。通过实践，掌握蔬菜育苗营养土配制及其消毒方法。

二、材料和用具

大田土(未种过同科作物的土壤)、草炭、沙子、化肥(尿素、硫酸钾)、铁锹等。

三、方法步骤

1. 营养土配制

先将大田土、草炭打碎,然后按大田土:草炭:沙子=3:2:1的比例混合,再在每立方米营养土中加尿素0.25~0.5 kg,硫酸钾0.25 kg充分混合均匀。

2. 营养土消毒

为防止土传病害的发生,对营养土要进行消毒。每立方米营养土可加40 g五氯硝基苯和80 g代森锰锌,并与营养土混合均匀之后用薄膜密封5~7 d,待药味挥发后即可使用。

四、作业

思考:配制营养土时为什么要选用大田土中未种过同科作物的土壤?

技能四　蔬菜种子的浸种催芽

一、目的

了解主要蔬菜作物播前种子处理的意义,掌握种子浸种、催芽的基本方法。

二、材料和用具

选有代表性的几种蔬菜种子,恒温箱、烧杯、温度计、纱布、毛巾、玻璃棒等。

三、说明

为使蔬菜种子发芽迅速,出苗整齐,增强种子幼胚和秧苗的抗性及减少病虫的感染,提早成熟,提高单产,一般在播种前要对种子进行各种方法的处理。如精选种子、浸种催芽,干热处理,化学药剂处理、机械处理等。另外,为了提高抗性或生活力还可以对种子进行低温、变温等处理。在众多的处理种子的方法中,以浸种催芽最为普遍。

四、方法步骤

取番茄、茄子、辣椒、南瓜、苦瓜、白菜、甘蓝种子少许,分别放入烧杯内,进行以下处理。

1. 浸种

水是种子萌发的先决条件，把种子浸在一定温度的水中，使其在短时间内吸水，吸足发芽所需的水分。浸种的关键技术是掌握好温度和时间。浸种的时间首先取决于种子的种皮特性及化学成分，一般来说，种皮厚且紧硬有蜡质或粘液的透性差的种子需要的时间长。含蛋白质高的比含淀粉多的吸水快，吸水量也大。其次是种子的成熟度和饱满度。成熟度差的浸种时间宜短，否则宜长。再次与水温有关，在一定的范围内，水温高，浸种时间短，一般采用20～30℃的温水和55～85℃的热水来浸种，根据浸种水温可分为三种方法。

(1)一般浸种。将白菜、甘蓝种子倒入盛有20～30℃水的烧杯中，浸泡2～4 h。

(2)温汤浸种。向烧杯中加入50～55℃的热水，体积大约是种子体积的5倍，把挑好的饱满的番茄、茄子、辣椒种子分别放入烧杯中，持续时间15～20 min，不断搅动，使水温均匀，然后自然降至室温，再浸泡4～6 h。

(3)热水烫种。将南瓜(或苦瓜)种子倒入盛有75～85℃热水的烧杯中，并用两个烧杯来回倾倒，后降至室温浸种8～10 h，该法具有良好的消毒灭菌作用。

2. 机械处理

由于苦瓜种皮较厚，为提高发芽速度和整齐度，催芽前可先将种喙嗑开。

3. 催芽

浸种完后用清水充分冲洗，除去种子外的粘液及杂质。然后将种子用洁净湿润的纱布包好，外面再包上湿润的毛巾。或在培养皿中铺双层滤纸，用清水浸润，将吸足水的种子排在培养皿中，将培养皿盖好。置于恒温箱中，然后将恒温箱的温度调到催芽所需的适温，最好同一种蔬菜放在同一箱体内，整个催芽过程中要经常察看，保持一定的温湿度，每天用温水淘洗一次，并记录种子发芽情况。

淘洗目的是散发大量呼吸热，使各部种子受热均匀，排出CO_2供给新鲜的氧气。待70%～80%的种子发芽后，即可取出待播。若由于某种原因不能播种，就应把这些芽子降至生育临界温度下限、控制生长。如放在冰箱中保存，以防胚芽生长过长。

注意事项：

浸种所用的容器必须清洁，无油渍，使用前须彻底清洗。催芽过程中一定要控制好温度，温度过高虽出芽快，但芽虚弱，播种后出苗无劲；高温、高湿易出现黄尖、烂尖；低温出芽慢，不整齐，种子成熟度不一致或温度氧气分布不均匀，也易造成萌发不整齐。

五、作业

1. 说明蔬菜浸种催芽的目的、方法及其技术。

2. 观察并记载浸种催芽过程中各蔬菜种子的变化。

3. 根据实际操作，写出实验报告。

技能五　蔬菜的播种技术

一、目的

蔬菜的播种时蔬菜栽培的首要环节。通过实践，掌握蔬菜作物的播种方式和播种方法。

二、材料和用具

蔬菜种子、营养钵、营养土、洒壶等。

三、方法与步骤

1. 铺营养土或装营养钵

把配制好的营养土等药味挥发完毕后铺入苗床或装入营养钵中。播种苗床土厚度为 6 ~ 8 cm；营养钵土高度以距钵口 3 cm 左右为宜。

2. 播种

在整好的畦面上，浇足底水，待水完全渗下后，用细土填平床面凹处，之后均匀撒播种子，覆土。也可把装好营养土的营养钵浇透水，之后每钵点籽 2 ~ 3 粒，并覆土。然后，用洒壶浇透苗床或营养钵中的覆土，并盖上塑料薄膜，增温保湿。

3. 苗期管理

出苗期白天温度保持在 28 ~ 30℃，夜间为 18 ~ 20℃，土温保持在 20℃ 左右。当 70% 子叶出土后适当降低温度，白天 24 ~ 26℃，夜间 15 ~ 16℃，并揭去塑料薄膜，增加光照。当幼苗 1 ~ 2 片真叶展开时，白天温度控制在 24 ~ 26℃，夜间13 ~ 15℃。

四、作业

按照操作程序，写出实验报告，分析操作过程中应注意的问题。

技能六　蔬菜分苗

一、目的

分苗是蔬菜培育壮苗的重要环节，通过实训，掌握蔬菜分苗的方法及基本技能。

二、材料和用具

适合分苗的适龄蔬菜幼苗、分苗床(营养钵)、小铲、洒壶等。

三、说明

蔬菜分苗,要防止苗挤苗,扩大幼苗营养、光照面积,促使幼苗加快生长。但是,分苗必然造成不同程度的断根,使根系功能下降,抑制幼苗正常生长。要保证幼苗尽可能恢复根系吸收功能、幼苗健康成长,一般蔬菜分苗的适宜时期在3~4片真叶期。

四、方法与步骤

1. 分苗前的准备

分苗前3~5 d,逐渐降低苗床温度炼苗。分苗前一天苗床或营养钵浇足起苗水,有利于挖苗和苗带土。

2. 起苗

分苗时用小铲起苗,要求离幼苗根部1~2 cm,运至分苗床待用。

3. 营养钵分苗

若采用营养钵分苗,先在营养钵内铺一层营养土再把起好的幼苗放入营养钵,然后填土,一般子叶出土1~2 cm为宜。

4. 苗床分苗

(1)暗水分苗。首先平整分苗床床面,用小铲从分苗床的一端按苗距开分苗沟。沟深与蔬菜种类、秧苗大小有关,一般与原播种苗床中深度一致或稍深为宜,沟要平直,深浅一致。然后在分苗沟内浇水,以不溢出沟外且浇足为宜,分苗水渗下一半时,按苗距摆苗,一沟摆苗完毕,分苗水完全渗下后,覆土封沟。整平苗床,按苗距开下一沟。

(2)明水分苗。先按苗距开沟、栽苗,整个分苗床分苗完毕再浇水。

注意事项:

取苗勿伤嫩茎,对子叶应小心保护。幼苗挖起后立即排苗,分苗时尽可能集中劳力进行排苗,以利幼苗健壮生长和管理。尤其要防根部被太阳晒或被风吹干,分苗时最好将大小苗分开,剔除病苗、虫伤苗、无头苗。

五、作业

1. 比较营养钵分苗和苗床分苗的优缺点。
2. 比较明水分苗和暗水分苗的优缺点。

3. 按照操作程序，写出实验报告，分析操作过程中应注意的问题。

知识点回顾

一、填空题

1. 种子萌发所需要的基本条件是(　　　)、(　　　)、(　　　)、(　　　)。
2. 蔬菜种子的萌发分为(　　　)、(　　　)和(　　　)3 个阶段。
3. 种子是由(　　　)和(　　　)构成，有些种子还含有(　　　)。
4. 蔬菜的生长发育过程大体分为(　　　)、(　　　)、(　　　)三个时期。
5. 蔬菜的施肥方式有(　　　)、(　　　)、(　　　)。
6. 菜畦可做成(　　　)、(　　　)、(　　　)、(　　　)。
7. 药剂拌种用药量一般为种子重量的(　　　)。
8. 根据播种的形式不同，蔬菜播种可分为(　　　)、(　　　)和(　　　)三种方式。
9. 据播种前是否浇水可分为(　　　)和(　　　)两种方式。
10. 播种床土厚度为(　　　) cm。
11. 分苗床土厚度为(　　　) cm。
12. 小粒种子、中粒种子、大粒种子依次覆土厚度为(　　　) cm、(　　　) cm、(　　　) cm 左右。
13. 蔬菜常见的嫁接方法有(　　　)、(　　　)、(　　　)、(　　　)。
14. 对于喜温性果菜类，一般要求日最低气温稳定在(　　　)以上，10 cm 土温应稳定在(　　　)以上定植。
15. 定植方法有(　　　)、(　　　)。
16. 基肥的施用方法主要有(　　　)、(　　　)、(　　　)。
17. 灌溉的主要方式有(　　　)、(　　　)和(　　　)。
18. 明水灌溉包括(　　　)、(　　　)和(　　　)等形式。
19. 暗水灌溉的形式有(　　　)、(　　　)、(　　　)。

二、名词解释

1. 发芽势　2. 发芽率　3. 浸种　4. 催芽　5. 植株调整　6. 间作　7. 轮作
8. 连作　9. 套作　10. 混作

三、判断题

1. 蔬菜种子露白后，若遇恶劣天气不能及时播种时，应将种子放在高温环境下，保湿待播。 ( )

2. 温汤浸种水量为种子量的 3～5 倍。 ( )

3. 热水烫种的温度为 75～85℃。 ( )

4. 药液浸种时药液用量一般为种子的 5 倍左右。 ( )

5. 种子消毒进行药剂拌种时药剂的用量是种子量的 0.3%～0.5%。 ( )

6. 利用用高温灭菌时，蔬菜种子的含水量应高于 2.5%。 ( )

7. 蔬菜定植深度以达到子叶以下为宜。 ( )

8. 北方春季定植不宜过深，潮湿地区定植不宜过浅。 ( )

9. 无土育苗可大大减少土传病害。 ( )

10. 在温度管理上种子萌发期的温度应低于幼苗生长期的温度。 ( )

11. 连作造成土壤内营养元素的失调。 ( )

12. 沙质施肥应少量多次。 ( )

13. 追肥是蔬菜播种或定植前结合整地施入的肥料。 ( )

14. 基肥是在蔬菜生长期间施用的肥料。 ( )

15. 磷肥有利于蔬菜的花芽分化。 ( )

四、简答题

1. 蔬菜种子的含义是什么？

2. 蔬菜种子的播前处理包括哪些内容？

3. 蔬菜浸种的方法有哪些，并说明其使用范围。

4. 如何进行设施育苗的苗期管理？

5. 嫁接砧木应具备哪些特点？

6. 简述蔬菜育苗中的常见问题及原因。

7. 蔬菜合理施肥的依据是什么？

8. 蔬菜合理灌溉的依据是什么？

9. 什么是植株调整？植株调整的内容有哪些？

10. 连作的危害有哪些？

11. 轮作应掌握哪些原则？

项　目　篇

项目一　茄果类蔬菜栽培

知识目标

1. 掌握茄果类蔬菜播种、育苗和田间管理的基本技术。
2. 理解茄果类蔬菜的生育周期和对环境条件的要求。
3. 了解茄果类蔬菜的植物学特性。

技能目标

1. 会根据当地情况选择适宜栽培的茄果类蔬菜品种。
2. 会制定茄果类蔬菜设施生产计划。
3. 掌握茄果类蔬菜设施育苗的方法及关键技术。
4. 能进行辣椒早春茬和秋冬茬大棚栽培。
5. 能进行番茄冬春茬和春茬大棚栽培。
6. 能进行茄子冬春茬大棚栽培和嫁接栽培。

信　息　单

任务一　辣椒栽培

辣椒别名番椒、海椒、辣茄，为茄科辣椒属植物。辣椒在我国南北方普遍栽培，南方以辣椒为主，北方以甜椒为主。辣椒果实中含有丰富的蛋白质、糖、有机酸、维生素及钙、磷、铁等矿物质，其中维生素C含量高，胡萝卜素含量也较高，还含有辣椒素，能增进食欲、帮助消化。

一、生物学特性与栽培关系

（一）植物学特性与栽培关系

1. 根

辣椒根量少，入土浅，根系木栓化较早，再生能力较弱。育苗时采取必要的保护措施,减少分苗次数,采取小苗移植。定植起苗时应防止散坨,尽量减少伤根。

2.茎

茎直立,基部木质化程度较强,坚韧,黄绿色,具深绿色或紫色纵条纹。株高因品种、气候、土壤及栽培条件的不同而异。当茎顶端芽分化出花芽后,按双杈或三杈分枝形式继续生长,分枝形式因品种不同而异;但在昼夜温差较大、夜温低、营养状况良好、生育长势缓慢时,也常多三杈分枝,反之则多二杈分枝。培育进展较缓慢时,也常多三杈分枝,反之则多二杈分枝。培育长势均匀、强壮而紧凑的侧枝,是获得甜(辣)椒丰产的重要条件。

甜(辣)椒根据结果习性,又可分为无限分枝和有限分枝两种类型。无限分枝型,当主茎长到7~15片叶时,顶芽分化为花芽,由其下2~3叶节的腋芽抽生,生长势大致相当2~3个侧枝,花(果实)则着生在分杈处,各个侧枝又不断依次分枝、着花,只是由于果实发育的影响,所抽生的侧枝数和生长势强弱有所变化。这一类型的植株,由于在生长季节可无限分枝,一般株型较高大,绝大多数栽培品种均属此类。有限分枝型,当主茎生长到一定叶数后,顶芽分化出簇生的多个花芽,由花簇下面的腋芽抽生出分枝,分枝的叶腋还可抽生副侧枝,在侧枝和副侧枝的顶部形成花簇,然后封顶,此后植株不再分枝。这一类型的植株由于分枝有限通常株型均矮。一般簇生椒均属此类。在栽培品种中,通常小果型品种的植株较高,分枝层数较多,开展度较大;大果型品种如多数甜椒品种,则植株稍矮,开展度较小。此外,甜(辣)椒主茎基部各叶节的叶腋均可抽生侧枝,但开花结果较晚,并易影响田间通风透光,生产上一般都予以摘除。

3.叶

叶片单叶,互生,呈卵圆形、椭圆形或披针形。大果型品种叶片较大,微圆;小果型品种叶片较细。土壤营养不良或植株徒长时,辣椒叶片较薄,色泽较浅;氮素充足叶形长,钾素充足叶垂,土壤湿度过大时整个叶片下垂。

4.花

花多为单生完全花,个别种类也有丛生或簇生,着生于分枝杈点上,第一朵花出现节位高低与品种有关。早熟品种节位低,晚熟品种节位高。一般品种的花药与雌蕊柱头等长或柱头稍长,在营养不良等条件下易产生短柱花而影响授粉受精,从而导致落花落果。辣椒花较小,甜椒花较大,属常异交作物,前者自然杂交率为25%~30%,后者约10%。正常条件下,幼苗在3~4片真叶时开始花芽分化,苗期营养条件对花芽分化和前期坐果有重要影响。

5.果实和种子

果实为浆果,由子房发育而成,有扁圆、圆球、灯笼、方棱、线形、圆锥、羊角、指形、樱桃等多种形状。种子淡黄色，稍有光泽，使用年限2～3年。

(二)生长发育周期

1. 发芽期

辣椒发芽期指的是从种子萌动到子叶展平、第一片真叶显露为发芽期。发芽期需要的营养主要来自种子本身所贮藏的养分，因此种子质量好坏影响出苗以及幼苗的整齐度和健壮度。

2. 幼苗期

从子叶展平、第一片真叶显露至花现蕾为幼苗期。幼苗期长短与品种、育苗温度、土壤水分和养分以及光照有关。由于幼苗3～4片真叶即开始花芽分化，分苗宜在此前进行。花芽分化早晚与品种有关，也受环境影响，较短的日照和较低的夜温促进花芽分化。

3. 开花坐果期

从第1朵花现蕾到门椒坐住并快速膨大为开花坐果期。此过程的长短取决于定植后的光照、温度、土壤养分和水分条件以及秧苗素质。幼苗定植缓苗后，在分枝展叶的同时，各层花蕾相继发育，随之开放，授粉受精。习惯上把主茎上结的第1个果称为"门椒"；一级分枝上结的2个果称为"对椒"；二级分枝上结的4个果称为"四门斗"；三级分枝结的8个果称为"八面风"；再往上因结的果较多，称为"满天星"。门花凋谢后3～5 d，子房开始膨大，果柄弯曲。

4. 结果期

从门椒坐住并开始膨大时起，直至拉秧为结果期，是产量的形成阶段。生长与开花结果同步进行，需注意协调营养生长与生殖生长的矛盾。结果前期应提供良好的条件，促进植株旺盛生长和发棵；下层果实适当早采收，防止坠棵。

(三)对环境条件的要求

1. 温度

辣椒喜温，不耐霜冻，对温度要求高于番茄。一般辣椒(小果型品种)比甜椒(大果型品种)具有较强的耐热性。种子发芽适温为25～32℃，低于15℃不易发芽。在适宜温度范围内，采用变温比恒温发芽效果好。幼苗要求较高的温度，生长适温白天25～30℃，夜间20～25℃，地温17～22℃。生产上为避免幼苗徒长，采用低限温度管理，白天23～26℃，夜间18～22℃。开花结果初期的适宜温度白天20～25℃；夜间16～20℃；盛果期适宜温度白天25～28℃，夜间16～18℃，低于25℃或高于35℃均不利于正常的开花授粉，影响果实生长发育，引起落花落果。适当加大昼夜温差、降低夜温有利于结果和果实膨大，但是夜温过低果实先端变尖。

2. 光照

辣椒为中等光强蔬菜，且对日照长度反应不敏感。但在较短日照、中等强光下开花结实快。种子在黑暗条件下容易发芽，幼苗期需良好的光照。光饱和点为30~40 klx，光补偿点为1.5~2.0 klx，过强的光照对辣椒生长发育不利，特别是在高温、干旱、强光条件下，根系发育不良，还容易引起果实日灼。光照过弱，通风不良，植株生长衰弱，容易引起落花落果和果实畸形。

3. 水分

辣椒对水分要求很严，不耐旱，也不耐涝，淹水几个小时即会发生萎蔫。果实膨大期要求较充足的水分，水分不足会引起落花落果，并影响果实膨大，果面皱缩、少光泽，果实弯曲。过小空气相对湿度影响辣椒生长发育，湿度过高、过低都易发病及落花。相对湿度以60%~80%为宜。

4. 土壤及营养

辣椒对土壤要求不太严格，大果型辣椒品种要求较高。甜椒栽培以肥沃、富含有机质、保水保肥力强、排水良好、土层深厚的沙壤土为宜。辣椒对N、P、K肥要求均较高。苗期要求较多的P、K肥，其花芽分化受N、P、K的影响极为明显，要求三要素齐全，初花期，植株营养生长还很旺盛，若N肥过多，容易徒长，影响落花落果。盛花期、结果期，果实迅速膨大，则需要大量的氮、磷、钾肥。

5. 气体

辣椒种子和根系对空气要求较高。因此育苗时要求土壤疏松，通气性良好，氧气含量在10%以上。

二、类型与品种

辣椒品种资源十分丰富，其分类方法较多，主要有以下几种。

1. 按果型分类，可分为牛角椒、羊角椒、灯笼椒、樱桃椒、线椒。

2. 按商品果颜色分类，有绿色（浅绿黄绿、绿、深绿）、黄色、白色、橙色、红色、紫色。

3. 按成熟性分类，有极早熟（春秋王、美椒202）、早熟（美椒春冠、美椒401）、中早熟（辛丰八号）、中熟（辛丰九号美椒104）、中晚熟、晚熟。

4. 按辣椒素含量不同，可分为极辣、中辣、微辣。

5. 按辣椒用途分类有鲜食型和干制型。鲜食型又名青椒，以食用绿熟果实为主。干制型又称干椒系列，以食用干制的红熟果为主，辣椒素含量较多。如湘研3号，日本山鹰椒。

三、栽培季节和茬次安排

辣椒对温度要求苛刻，喜温不耐寒，又忌高温暴晒。发芽适温为25℃，高于35℃，低于15℃不易发芽。辣椒露地栽培多于早春在设施内育苗，终霜后定植。根据设施类型和栽培季节，主要栽培方式和茬口包括大棚春早熟栽培，秋延后栽培，温室冬春茬栽培、秋冬茬和越冬茬栽培。大棚春早熟栽培通常在12月至翌年1月播种，3～4月定植，5～7月采收；秋延后栽培6～7月播种，7～9月定植，9～12月采收；冬春茬栽培11～12月栽培，次年1～2月定植，4～7月采收；秋冬茬栽培7～8月播种，8～9月定植，从10月开始采收一直到次年5～6月。

四、设施辣椒早春茬栽培技术

（一）品种选择

早春茬辣椒栽培前期温度低，光照弱，后期天气开始变暖，因此应选择耐低温、弱光、抗逆性强的品种。如中蔬4号，中蔬5号、陇椒3号、湘研1号、洛椒1号、赣椒1号、湘研9号等。

（二）育苗

1. 育苗设施

育苗期正值低温弱光季节，宜选择在温室、大棚内育苗，采用临时加温、多层覆盖、电热温床等措施提高苗床温度。

2. 营养土配制

营养土应选择疏松肥沃的园土，按照3∶2的比例与腐熟农家肥、草炭或有机肥混合配制，过筛后每立方米添加氮磷钾复合肥1.5 kg、草木灰5 kg、50%多菌灵可湿性粉剂80 g，混合均匀，用农膜覆盖一周左右。有条件的地方可用草炭、蛭石或珍珠岩等原料配制复合基质，进行无土育苗。在播种前对育苗基质和育苗器具最好进行消毒处理。

3. 种子处理

辣椒浸种常和种子消毒结合起来，其具体方法有以下几种。

（1）室温温水浸种6～8 h→1%硫酸铜溶液5 min→清水冲洗干净→25～30℃催芽→每天用温水冲洗1～2次。

（2）室温温水浸种6～8 h→40%福尔马林100倍液浸种10～15 min→清水冲洗干净→25～30℃催芽→每天用温水冲洗1～2次。

（3）55℃温水浸泡15～20 min→放入温水中浸泡5～6 h→捞出后用清水冲洗几遍→25～30℃催芽→每天用温水冲洗1～2次。

4. 播种

催芽3~4 d后,待大部分种子露白即可播种。播种前浇足底水,播种后覆盖细土或基质厚度1 cm左右,并覆盖地膜提高温度保温保湿。每亩地的播种量一般为120~150 g。

5. 分苗前的环境管理

出苗期维持较高的床土或基质温度,至少应在20℃以上,保证种子顺利出土。待50%以上种子出土后及时撤除覆盖的地膜。幼苗全部出齐后,适当降低气温和地温2~3℃,白天气温22~25℃,夜间气温15~17℃,根部温度18~20℃。第一片真叶显露后,维持白天气温25~28℃,夜间16~18℃,根部温度20℃左右。分苗前3~4 d,加大放风,降低苗床温度,白天20~25℃,夜晚13~15℃,以提高幼苗抗性。

6. 分苗

秧苗长至2~3片真叶时分苗。分苗前3~4 d注意锻炼幼苗,分苗前1~2 d浇一次起苗水。分苗要选择晴朗无风的中午前后进行,将幼苗移植到分苗床上或直径8~10 cm的育苗钵中或穴盘中。

7. 分苗后的管理

(1)水分。分苗后浇足水,苗期水分管理见干见湿,相对含水量控制在60%~80%。浇水选择晴天上午进行。

(2)温度。分苗后一周气温白天保持在26~30℃,夜间18~20℃,根部温度20~22℃,促进缓苗,缓苗后放风降温,白天23~25℃,夜间15~17℃,根部温度18℃左右,增强幼苗抗逆性。

(3)光照。辣椒在茄果类蔬菜中属于耐弱光性植物,由于春季光照弱,时间短,因此,在保证温度的前提下,草帘等不透明覆盖物应早揭晚盖,尽量延长受光时间。

8. 定植前炼苗

定植前7~10 d锻炼秧苗,白天温度保持在20℃,夜间温度逐渐降至10~15℃。

(三)定植

1. 壮苗标准

苗龄80~90 d,高18~25 cm,有9~13片真叶,茎秆粗壮,叶片大而厚,深绿色,根系发达,门椒现蕾。

2. 整地起垄

定植前7~10 d首先对设施进行消毒和整地施肥。结合整地每亩施入农家肥

5 000～7 000 kg，其中2/3普施，将余下的粪肥掺入25 kg复合肥或过磷酸钙25 kg、硫酸钾30 kg、尿素15 kg混匀集中沟施。之后起垄，垄高15～20 cm，垄宽70～80 cm，起垄后覆膜，并用打孔器在铺有地膜的垄上以25～30 cm穴距打孔。

3．适时定植

设施辣椒适宜的定植期为10 cm土层温度稳定在12℃以上。选择晴天的上午定植，辣椒每穴2株，甜椒单株定植。定植后浇足底水，待水渗后及时封土。

（四）定植后的管理

1．环境调节

定植后前期，外界温度较低，光照较弱，尽量增加光照，以促进缓苗和缓苗后的生长发育。定植后1周内，为促进缓苗，采用多层覆盖，加强保温，下午适当提早外覆盖的时间，保持白天温度25～30℃，夜间18℃以上。缓苗以后降低温度，白天23～25℃，夜间15～18℃。结果期白天适宜温度为25～28℃，夜间15～18℃。随着天气转暖外界气温升高，逐渐加大放风量，当设施内夜间最低气温高于15℃时不可再使用外覆盖，当外界最低气温达到15℃以上时，可昼夜通风。夏季来临时，设施上下通风口都要打开，以促进对流，大棚四周的棚膜可全部揭开，用于通风降温。设施内空气相对湿度保持在60%～70%为宜，加强通风排湿，避免棚内湿度过大引起病害。

2．肥水管理

定植初期为确保地温蹲苗，尽量不浇水，一般浇足定植水后，在缓苗后根据墒情，可利用膜下暗沟浇一次水，在门椒坐果前无需浇水施肥，直到门椒坐住后，选择晴天上午结合浇水，每亩地追施尿素15～20 kg，硫酸钾10 kg或复合肥20 kg。此后的浇水次数和浇水量视土壤墒情而定，每次浇水量不宜过大，选择晴天上午进行，经常保持土壤湿润。对椒坐住后冲施尿素或磷酸二铵10～15 kg，或复合肥15～25 kg。四门斗椒坐住后，冲施尿素10～20 kg。生长后期群体大、气温高，放风量大，浇水次数和浇水量需相应增加。为防止植株早衰，可叶面喷施0.5%尿素和0.3%磷酸二氢钾。

3．植株调整

采用改良式双杆整株。门椒以下的侧枝及早摘除，以避免植株生长过旺而影响开花结果。植株长高至50 cm时，在垄的两侧用竹竿和铁丝夹住，进行吊蔓，并及时剪除内部的徒长枝和生长过旺枝。结果后期及时摘除下部老叶、病叶，减少养分消耗，增加通风透光。

4．防止落花落果

防止过度干旱后骤然浇水；防止植株过密，影响通风透光等，为促进坐果可在开花期喷施丰产剂 2 号 50 倍液或 20～30 mg/L 防落素喷花。

（五）采收

一般开花后 35～40 d 为采收适期。设施春茬辣椒多为青椒为产品供应市场。为了避免果实坠秧而影响营养生长及上部坐果，通常及时采收门椒和对椒。

五、设施辣椒秋冬茬栽培技术

（一）品种选择

辣椒秋冬茬栽培生长前期处于高温、强光、多雨季节，但在寒冷的冬季开花结果，宜选择既耐高温又耐低温，抗病毒病、不易徒长、生长势强、结果多而集中、商品性好的早中熟品种。如陇椒 2 号、陇椒 12 号、佳木斯等。

（二）培育壮苗

1. 育苗设施准备

秋冬茬栽培的育苗期正好处于高温、强光、多雨季节，日照时间长，昼夜温差小，易遭受干旱胁迫和感染病毒病，宜选择在温室、大棚内育苗，并采用临时降温、遮阴等措施降低苗床温度，苗棚应提前用杀毒矾烟剂等熏蒸消毒。

2. 苗床准备

苗床宜选择地势较高、排灌方便、通风良好的地块，筑成深沟高畦，以防积水。可用育苗钵或穴盘育苗。育苗畦宽 1.2 m，长度和大棚宽度相同，然后再铺 1 cm 厚的细沙，每平方米用高锰酸钾和甲基异柳磷 800 倍液喷洒苗床表面进行灭菌杀虫，待放育苗容器。

3. 营养土配制

营养土选用未种过蔬菜的肥沃耕作土、优质腐熟农家肥和草炭，过筛后按 6∶3∶1 比例混匀。每立方米营养土加 0.5 kg 氮肥、0.5 kg 磷酸二铵、磷酸二氢钾 0.2 kg，营养土用乐斯本 200 ml，50% 多菌灵可湿性粉剂，加水 15 kg 喷施在营养土中，边喷边翻，使药和土充分混均匀，然后用塑料薄膜闷盖 5～7 d 后即可。之后装入8 cm×8 cm 的营养钵中，营养土不宜装得太满，以利于浇水后保墒，将装好的营养钵整齐摆放在苗床内，用 75% 多菌灵的可湿性粉剂 1 000 倍液喷洒表层，然后浇水使营养钵中的营养土渗透水，并用地膜覆盖以备播种。

4. 种子处理

辣椒种子用 55℃ 温水浸泡 15～20 min 后，在 25～30℃ 温水浸泡 5～6 h，然后依次用 50% 多菌灵可湿性粉剂 1 000 倍液、农用硫链霉素可湿性粉剂 1 000 倍液、盐酸吗啉胍可湿性粉剂 1 000 倍液中浸泡各 15 min，而且每种药剂浸泡之后都要用清水洗去种子表面药剂，之后将种子用纱布或毛巾包好后置于 25～30℃ 条件下催芽，并每天用温水冲洗1～2次。

5.播种期确定

一般在6月中下旬播种，播种过早病毒病严重，产量低；播种太迟，开花坐果晚，结果少，尤其是大棚栽培，后期温度低，不利于果实膨大。

6.播种

待辣椒种子有80%露白即可播种，可选用营养钵进行播种，每钵3～4粒，然后覆土1～1.5 cm，然后，用75%多菌灵可湿性粉剂2 000倍液浇透，盖上地膜。地温保持在25℃左右，待子叶出土立即揭膜放苗。

7.苗期管理

播种苗床的管理以遮阴、降温、防雨和防蚜为中心。温度过高可即采用遮阳网、防雨棚覆盖苗床，遮光降温。

(1)温度管理。大棚育苗期控制温度的基本原则是"三高三低"，即"白天高、夜间低；晴天高、阴天低；出苗前间苗后高，出苗后间苗前低"。出苗期气温保持在25～28℃，地温20℃以上，6～7 d后出苗，待子叶出土立即揭膜放苗。幼苗出土后应及时降低苗床温度，白天温度保持在23～25℃左右，夜间气温为15～17℃之间，地温18～20℃。从播种到定植35天左右。定植前一周开始炼苗，白天温度为20℃左右，夜间12～15℃。

(2)水分管理。在播种前浇足底水，使之能在较长的时间内保持适当的土壤湿度。之后依据辣椒苗情和营养土湿度适时适量浇水，控制苗床湿度，防止浇水过多、过勤，在浇水时要浇小水，不宜浇大水；易选择在晴天上午浇水。定植前2～3 d浇一次透水。

(3)病害防治。苗期病主要为立枯病、猝倒病。发病初期，先拔除病苗，然后及时喷药保护，防止蔓延。常用的药剂有50%的多菌灵可湿性粉剂600倍液、75%的百菌清可湿性粉剂700倍液或70%的敌可松可湿性粉剂600～800倍液等。施药后为防止苗床湿度过大，可撒草木灰或细干土吸湿。

(4)其他。辣椒苗出土后尽量增强光照，延长光照时间，使幼苗尽早绿化，防止徒长。当出现1片真叶时即可开始间苗，一般按少量多次的原则进行，整个苗期间苗1～2次为宜，每钵留苗2株。

(三)定植

1.选择壮苗

辣椒定植时应选择壮苗，壮苗的标准：苗龄40 d左右，株高15 cm左右，6～8片真叶，叶色浓绿，叶片大而厚，茎干粗壮，节间短，根系发达，健壮无病，现蕾。

2. 整地作畦

定植前至少2周，清除前茬，将温室或大棚覆盖塑料薄膜并封严，高温闷棚，结合硫磺粉熏烟法或在地面撒施杀菌和杀虫剂进行彻底消毒。结合整地施足底肥，每亩地施入腐熟农家肥5 000～7 000 kg，磷酸二铵50 kg、氮磷钾复合肥30～40 kg，深耕、细耙、整平。之后起垄，垄宽70 cm，垄沟宽50 cm，垄沟深25 cm。起垄后垄面覆膜，并打孔，穴距20～25 cm。

3. 定植

辣椒定植时可每穴单株定值，也可每穴定植双株，株距保持20～25 cm。定植后浇足定植水，待水完全渗后覆土。

（四）定植后的管理

1. 环境调节

定植初期还处于温度较高、雨水较多的季节，应重点做好通风降温和防雨、防蚜工作，并防止植株徒长。在缓苗期温度不宜太高，白天温度保持在25～30℃，夜间18～22℃，进入10月中旬，当夜间温度低于15℃时，夜间可将温室或大棚薄膜封闭。随着外界温度下降，及时进行外覆盖保温或者在大棚内设置二层覆盖，确保温室内温度不要太低。11月下旬以后，保温防寒是关键，通风只在中午前后进行，白天温度保持在25～28℃，夜间15～20℃。冬季光照强度较弱，应该在满足温度要求的前提下，尽量早揭晚盖覆盖物，延长光照时间，避免室内湿度过高，最好采用膜下灌溉，适宜安排在晴天上午浇水，以便浇水后及时升温，通风排湿。严寒冬季尽量减少喷药次数，以熏蒸法代替喷洒农药，防止棚内湿度过大，诱发病害。

2. 肥水管理

秋冬茬栽培以基肥为主，定植时浇足底水，缓苗期不用浇水，缓苗期不用再浇水，缓苗后再浇水，待门椒坐住后结合浇水每亩地施尿素15～20 kg，钾肥10～15 kg，以后保持土壤湿润。以后每15～20 d结合浇水施用复合肥20 kg或磷酸二铵10～20 kg。冬天浇水最好用室内蓄水池中的水，避免降低地温，选择晴天上午浇水，并及时通风排湿。

3. 植株调整

辣椒设施栽培一般植株较露地长势强，为了改善通风透光，在垄的两侧用竹竿和铁丝夹住植株对其进行吊蔓，并及时剪除内部的徒长枝和生长过旺枝，打掉下部的老叶、黄叶和病叶。生长后期打顶摘心，疏掉个别小果和无效花，以促使养分回流，使植株尽快发育成具有商品价值的果实。

4. 保花保果

初花期由于温度高，落花落果严重，这时候要做好设施通风降温措施，也可用

20 ~ 30 mg/L 的 2,4 - D 溶液喷施,也可用 25 ~ 3 mg/ kg 的番茄灵溶液喷花或涂抹花柄。

(五)采收

当果实达到其固有的大小、形状、色泽时即可采收,也可根据市场需求灵活调整采收时间。若植株生长过旺,可以适当晚摘门椒和对椒以控制植株长势;反之则应当提前采收,以防坠秧。

六、主要病虫害防治

(一)辣椒疫病防治

(1)选留无病种子进行种子消毒。

(2)避免连作,实行与茄科、葫芦科以外的作物进行轮作。

(3)清洁田园,及时发现中心病株拔除销毁,减少初侵染源,避免田间积水。

(4)药剂防治:一是种子消毒,先把种子经 55℃温水浸种 30 min 或清水中预浸 10 ~ 12 h 后,用 1% 硫酸铜溶液浸种 5 min,捞出后用清水冲洗 3 ~ 5 次,洗净后催芽或点播。二是发病前期及时喷洒或浇灌 800 倍液的 75% 的甲霜灵可湿性粉剂或杀毒矾可湿性粉剂,此外用 96% 以上硫酸铜溶液 600 ~ 800 倍液喷洒茎杆,后期可用 2% 杜邦克露可湿性粉剂或可霜氰或霜脲锰锌可湿性粉剂 600 ~ 700 倍液灌根,一般 5 ~ 7 d 用药一次。

(二)猝倒病防治

(1)采用基质育苗,苗肥在育苗前充分腐熟,播前苗床要充分翻晒,旧苗床应进行苗床土壤处理。常用 50% 多菌灵可湿性粉剂每平方米苗床 8 ~ 10 g,加细土 5 000 g,混合均匀。取 1/3 药土作垫层,播种后将其余 2/3 药土作为覆盖层。

(2)加强栽培管理,如与非茄科、瓜类作物实行 2 ~ 3 年轮作;铺盖地膜阻挡土壤中病菌溅附到植株上,减少侵染机会;苗床土壤温度要求保持在 16℃以上,气温保持在 20 ~ 30℃之间;出齐苗后注意通风,同时加强土壤中耕松土,防止苗床湿度过大。保持育苗设备透光良好,增加光照,促进秧苗健壮生长。

(3)发现病株及时拔除,集中浇毁,防止病害蔓延。必要时用 98% 恶霉灵可湿性粉剂 2 000 倍液,或 72% 霜脲锰锌可湿性粉剂,或 50% 溶菌灵可湿性粉剂,800 倍液的 75% 百菌清可湿性粉剂、600 倍液的 50% 多菌灵可湿性粉剂、500 倍液的 70% 代森锰锌可湿性粉剂每 7 天喷 1 次,连喷 2 ~ 3 次。

(三)立枯病防治

(1)无土育苗或采用基质育苗,使用充分腐熟的有机肥,增施过磷酸钙肥和钾肥。育苗期加强管理,减少伤根,避免土壤过湿或过干,提高植株抗病力。

（2）进行种子处理，可用种子重量0.3%的45%特克多悬浮剂黏附在种子表面再拌少量细土播种。也可用10%施乐时干拌种剂，按种子量2 g/ kg拌种。还可将种子润湿后用干种子量0.3%的75%卫福可湿性粉剂或40%双可湿性粉剂，或50%利克菌可湿性粉剂或70%土菌消可湿性粉剂拌种。

（3）药剂防治：发病初期选择发病初期，喷施1 200倍液的20%的甲基立枯磷乳油或700倍液的75%百菌清或600倍液的70%敌克松，后期用福美双可湿性粉剂800倍液喷雾，7~8天喷1次，连喷2~3次。该病可结合猝倒病一并防治。

（四）蚜虫防治

（1）要清除四周及田间杂草，减少蚜虫的寄主植物。

（2）在秧苗移栽前2~3天施药治蚜，防止苗床蚜虫进入田间。

（3）与其他作物间、套作种植，为害虫天敌提供栖息场所，实现害虫的自然控制，减少田间用药。

（4）在害虫数量较大时，可选用4.5%高效氯氰菊酯乳油1 000倍液，或10%吡虫啉可湿性粉剂1 000倍液，或90%敌百虫晶体1 500倍液等高效低毒农药。

任务二　番茄栽培

番茄别名西红柿、洋柿子、柿子、番柿，为茄科番茄属一年生草本植物，原产于美洲西部的秘鲁和厄瓜多尔的然带高原地区。16世纪传入欧洲作为观赏栽培，17世纪才开始逐渐为人们食用。17~18世纪才传入我国，通常人们所说的番茄主要是指普通番茄，它即可生食，又可熟食。番茄果实柔软多汁，酸甜可口，并且营养价值很高，含有丰富的维生素C、可溶性糖、有机酸、矿质元素，尤其含有多种氨基酸和类胡萝卜素，深受人们喜爱。番茄即可露地栽培，又可设施栽培，尤其近20年以来，已成为设施栽培的重要种类之一。

一、生物学特性与栽培关系

（一）植物学特征

1. 根

番茄根系比较发达，分布广而深。栽培过程中，由于移栽、中耕除草等措施，会切断主根而促进侧根生长。番茄不仅在主根上易生侧根，在茎基部特别是茎节上易发生不定根，而且伸展较快，所以番茄扦插繁殖容易成活。不定根与侧根相比较入土浅，分布广度小，具有吸收和支撑作用。

2. 茎

番茄属合轴分枝（假轴分枝），茎顶端形成花芽。即番茄在茎顶端分化第1个花序后，此花序下第一片叶腋中生出的侧芽长成强健的侧枝，与主茎形成合轴（假轴），第二花序及以后各花序下的叶腋中侧芽均以此方式分化。根据番茄的分枝和开花结果习性，植物学上将其分为有限生长型和无限生长型两种类型。

3. 叶

单叶，羽状深裂或全裂，每叶有小裂片5~9对，叶片大小、形状、颜色深浅等因品种和环境的变化而不同，早熟品种叶片相对小，晚熟品种叶片较大；露地栽培叶色较深，设施栽培叶色较浅；低温下叶色发紫，高温下小叶内卷等。叶片及茎均有毛和分泌腺，能分泌出有特殊气味的汁液，因此虫害较少。

4. 花

番茄花为完全花，总状花序或复总状花序。花序着生节间，花黄色。每一花序的花数因品种和类型差别很大，一般栽培品种多为5~8朵，小果型品种可多达10朵以上。番茄为自花授粉植物，发育正常的花一般不易天然杂交，个别品种或有的品种在某些条件下，柱头伸出雄蕊外，可以异花授粉，天然杂交率4%~10%。条件不良时，番茄花易发生花瓣、花萼和雄蕊数复合增多且排列不整齐，成为畸形花，坐果后便成为畸形果。花序在茎上的排列方式也有差异，凡是间隔叶数为奇数的品种花序都排在一侧，反之则左右相对。

5. 果实

番茄果实为浆果，由果皮，胎座、种子，果肉等组成。优良品种果肉厚，种子腔小。果形有圆、扁圆、高圆、长圆、梨形、樱桃形等。常见的栽培番茄的颜色有红色、粉红色和黄色，有些野生番茄果实为绿色。栽培品种一般为多心室，心室数的多少与萼片数及果形有关。萼片数越多，心室数也多。3~4个心室的果实，果径较小，果实肥大发育不良；5~7个心室，发育良好，接近圆球形；心室数再增多，果形大而扁。一般单果重70 g以内为小型果；70~200 g为型中果；200 g以上为大型果。

6. 种子

扁圆略呈卵圆形，种皮灰黄色，表面有绒毛，种子成熟比果实早，一般情况下，开花授粉35 d种子具有发芽力，但胚的发育是在授粉后40 d左右完成，种子完全成熟时在授粉后45~70 d。种子千粒重3.0~4.3 g，种子寿命与温度和空气湿度呈负相关，生产上使用年限为2~3年。北方地区常温条件下，可保存5年左右。

（二）生长发育周期

1. 发芽期

从种子开始发芽到第一片真叶出现（破心）。这一时期为7~9 d，萌动的种子进行低温（0~2℃）和变温（8~12 h，20℃；12~16 h，0℃）处理，可获得出土一致的幼苗，促进早熟。

2. 幼苗期

从第一片真叶出现到第一花序出现大蕾为幼苗期。幼苗期要经历两个不同的阶段，第一阶段为真叶破心到2～3片真叶展开前即花芽分化前，为基本营养生长阶段，此阶段的营养生长为花芽分化及进一步营养生长打下基础。子叶大小直接影响第一花序分化早晚，真叶大小直接影响花芽的分化数量和质量。第二阶段是从2～3片真叶展开开始，进入花芽分化及发育阶段，表现出生殖发育对营养生长的抑制作用及各器官生长的激烈竞争。一般2～3天分化一个花芽，分化具有连续性，当第一花序显大蕾时，第三花序已完全分化。花芽分化是从外器官逐渐向内发育，即萼片、花瓣、雄蕊、雌蕊。因此，幼苗期创造良好的条件，防止幼苗徒长或老化，保证幼苗茁壮生长和发育，间接关系早产与高产。

3. 开花坐果期

番茄是连续开花和坐果的蔬菜，从第一花序出现大蕾到坐果这段时间称为坐果期。开花坐果期是幼苗期的继续，结果期的开始，是从营养生长为主过渡到以生殖生长与营养生长同时进行的转折期，直接关系到产品器官的形成和产量，特别是早期产量。

4. 结果期

从第一花序坐果到拉秧称为结果期。这一阶段秧果同时生长，营养生长和生殖生长的矛盾始终存在，营养生长和果实生长高峰相继地周期性出现，这种结果峰期的突出或缓和与栽培管理技术关系很大。一般来说，下位叶片制造的养分除供给根系等营养器官外，主要供给第一花序果实生长的需要；中位叶片的营养主要输送到果实中；上位叶片的营养除供给上层果实外，还大量供给顶端生长的需要。

（三）对环境条件的要求

1. 温度

番茄为喜温蔬菜，生长发育的适温范围在20～30℃，其中昼温23～28℃，夜温以15～18℃、地温以18～23℃为宜。温度低于10℃或高于33℃时，植株生长发育不良，当温度低于5℃或高于40℃时停止生长。但不同时期对温度的要求是不同的，种子发芽适宜温度为25～30℃，幼苗适宜温度白天为23～28℃，夜间为13～18℃，开花结果期白天温度为25～28℃，夜间为15～20℃，昼夜温差以8～9℃为宜。果实着色期温度在19～24℃有利于番茄红素的形成，根系生长最适土温为20～22℃。

2. 光照

番茄是喜光作物，在一定范围内，光照越强光合作用越旺盛，光饱和点为

70 klx，光照低于 30 klx 对番茄生长发育不利。番茄不同生育期对光照的要求不同。发芽期不需要光照，光抑制种子发芽，降低种子的发芽率，延长种子发芽时间。幼苗期是营养生长期，又是花芽分化期，光照不足，使花芽分化延迟，着花节位上升，花数减少，花的素质下降，子房变小，心室数减少，影响果实发育。开花期光照不足，容易落花落果。弱光条件下花粉发芽率及花粉管的伸长能力降低，授粉不良而引起落花。结果期需加强光照，不仅坐果多，单果也大，产量高。反之在弱光条件下，坐果数降低，单果重量下降，产量减少。弱光条件下不但产量降低，而且还容易产生空洞果和筋腐果。番茄生产上可根据光照条件综合管理。若白天光照充足、温度适宜，光合作用强、制造养分多，夜间可以适当提高温度。若白天光照不足、温度偏低、光合作用弱、制造养分少，夜间要适当降低温度，以减少养分消耗，增加养分积累。番茄光照时间过短或过长，均会影响番茄的正常生长，一般每天8～16 小时的光照时间，即可满足番茄正常生长和发育的需求。

3. 水分

番茄属于半耐旱蔬菜，即对水分的需求量比较大，又不必经常大量灌溉，适宜的空气相对湿度为 45%～50%，土壤相对湿度为 65%～85%，一般发芽期要求土壤湿度较大，相对湿度应保持在 80% 以上，幼苗期可降到 60%～70%，在温度适宜、光照充足、营养面积充分的情况下，适宜的土壤湿度能促进幼苗生长发育，缩短育苗期，防止老化，而且由于幼苗生长旺盛，花芽分化早，花器官发育也好。开花期要求土壤相对湿度保持在幼苗期水平，结果后土壤相对湿度应保持在 75% 以上。第一花序果实膨大生长后枝叶也同时生长，需要增加水分供应，盛果期需要吸收大量水分，除果实生长需水外，还要满足植株发育对水分的需要。结果期土壤忽干忽湿，特别是土壤干旱后又遇大雨，容易发生裂果，需注意勤浇水浇匀水，雨后排涝。

4. 土壤与营养

番茄适应性较强，对土壤要求不太严格，但以透气性良好、腐殖质丰富的壤土或沙壤土生长最好，在排水不良的黏重土壤或养分易于流失的沙性土壤中生长较差。番茄的适宜土壤 pH 为 6～7。番茄对土壤通气性要求较高，最适宜的土壤含氧量为 10%～15%。当土壤含氧量降到 10% 以下时，植株吸收氮、磷、钾量明显下降，根系生长受抑制。氮肥对根、茎、叶的生长和果实的发育起重要作用；磷肥的吸收量相对较小，但对幼苗期花芽分化、根系及果实的发育有重要作用；钾肥对糖的合成、运转及细胞液浓度和细胞吸水量有重要作用，有利于番茄品质的提高。

二、类型与品种

番茄按生长习性分为有限生长型和无限生长型。

(1)有限生长型:植株长到一定节位后,不再发生延续枝,以花序封顶,故称"自封顶"。这类品种植株较矮,结果比较集中,具有较强的结实性及速熟性,生殖器官发育较快,叶片光合强度较高,生长期较短,耐低温适于早熟栽培。代表品种有东农704、长春早粉、郑番2号、苏粉2号等。

(2)无限生长型:主茎顶端着生花序后,不断由侧芽代替主茎继续生长,不断开花结果,无限延续下去,不封顶。这类品种生长期较长,植株高大,果形也较大。多为中晚熟品种,产量较高,品质较好。代表品种有"毛粉802""杂粉3号""大红袍""东农710""华农708"等。

三、茬口安排

设施番茄的栽培形式较多,归纳起来大体可分为早春茬、秋延后、秋冬茬、冬春茬、越冬茬栽培。各种茬次的栽培季节和所利用的设施因不同地区的气候条件、栽培管理技术水平及习惯的不同而异,其北方栽培季节和类型如表3-1所示。

表3-1　番茄北方栽培季节与茬次安排

茬次	播种期	定植期	采收期
早春茬	11月中旬~12月上旬	2月上旬~3月中旬	4月中旬~6月下旬
秋延后	6月上旬~7月中旬	7月上旬~8月上旬	9月~11月
秋冬茬	7月下旬~8月中旬	8月下旬~9月下旬	12月上旬—翌年1月中旬
冬春茬	9月下旬~11月上旬	11月下旬~12月下旬	1月下旬~6月
长季节(越冬茬)	7月上旬~10月下旬	8月上旬~12月上旬	10月下旬~翌年7月下旬

四、设施番茄冬春茬栽培技术

冬春茬栽培番茄是随着外界气温由低渐高进行种植,多数时间是在低温、弱光照的冬季进行。因此,如何充分利用太阳光能和节能型日光温室的设施,提高和保持适于番茄生长发育的适宜温度和光照强度,是冬春茬栽培番茄能否获得优质高产的关键。

(一)品种选择

设施冬春茬番茄应选择在低温弱光条件下坐果率高、果实发育快、结果期长、产量高、耐贮运、商品性好的中晚熟品种,多为无限生长型。如"金鹏1号""佳粉17号""毛粉802"等。

(二)培育壮苗

1. 育苗时间的确定

根据当地气候和温室或大棚性能,西北地区冬春茬栽培一般在9月下旬到11月上旬开始播种育苗,11月下旬到12月下旬开始定植。一般情况下考虑到一次分苗的缓苗时间及定植前的锻炼,苗龄为60~70 d为宜。当定植期确定后,提前60~70 d播种育苗即可。

2. 营养土准备

营养土的成分按园土、细沙、基质、腐熟农家肥比例为1:1:6:1配制,另外一方土加500 g氮磷钾复合肥,80 g多菌灵,分层堆置,加适量水,轻轻踩实,用塑料薄膜覆盖封严,进行发酵和消毒。5~7 d后,在穴盘或营养钵中装好营养土并浇透水备用。

3. 种子处理

播种前对种子进行消毒和浸种催芽。一是高温晒种,种子在高温下晒2~3 d即可杀死种子表面的病菌。二是温汤浸种,用55℃温水浸种15~22 min,并不断搅拌,取出沥干后依次放入800倍多菌灵溶液浸种10 min,1 000倍硫酸铜溶液10~15 min,1 000倍农用硫链霉素10 min(每次从药剂中取出后用清水冲洗干净种子表面的药剂),放在温度为28~30℃的黑暗条件下催芽。

4. 播种

通常采用穴盘和营养钵播种为宜。播种的具体方法是将处理好的种子均匀播在营养钵或穴盘中,每穴3粒,然后覆1 cm厚的营养土,并洒水,浇透覆盖土也可用1 000倍的百菌清或多菌灵溶液浇湿覆盖土,再铺上地膜使温度保持在25~30℃。温度适宜播种后4~7 d便可出苗。

5. 苗期环境管理

此期可分为两个阶段:从第一片真叶出现至幼苗具2~3片真叶为营养生长阶段,需25~30 d。幼苗具3片真叶后进入花芽分化阶段,此期营养生长和生殖生长同时进行。

(1)温度管理。番茄不同时期对温度的要求不同。播种后,为促进出苗,土温应控制在25~30℃,出苗后应及时揭去薄膜,并且为防止徒长还应适当降低温度,以昼温22~25℃、夜温13~15℃为宜。分苗后为促进缓苗,以昼温23~25℃、夜温10~15℃为宜。苗期温度过低容易造成畸形果,所以温度不应低于8℃。苗期地温保持在18~20℃,最低应在13℃。

(2)水分管理。一般播种时浇一次透水后,出苗前最好不要浇水,出苗后至间苗(分苗)期间尽量少浇水,间苗(分苗)时浇一次透水后,到缓苗后再浇水。总的浇水原则:一次浇水要充分,尽量减少浇水次数。

(3)光照管理。番茄要求较强的光照。整个育苗期都要特别注意增加光照。当有30%出苗时,应及时揭去全部覆盖材料,保证充足的光照。当幼苗长至4叶1心时,应将幼苗株行距排稀,以增加光照。

(4)营养管理。如果营养土肥沃,育苗期间可不用追肥。但如果育苗期过长,且出现脱肥现象,可采用喷洒0.3%磷酸二铵或尿素水溶液进行叶面追肥。

(5)炼苗期的管理。定植前6~7 d即可进行炼苗。加大通风,降低温度。

(三)定植

1. 整地作畦

冬春茬栽培番茄的定植期正值严冬季节,为了提高设施的温度,前茬作物应尽可能提前拉秧,清洁田园,修补薄膜,并对设施构件和土壤进行化学消毒,以减少病菌。定植前一周翻地施基肥,每亩地撒施优质农家肥6 000~8 000 kg,深翻40 cm,使肥土混合均匀,耙平。按行距11 cm开沟施肥,每亩地再沟施农家肥5 000 kg、磷酸氢二铵20 kg、硫酸钾15 kg(或草木灰100 kg),再逐沟灌水增加底墒。水下渗后在施肥沟上方做成80 cm宽,20 cm高的高畦,之后覆膜,并按30 cm穴距双行打孔。之后密闭温室,以提高温室内空间和土壤温度,保证幼苗定植后有较高的成活率。

2. 定植

选择晴天的上午定植,定植前先选好苗,然后脱去塑料育苗钵(注意避免苗坨破碎),在事先打好的穴中摆好苗,并注意苗要摆直,使苗坨上表与地面平行,每穴2株定植。定植后浇足底水,待水渗后及时封土,封土时要注意土不要盖住苗坨并接触到幼苗茎部,定植深度以露出子叶为宜。

(四)田间管理

1. 缓苗期和开花着果期

(1)温光调节。幼苗定植后闭棚升温,高温高湿条件下促进缓苗。中午温度超过30℃时可放下遮阳网(草苫)遮光降温。缓苗后开始放风,以降温降湿,一般在晴天的中午进行,以温室内最高气温不超过30℃为宜,最好日温降至20~25℃,夜间的气温,前半夜应维持在14~16℃,后半夜可降低至8~12℃,以控制营养生长促进花芽分化与发育。从花序现蕾至坐果为开花着果期,这是番茄从以营养生长为主过渡到生殖生长与营养生长并进的时期。该时期正处于幼苗定植后的初期阶段,直接关系到早期产量的形成。开花前后对环境条件反应比较敏感,温度低于15℃或高于35℃都不利于花器的正常发育,导致落花落果或畸形果形成。此期适宜温度为日温20~30℃,夜温15~20℃。番茄喜光,光饱和点70 klx,设施栽培应保证30 klx以上的光照强度才能维持其正常的生长发育，光照不足常引起落花落果。冬春茬番茄生长前期，设施光照较为充足，可满足生长需求。

(2)水肥管理。番茄属于半耐旱作物，适宜的土壤相对含水量为60%～80%。在较低空气湿度(相对空气湿度45%～50%)下生长良好。空气湿度过高，不仅阻碍正常授粉，还易引发病害。缓苗后可浇一次缓苗水，此期气温和地温均较高，故缓苗水应浇足浇透，此后可根据土壤墒情浇水。

(3)植株调整。番茄长到一定高度不能直立生长，需及时吊蔓缠蔓。在每行番茄上方南北向拉一条铁丝，每株番茄用一根尼龙绳，上端系在铁丝上，下端系在一根长10 cm左右的小竹棍插在土中固定。随着植株生长，及时将主茎缠到尼龙绳上。番茄腋芽萌发能力极强，可发生多级侧枝，为减少养分消耗和便于通风透光，应及时整枝打杈，形成一定的株型。设施冬春茬番茄常用整枝方式有以下几种：

1)单干整枝。除主干以外，所有侧枝全部摘除，留3～4穗果，在植株最上部果穗之上留2～3片叶摘心为宜。

2)双杆整枝。除保留主干外，再选留第一花序下的一个侧枝，让2个枝条同时生长、结果，留3～5穗果摘心，或在拉秧前30 d，在顶部果穗上保留2片叶摘心。

3)连续换头整枝(多次换头整枝)。先在主枝上留3穗果后，上留2片叶摘心，再在主枝上第2穗果采收结束时，选择上部发出的健壮枝留1～2个，然后每侧枝上留2～3穗果后再次摘心，待侧枝上1～2穗果采收结束后，再选择植株上部发出的健壮侧枝留1～2个。以此类推，可根据需要留5～10穗果。

4)多穗单干整枝。每株留8～9穗果，2～3穗成熟后，上部8～9穗已开花，即可摘心。摘心时花序前留2片叶，打杈去老叶，减少养分消耗。为降低植株高度，生长期间可喷布两次矮壮素。

(4)保花保果。冬季栽培番茄，往往因环境条件不适，引起落花落果。为提高坐果率，必须利用植物生长调节物质处理花朵。如用防落素、2,4-D溶液蘸花，或在果穗3朵花正常开放时用小喷雾器喷果穗，不得重复蘸花或喷花，以避免产生畸形果，并在其中加入0.1%速克灵、腐霉利等防治灰霉病。

2. 结果期

(1)温光调节。结果期适宜温度为日温25～28℃，夜温16～20℃。适宜地温为20～22℃。冬春茬温室栽培番茄的季节，外界光照时间短、强度弱，往往达不到番茄正常生长发育所需要的光照强度，为此，应通过改进栽培技术措施使番茄植株尽可能多地接受外界自然光照的时间和强度。管理上可通过早揭晚盖草苫、经常清洁棚膜、在温室后墙张挂反光幕等措施来增加光照强度和延长光照时间。进入结果期后，随着果实的采收，及时摘除下部的病叶、老叶、黄叶，改善植株下部的通风透光条件，减轻病害的发生。

（2）水肥管理。冬春茬番茄前期放风量小，底墒充足，且在地膜覆盖条件下，耗水少，第一穗果膨大期一般不浇水。灌水会造成地温下降，空气湿度增大，易诱发病害。如果土壤水分不足，可选择阴雪天刚过的晴暖天气，于上午浇1次水，水量不宜太大，且从膜下暗沟灌水。冬春茬番茄栽培，施基肥较多，第一穗果采收前可不追肥。缓苗后每周喷施1次叶面肥效果较好，可选用0.2%～0.3%磷酸二氢钾溶液。以后每穗果实膨大时进行浇水施肥，结合灌水进行一次追肥，每亩地追施尿素16～18 kg、硫酸钾10～12 kg，全生育期结合浇水追肥5～6次。

（3）整枝和疏果。番茄茎的腋芽萌发能力极强，结果期要及时摘除侧枝，以减少养分消耗。为获得高产，并使果实整齐一致，提高商品质量，需要疏花疏果。在果实坐住后，选择发育不整齐，形状不规则的果疏掉，大果型品种每穗留果3～4个，中果型留果4～5个。

（五）收获

番茄是以成熟果实为产品的蔬菜，果实成熟分为绿熟期、转色期、成熟期和完熟期四个时期，采收后需长途运输1～2 d的，可在转色期采收，此期果实大部分呈白绿色，顶部变红，果实坚硬，耐运输，品质较好。采收后就近销售的，可在成熟期采收，此期果实1/3变红，果实未软化，营养价值较高，生食最佳，但不耐贮运。

五、设施番茄春茬栽培技术

（一）品种选择

设施番茄春茬栽培应选择早熟或中晚熟品种，品种要求耐低温性强，在较低温度下能正常生长，坐果率高、耐弱光，能在光照较差的情况下正常生长发育。植株具有叶片小，坐果集中、分枝性弱、株型紧凑，适于密植、抗灰霉病和叶霉病性强的特性。如金棚1号、中杂10号、合作903、迈莎、虹丰红利王、虹丰粉利王等。

（二）培育壮苗

1. 育苗时间的确定

设施番茄春茬栽培为促早熟而采用大苗定植，因此，根据当地气候和温室或大棚性能，西北地区日光温室番茄春茬栽培一般在11月上旬至翌年1月上旬开始播种育苗，1月中旬至2月下旬开始定植；而塑料大棚番茄春茬栽培一般可在1月上旬至2月上旬开始播种育苗，3月上旬至4月中旬开始定植。

2. 育苗场所准备

冬春季节番茄育苗主要采用日光温室和大棚。此时外界温度较低，因此要加强日光温室的保温，必要时在设施内安装电热线，并扣上小拱棚。确保设施内最低气温不低于12℃。

3. 营养土准备

床土的成分包括田土、有机肥和化肥。一般选用未施用过除草剂的大田土加农家肥和草炭，用量为大田土:农家肥:草炭按4:3:3的比例拌均匀，另外每1 000 kg床土加200 g氮磷钾复合肥混匀。床土过筛，过筛的床土，细而均匀，便于播种，有利于种子发芽及出土。

4. 营养土消毒

营养土消毒常用的方法有福尔马林消毒。一般1 000 kg营养土，用福尔马林药液200～300 mL，加水25～30 kg喷洒后充分拌匀堆置，并覆上一层塑料薄膜闷闭一周左右，揭膜后待药气散尽即可使用。

5. 播前种子处理

一是高温晒种，种子在高温下晾晒2至3天，可杀死表面病菌。二是用温汤浸种，55～60℃热水浸种15～20 min进行种子消毒。然后再用20～30℃热水浸种4～6 h后催芽或播种。三是药剂消毒，用种子量的0.2%～0.3%五氯硝基苯拌种预防番茄猝倒病；用福尔马林(40%甲醛)100倍液浸种10～15 min，取出用清水洗干净后进行催芽播种，种子经处理后再进行播种，对早、晚疫病有一定预防作用。

6. 播种

可采用穴盘(营养钵)或苗床育苗，若用穴盘(营养钵)育苗时可将营养土装入穴盘(营养钵)，并浇透水，水渗下后每穴(钵)点播2～3粒种子，并覆潮湿营养土大约2 cm，覆盖地膜保温保湿。若采用苗床直播，床土6～8 cm，表面平整后将种子均匀播种，浇透底水(40%多病灵可湿性粉剂500倍液温水浇透)，每平方米用种子30 g左右，覆土厚度2 cm左右，覆地膜。总之，要求温度保持在25～30℃。在1月份播种育苗，是全年温度最低，光照最弱，光照时间最少的时期，可在温室中铺设电热线，将育苗盘放在电热线上。

7. 分苗

分苗时期最好在第一片真叶破心(即2子叶2心)至充分展开时。分苗前须进行低温炼苗2～3天，分苗前1～2天要浇"起苗水"，以利于起苗，防止散坨，减少伤根。分苗最好将小苗栽到塑料营养钵(袋)内，容器的口径要达到9～10 cm。分苗时，株行距要达到9～10 cm。栽苗时每钵栽几株，要根据品种要求和栽培习惯而定，最好1钵只假植1株，或挑选大小基本一致的2或3株苗栽到1穴之中。栽苗不要过深，应把子叶露在外面，分苗后浇水，水量一般不宜过大，并提高室内温度，促进缓苗。

8. 苗期管理

(1)温度。从播种到出苗温度要高一点,白天25~30℃,夜间18~20℃;出苗后到第一真叶期白天温度为20~23℃,夜间12~14℃;1~5片真叶期白天温度为22~25℃,夜间前半夜14~17℃,后半夜12~13℃;在7~8片叶时,白天温度为20~22℃,夜间10~12℃。从定植前7~10 d开始,白天温度为18~20℃,夜间6~8℃。

(2)光照。番茄喜光,早春茬育苗期间光照不足势必影响花芽分化的质量。在管理上,要千方百计改善床面上的光照状况。齐苗后或缓苗后,要及时撤去小拱棚;草苫、纸被等不透明覆盖物应早揭晚盖;阴天也要尽量开苫见光。坚持经常清扫膜面灰尘。注意保证苗距,防止过密造成徒长。

(3)水肥。苗期要经常保持基质潮湿但不积水,适宜的基质湿度为55%~60%,以利幼苗健壮生长和花芽分化。一般在分苗时苗床一次浇透水,满足整个苗期的水分需求。苗床缺水,应选在晴天及时补水。水后覆土保墒。苗床过湿或经常补水,会造成徒长,若遇连阴天还易发生猝倒病、沤根等病害,应引起高度注意。苗期一般不追肥。但若因光照弱,秧苗弱,并为了促进分苗或定植后迅速发根缓苗,可用0.2%尿素加0.2%磷酸二氢钾,并酌情配合使用爱农、保多收等生长激素,进行叶面喷洒补充营养。

(三)定植

1. 整地作畦

定植前对棚室进行消毒,每亩用80%敌敌畏乳油250 g拌上锯末,与2 000~3 000 g硫磺粉混合,分10处点燃,密闭一昼夜,防风至无味时定植。定植前一周翻地施基肥,定植前施腐熟的优质农家肥10 000 kg,油渣200~300 kg,过磷酸钙100 kg,尿素30 kg,南北向作畦,畦宽80 cm,沟宽40 cm,畦高15 cm,之后铺盖地膜,并按35~40 cm挖定植穴。

2. 定植

一般在2月上旬到3月下旬,大棚内10 cm地温稳定在10℃以上,最低气温不低于5℃时定植。定植时提倡带药定植。在定植的前一天喷50%的多菌灵可湿性粉剂800倍液或75%百菌清可湿性粉剂500倍液,以快速缓苗。若是连茬地块,定植时在穴内施入50%的多菌灵药土(1~2 kg的多菌灵,加入干细土200 kg混匀即为药土)。每定植穴内施入40~50g药土,注意药土不能和苗子直接接触,这样有利于防止土传性病害的发生。番茄的定植密度为4 000~5 000株/亩,视品种和土壤肥力而定。定植结束后,应立即浇定根水,然后扣棚提温,以利缓苗。

（四）田间管理

1. 温光管理

定植至缓苗期，白天温度为25～30℃，夜间17～15℃，开花坐果期白天温度为25～28℃，夜间15～12℃。定植后3～5天内封棚保温，缓苗后白天温度为25～28℃，中午也不能超过30℃，夜间13～15℃，从第一穗果直径达2～3 cm时，白天温度为25～28℃，晚间14～18℃。在第一穗果进入着色期之后，为防止棚内温度过高影响果实着色和强光灼果，应注意逐渐加大通风量，使棚内白天气温控制在20～25℃，夜间13～17℃。同时注意勤擦膜，改善光照质量。随着外界气温升高，要逐渐延长放风时间和加大通风量。晴天棚内气温达20℃，阴天达25℃，开始通风，阴雨天也要间歇通风，夜间外界最低气温达10℃以上，日落后通风1～2小时，外界最低气温达14℃以上，昼夜通风。

2. 水肥管理

对于定植后的水肥管理，宜采取前控、中促、后加强的措施。定植后7～8天浇一次缓苗水，以后在第一穗果直径2～3 cm和第2～3穗果坐住后再各浇一次透水。从第1花序坐的果实达到核桃大时，进行第1次追肥，采用尿素5 kg + 硫酸钾5 kg。以后每隔10 d左右浇一水，并随水带肥。在水肥管理上还应注意从第四穗果膨大时，随水施入肥料，另外还要进行叶面喷施0.2%磷酸二氢钾等叶面肥料，7～10 d喷施一次，增加后期产量。

3. 植株调整

（1）蘸花和疏花。前期因在夜温较低和空气湿度较大的封闭生态条件下生长，导致自花授粉能力差、授粉率低，所以为了保花保果，可用人工授粉点花方式，如同一花序的花朵开放期不一致，不便于点花也可采用雄蜂授粉。从每花序有50%开花开始，每隔1～2天，在上午8～10 h和下午3～4 h喷$(25\sim50)\times10^{-6}$的番茄灵，防止重复喷，对于一些畸形花要及时摘除，结合疏花每穗留4～5个果。

（2）整枝。实行单干整枝，第一花序下的侧枝长到5 cm左右时随时摘除，每株留3穗果，最后1穗果上部留2片叶摘心。第一穗果膨大、第二穗开花时，进行插架绑蔓，并及时去掉多余的侧枝和赘芽，一般3至4天去一次杈，以免消耗养分。第一穗果采收后将基部的老叶和病叶及时摘掉。

（3）闷尖或落蔓。无限生长类型的番茄植株生长点接近棚顶时应及时进行闷尖，否则棚顶部温度过高时会影响植株的生长。长期栽培的番茄，也可将植株茎蔓下部的老叶除去，然后将蔓落下，盘在地上。

（五）采收

不同用途的番茄采收标准不同。果实达到绿熟程度时，可以采摘进行后成熟变色，用于贮藏或运输的番茄可在此时采收；在转色时期采收的番茄方便运输，短时间后成熟即可食用；用于当天销售的番茄可以在完全成熟时采摘，此时果实品质较好。多彩品种中的淡绿底深绿条纹番茄在果实变软时即可采摘。一般情况下隔一天采收一次，但为了满足市场的天天供应，应调节各棚的先后采收顺序。

六、主要病虫害防治

（一）灰霉病防治

（1）适当增施磷钾肥，提高植株抗病能力。采用滴灌、膜下暗灌技术，防止大水漫灌。发病初期及时摘除残留花瓣及柱头，清除病叶、病果，拔除病株，防止病害蔓延。

（2）药剂防治。可选用 50% 农利灵、50% 速克灵、65% 甲霉灵可湿粉 1 000 ~1 500倍液，或 50% 扑海因可湿性粉剂 1 500 倍液，或 40% 施佳乐悬浮剂 1 000 ~1 200倍液等喷雾，7 ~ 10d1 次，连续 2 ~ 3 次。

（二）早疫病防治

（1）清除病叶病果，棚室内及时通风散湿。

（2）药剂防治：发病初期可用 80% 代森锰锌可湿性粉剂 600 倍液，或 50% 百菌清可湿性粉剂 600 倍液、或 58% 甲霜灵锰锌可湿性粉剂 600 倍液、或 68.75% 恶酮锰锌水分散粒剂 600 倍液喷雾防治，7 天左右 1 次，连续 2 ~ 3 次。

（三）晚疫病防治

（1）首先要控制好温湿度，尽量降低棚内温湿度，白天控制在 26 ~ 30℃，夜间控制在 20 ~ 24℃，可在棚膜上加盖遮阳网降低棚温。及时通风散湿使相对湿度保持 60% ~ 70%。发病后摘除病叶、病果。

（2）药剂防治。发病初期开始施药。可选用 72% 克露可湿性粉剂400 ~ 600 倍液，或 72.2% 普力克水剂 600 ~ 800 倍液，或 40% 乙磷锰锌可湿性粉剂 300 倍，或 64% 杀毒矾 400 ~ 600 倍等喷雾防治。

（四）叶霉病防治

（1）发病初期及时摘除下部病叶。

（2）药剂防治。喷雾防治可选用 47% 春雷霉素 + 氢氧化铜可湿性粉剂 800 倍液喷雾，安全间隔期 21 d；或用 2% 武夷菌水剂 500 倍液喷雾，安全间隔期 2 d，或 47% 加瑞农可湿性粉剂 800 倍液，或 50% 多菌灵可湿粉 600 ~ 800 倍液等。

（五）病毒病防治

（1）晚打杈、早防蚜。晚打杈可减少和推迟农事操作对烟草花叶病毒的传播；早防蚜可预防黄瓜花叶病毒的发生和传播。

(2)药剂防治。发病初期及时用1.5%植病灵可湿性粉剂600~800倍液,或20%病毒A可湿性粉剂500~800倍液,或60%病毒王可湿性粉剂800~1 000倍液,或高锰酸钾1 000倍液喷雾防治。

(六)白粉虱防治

(1)黄板诱杀。黄色对白粉虱成虫具有强烈的诱集作用,在棚室内设置长条形黄板,上面涂一层粘油,诱集、粘杀成虫,一般每亩设置30~50块。

(2)释放丽蚜小蜂。在白粉虱发生较轻时,可以在棚室内按每株15~20只的量释放丽蚜小蜂,半月1次,连放3次,进行生物防治。

(3)药剂防治。可选用10%吡虫啉可湿性粉剂2 000~3 000倍液,或10%扑虱灵乳油1 000倍液,或2.5%菜喜乳油1 000~1 500倍液等喷雾。

任务三　茄子栽培

茄子又名落苏,属茄科,一年生草本植物。食用幼嫩浆果,可炒、煮、煎食、干制和盐渍。茄子营养丰富,富含维生素P、蛋白质、脂类、碳水化合物、钙、铁、胡萝卜素、核黄素、硫胺素、尼克酸、抗坏血酸等多种物质。对防止高血压、动脉硬化、坏血病和心血管等疾病有一定预防作用,还能增强肝功能。

一、生物学特性

(一)植物学特征

1. 根

茄子的根系发达,主要由主根和侧根构成。主根粗壮,能深入土层达1.3~1.7m。从主根上分生二级侧根、三级侧根,侧根横向伸展可达1.0~1.3m,主要根群分布在地表下33 cm以内的土层中。所以,栽培时应注意深耕。茄子根系木栓化较早,再生能力弱,不易产生不定根,故不宜多次移植。在幼苗移栽时应尽量减少伤根,并在栽培技术措施上为根系发育创造适宜的条件,以促进根系生长健壮。茄子较耐干旱,这主要是由于根系入土深,能充分利用地下水的缘故;如果下层土壤很干燥,茄子的抗旱性就非常弱。生长旺盛的品种,根系的生长也旺盛,下扎得深,耐旱性就强。茄子的根在排水不良的土壤中容易腐烂,因此在栽培上应选择土层深厚,排水良好的地块种植。

2. 茎

按茄子的分枝性及开展度,其植株形态可分为直立性与横蔓性两大类。直立性的茄子茎枝粗壮,分枝角度较小,向上伸展,株高可达1m以上,品种多为晚熟大圆茄,以北方较多。横蔓性的茄子茎枝相对细弱,分枝较多,横展生长,株高1m以内,开展度一般0.7~1.0m,大多数早、中熟品种属此类型。茄子成株的茎枝外皮较厚,其上还有暗灰色的斑点与茸毛。茎的颜色与果实的颜色有相关性;一般果实为紫色的品种,其嫩茎及叶柄都为紫色,而白茄或青茄的枝条及叶柄多为绿色。茄子的分枝很有规则,一般是往上一而二、二而四、四而八地延续分枝,这种分枝方式叫做"双杈假轴分枝"。

3. 叶

茄子的叶单生、卵圆或长椭圆形。叶柄长,叶身大,叶缘呈大波状,叶长15~40 cm,蒸腾量大,易招风倒伏,栽培时需要培土。叶色深绿色或紫绿色。叶面较粗糙,有茸毛,叶脉及叶柄有刺毛,其颜色与茎色相同。

4. 花

茄子的花为完全花,雌雄同花,自花授粉,天然杂交率6%~7%。一般为单生,个别有2~4朵簇生,着生于节间。花紫色或白色,花序间隔4~5叶。茄子花由花萼、花冠、雄蕊、雌蕊四大部分组成。花萼由5~8个萼片组成,其颜色与茎色相同。萼片内着生蓝紫色或淡紫色的花瓣,花瓣基部合生连成筒状,称为花冠。雄蕊着生在花冠的基部内,由5~8个筒状花药排列成一圈组成,花药内有左右两个花粉囊,是生长和贮藏花粉的器官。雄蕊由花丝和花药组成,花药着生在花丝上。在花朵中心被雄蕊包围的柱状物是雌蕊,其基部膨大部分为子房,子房上面是花柱,其顶端是柱头,柱头是接受花粉的器官。根据花柱的长短,茄子的花可分为长花柱花、中花柱花和短花柱花三种类型。前两种能正常授粉受精,称为健全花;而后一种因不能正常授粉受精,为不健全花。

5. 果实

茄子的果实为浆果,形状有长、圆、椭圆等。果皮有紫色、白色、绿色或绿紫丝状相间条纹。茄子果实与萼筒交接处呈白色或绿色部分称茄眼。茄眼为果实夜间伸长部分,茄眼宽表明生长快,果肉嫩。果皮颜色与茎叶颜色相关。茎、叶、花紫色,果皮紫色或黑紫色,茎、叶绿色,花白色,果皮绿色或白色。

6. 种子

茄子的种子发育比果实发育迟。果实在商品成熟期采收时,种皮十分柔软,不影响食用品质;生理成熟时,种皮变黄种子硬化,种子才开始成熟。种子呈肾形,黄褐色,有光泽。千粒重4~6 g,发芽年限3~4年。

(二)生长发育周期

茄子的一个发育周期可分为发芽期、幼苗期、开花坐果期和结果期三个时期。

1. 发芽期

从种子萌发到第一片真叶出现为发芽期。茄子发芽期较长,一般需10~12 d。

发芽期能否顺利完成，主要决定于温度、湿度、通气状况及覆土厚度等。

2. 幼苗期

由第一片真叶出现至开始现大蕾为幼苗期，大约需要50~60 d。一般情况下，茄子幼苗长到3-4片真叶、幼茎粗度达到0.2 mm左右时就开始花芽分化；长到5~6片叶时，就可现蕾。

3. 开花坐果期

茄子的门茄现蕾后进入开花结果期。茄子开花的早晚与品种和幼苗生长的环境条件密切相关。幼苗在温度较高和光照较强的条件下生长快、苗龄短、开花早，尤其是在地温较高的情况下，茄子开花较早。茄子茎秆上的每个叶腋几乎都潜伏着一个叶芽，条件适宜时，它们就能萌发成侧枝，并能开花结果。茄子的分枝结果习性很有规律，早熟品种6~8片叶，晚熟品种8~9片叶时，顶芽变成花芽，紧接的腋芽抽生两个势力相当的侧枝代替主枝呈丫状延伸生长。以后每隔一定叶位顶芽有形成一个花，侧枝以同样方式分枝一次。这样，先后在第1、第2、第3、第4的分枝叉口的花形成的果实，分别被称为门茄、对茄、四门斗、八面风，以后植株向上的分叉和开花数目增加，结果数较难统计，被称为满天星。只要条件适宜，以后仍按同样规律不断地自下而上地分枝、开花、结果，其数目的增加都为几何级数的增加。

4. 结果期

从门茄坐果到拉秧为结果期。这一时期要注意加强肥水管理，促进门茄膨大和茎叶的生长以及上部花果的形成。在对茄和四面斗结果时期，整个植株处于生长旺盛期，对产量影响极大，是田间管理的更关键时期，要采取一系列措施，促进果实生长，保持植株生长的旺盛，防止植株早衰。当进入八面风时期后，结果数多，但单果重量较低，想要争取后期产量，必须加强肥水管理，维持植株长势，可获得较高的产量。

门茄从“瞪眼”到商品成熟需13~14 d，即从门茄开花到采收需21~26 d。以后每层果实采收相隔10 d左右。

（三）对环境条件的基本要求

1. 温度

茄子原产于热带，喜较高温度，是果菜类中特别耐高温的蔬菜。生长发育适温为22~30℃。温度低于20℃植株生长缓慢，果实发育受阻；15℃以下引起落花落果；10℃以下停止生长。种子萌发的适宜温度为25~30℃，根系生长的最适温度为28℃。花芽分化适宜日温为20~25℃，夜温为15~20℃。在一定温度范围内，温度稍低，花芽分化稍有迟延，但长柱花多；反之，高温下花芽分化提前，但中柱花和短柱花比例增加,尤其在高夜温下(高于20℃)影响更为显著,落花增加。

2. 光照

茄子对光照条件要求较高,光饱和点为40 klx,补偿点为2 klx。光照弱或光照时数短,光合作用能力降低,植株长势弱,花的质量降低(短柱花增多),果实着色不良,故日光温室栽培茄子要合理稀植,及时整枝,以充分利用光能。

3. 水分

茄子根系发达,较耐旱,但因枝叶繁茂,开花结果多,故需水量大,适宜土壤湿度为田间最大持水量的70% ~80%,适宜空气相对湿度为70% ~80%,空气湿度过高易引发病害。茄子对水分的要求,不同生育阶段有差异。门茄坐住前需水量较小,盛果期需水量大,采收后期需水少。低温季节日光温室茄子栽培,温度与水分往往发生矛盾:为保持地温,不能大量灌水,但水分还要满足植株生长发育需求。水分不足,植株易老化,短柱花增多,果肉坚实,果面粗糙。茄子根系不耐涝,土壤过湿,易沤根。

4. 土壤营养

茄子对土壤适应性较广,各种土壤都能栽培,适宜土壤pH为6.8~7.3。但以在疏松肥沃、保水保肥力强的壤土上生长最好。茄子生长量大,产量高,需肥量大,尤以氮肥最多,其次是钾肥和磷肥。整个生长期施肥原则是前期施氮肥和磷肥,后期施氮肥和钾肥,氮肥不足,会造成花发育不良,短柱花增多,影响产量。一般每生产1 000 kg茄子,需吸收氮3.0~4.0 kg,磷0.7~1.0 kg,钾4.0~6.6 kg。

二、类型和品种

栽培的茄子有长茄、卵茄、圆茄三个变种。

(一)长茄类

植株高度、长势中等,叶较小而狭长,分枝较多。果实细长,皮薄,肉质松软,种子较少。单株结果多,单果质量小。多数属早熟或中熟品种,属南方生态型,喜温暖湿润多阴天的气候条件。如杭州红茄、宁波条茄、苏州牛角茄、南京紫面条茄、苏崎茄等。

(二)卵茄类(矮茄)

植株低矮,茎叶细小而薄。长势中等或较弱,着果节位较低,多为早熟品种,产量低。果实椭圆形、卵形至长卵形,或灯泡形。如南京电灯泡茄、上海牛奶茄等。

(三)圆茄

植株高大,茎直立粗壮,叶片宽大而肥厚,生长旺盛,果实圆形,多为中晚熟品种，肉质较紧密，单果质量较大。属北方生态型，适应于气候温暖干燥，阳光充足的夏季大陆性气候。如南京紫圆茄、徐州圆茄、北京大圆茄等。

三、栽培季节与茬口

茄子生育期和结果期长，全年露地栽培的茬次少，北方地区多为一年一茬，温室或大棚茄子栽培的类型大体可分为春茬栽培、秋冬茬栽培、冬茬栽培、冬春茬栽培、长季节栽培等，各类栽培类型及栽培季节的具体情况见表3-2。

表3-2 温室或大棚茄子栽培类型及季节

	播种期	定植期	收获期
塑料大棚春茬	12月上~翌年1月中	3中~4下	5月上~7月下
日光温室秋冬茬	7月上~7月下	8月中~9月上	10月中~10月下
日光温室冬春茬	9月下~10月中	11月下~12月上	1月中~7月下
日光温室长季节	7中下	8月下~9月上	10月下~翌年7月下

四、设施茄子冬春茬栽培技术

(一)品种选择

设施品种选择一方面要考虑设施冬春季生产应选择耐低温、耐弱光、抗病性强的品种，另一方面要了解销往地区的消费习惯。生产上多选用果形适中、熟性较早、植株开展度较小的品种。如丰研2号、天津快圆茄、北京六叶茄、西安绿茄、辽茄5号等。茄子千粒重4~5g，发芽率90%，每公顷需600~750g。

(二)培育壮苗

1.壮苗标准

株高20 cm，茎粗0.6 cm以上，真叶7~9片，叶片肥大，叶色浓绿，开始现蕾，根系发达，无锈根，全株无病虫害。

2.营养土配制

茄子营养土一般需6份的田园土和4份的有机肥，同时每方营养土中加入2~4 kg磷酸二铵，70%五氯硝基苯15~20 g，50%福美双15~20 g，混合均匀并喷水堆放，用塑料薄膜密封，一周后揭开棚膜使其挥发药味至无味时备用。

3.育苗设施准备

参考设施番茄栽培技术。

4.浸种催芽

催芽前把种子放在室外暴晒6~8 h可促进发芽。为消毒灭菌可在浸种前进行药剂消毒,如1%的高锰酸钾浸种30 min,清水洗净药味后再浸种、催芽。茄子发芽较慢,可用55℃温水浸种15 min,浸种期间不断搅拌种子,再用25~30℃水浸种8 h,由于种子发芽不整齐,可在一半种子露白时播种。也可采取变温处理促进发芽整齐。方法是浸种后25~30℃保持16~18 h,再降到16~20℃保持6~8 h,每天用温水淘洗,5~6 d可出齐。

5. 播种

茄子的苗龄一般为60~80 d,当地温稳定通过15℃气温不低于5℃时即可定植,定植期为11月下旬至12月上旬,播期应为9月上旬至10月中旬。由于茄子根系木栓化较早,发生不定根的能力弱,不宜多次移栽,因此在生产上可采用营养钵和穴盘育苗,播种时将营养钵或穴盘装满营养土并浇透水每钵(穴)点播3粒种子,并覆土2 cm左右,覆盖地膜以增温保湿。

6. 苗期管理

播种后白天保持25~30℃、夜间15~20℃,地温20℃以上,促进出土。出苗后白天20~25℃、夜间15℃,第一片真叶展开后,白天25℃,夜间15~20℃。育苗容器保持见干见湿,浇水应选晴天上午进行,浇水后注意放风。合理浇水要"看天、看地、看苗"浇水,阴天、雨前和表土不发白不浇水,苗叶过嫩少浇水。如需浇水,一次性浇足。整个苗期保证较长的日照时间,较强的光照,有利于茄子形成大壮苗,促进花芽分化,防止产生短柱花。在定植前7天内,进行炼苗使棚内的温度控制在:白天20~25℃,夜间15~18℃。

(三)定植

1. 整地施肥作畦

茄子根系发达,吸肥力强,宜选择肥沃、保肥力强的粘壤土种植。定植前15~20天,翻耕27 cm,一般每667 m^2(1亩)施腐熟农家肥或人粪尿2 000~2 500 kg,过磷酸钙15~25 kg,草木灰50~100 kg作基肥,在整地时与土混合,也可进行穴施。之后起垄(垄宽80 cm,垄高20 cm),并覆膜,打孔,孔距40 cm。

2. 适时定植

定植宜在没有风的下午进行,定植深度以土表与子叶节平齐为宜,栽后浇上定根水。

(四)田间管理

1. 缓苗期管理

定植后3~5 d闷棚,促缓苗。缓苗后,白天超过30℃放风,降到25℃以下缩小放风口,20℃时关闭风口,使缓苗后白天温度控制在26~28℃,夜间15~18℃。凌晨不低于10℃。

2. 结果前期管理

从开花授粉期至门茄"瞪眼"期大约需 8～12 d，从"瞪眼"期至商品成熟采收期，大约需 15 d 左右。即从门茄花开放至门茄商品成熟约需 23～27 d，为结果前期。此期栽培管理的主攻方向是促进茎枝、叶片生长旺壮，蕾花发达，搭成壮旺而不徒长的丰产架子，并争取"门茄"尽早达到商品成熟，并提高"对茄"坐果率。在栽培管理上，应主要掌握：

(1)温光调控。茄子在结果期需要的温度高、光照强。在茄子结果前期，宜使冬暖塑料大棚内的温度和光照条件维持在一定范围内，白天气温为 21～30℃，夜间为 15～20℃，凌晨短时最低也不低于 12℃。10 cm 地温，白天 22～26℃，夜间 16～21℃，凌晨最低也不低于 14℃。调温的具体情况是上午日出后适时早揭草苫等不透明覆盖物。所谓适时早揭草苫，是指揭开草苫等不透明覆盖保温物后，棚内温度既不立即上升，也不下降，而是随着太阳升高和光照增强，棚温上升才逐渐加快。中午前后棚内气温高达 30℃以上时，开通风窗口通风降温。下午当棚内气温降至 20～21℃时盖草苫保温。可使棚内的气温，白天 28～30℃的时间达 3 h，高于 25℃的时间达 5～6 h，日平均 20℃左右。棚内的日照时间，冬季 7～8 h，春季 9～10 个小时。

(2)水肥管理。在门茄果如核桃大小以前，要适当控制浇水，防止土壤水分过多而引致植株徒长和落花落果。当门茄果长至鸡蛋大小时，进行定植后第一次追肥，这次追肥，追肥量要大，一般 667 m^2 追施尿素 15～20 kg。此次追肥直接关系到增加前期产量，尤其是能提高对茄的产量，因此，菜农称之为重追对茄肥。追肥后配合浇水，以达到及时发挥肥效。

(3)整枝打杈。调节好植株生长与发育的关系要搞好整枝，把第一分枝以下的侧枝全部抹去。不论采取双干整枝或单干整枝，多余的侧芽都应及时打掉。

(4)保花促果。门茄膨大期也正是对茄开花坐果时期。为防止因夜间棚温降低造成落花落果，可在搞好冬暖大棚增温保温的同时，用激素处理花蕾或幼果。如用 2.5% 坐果灵 20～50 mg/L 稀释液，在开花后的第二天下午 4 时后，用手持小喷雾器将稀释液对花和幼果一起喷洒，不要喷到植株的生长点(即叶顶)和嫩叶上，每隔 5～7 d 喷一次。使用浓度也与棚内气温有关：当气温大于 25℃时，用 20 mg/L 即兑水 1 250 倍，也就是每 1 mL 原药液加水 1.25 kg；气温当小于 25℃而大于 15℃时，用 30 mg/L(即兑水 833 倍，也就是每 1mg 原药液加水 0.85 kg)；当小于 15℃时，用 50 mg/L(即兑对水 500 倍，也就是每 1 mL 原药液加水 0.5 kg)。也可以用 1% 防落素 20～30 mg/L 稀释液，在盛花前期至幼果期喷花喷果，间隔 10～15 d 喷1 次。

使用浓度也与棚内气温高低有关：当气温高于15℃时，使用浓度20 mg/L（即兑水500倍液，也就是每1毫升原药液加水0.5 kg）；当气温低于15℃时，使用浓度30 mg/L（即兑水333倍，也就是每1 mL原药液加水0.335 kg）。

使用上述种激素药剂处理茄子蕾、花、幼果的应注意事项：一是当天配置当天使用，使用时间宜在上午10点之前和下午3点之后，严禁中午烈日下点涂喷花。二是勿任意降低或提高浓度及重复点花，以防无效或出现畸形果和裂果。三是可和尿素、磷酸二氢钾混喷。也可按0.1%浓度加入速克灵可湿性粉剂。涂、浸花蕾时能防治灰霉病。四是如果不小心把处理花蕾的激素稀释液喷在嫩叶上，而发生轻微卷叶，过几天就会展开。要是卷叶严重，即用20 mg/L的"九二0"（90%赤霉素1 g，加水50 kg）喷雾，过几天就会转好，不会影响产量。

3. 盛果期管理

茄子的分枝结果习性有规律，分枝按N（分枝数）=2×（×为分枝级数）的理论数值不断向上生长。每一次分枝结一层果实，按果实出现的先后顺序，习惯上称之为门茄、对茄、四门斗、八面风、满天星。实际上一般只有1～3级分枝比较规律。通常人们把茄株结2～4层果的时期（即结对茄、四门斗、八面风果的时期）称为盛果期。此期是决定产量高低和品质优劣的关键时期，栽培管理的主攻方向是提高坐果率，加速果实膨大，增加单果重量，保证品质优良。促进植株营养生长和生殖生长双旺而且协调。栽培管理的主要措施是：

（1）温光调控。结果盛期继续调节好棚内的温度、光照解决浇水与保持棚温的矛盾，应采取浇水与追肥结合，肥水供应与闭棚增温保温相配合。做到棚温维持在：昼间气温为25～32℃，当高于32℃时即开天窗通上风，适当控制高温和散湿；夜间气温为15～20℃；昼夜温差10～12℃为宜。10 cm地温，夜间不低于15℃，白天不高于28℃。

（2）水肥管理。茄子是需肥需水较多的作物，盛果期对肥水的需要较为迫切，为促进果实加快膨大，增加产量，必须加强盛果期肥水供应。进入盛果期后，就应10 d左右浇一次水，隔一次浇水追施一次肥。一般每667 m^2每次追施尿素10～15 kg，尿素等化肥最好是结合浇水冲施。在盛果中、后期，还应667 m^2一次追施硫酸钾或复合肥7～10 kg。同时宜追施生物有机肥，以活化土壤，提高土壤中速效氮钾养分含量，加快植株根系对氮钾养分的吸收，防治植株早衰。施叶面肥以提高坐果率，加快果实膨大。在茄子的结果期不宜追施磷肥，否则会导致商品果变硬和加速老化，降低产品品质。

（3）中耕培土。在茄子进入结果盛期，植株基本封行，覆盖的地膜已失去采光增温作用。因此在沟施或穴施肥料时，应揭去地膜。追肥和浇水后，进行中耕松土。并结合中耕松土进行培土，以促进发根，防止倒伏。

(4)整枝去老叶。茄子分枝比较有规律，叶腋发生分枝能力差，一般不必整枝。但门茄以下各叶腋的潜伏芽，在一定条件下易萌发侧枝。为减少养分无效地消耗和改善通风条件，应及时去掉无用的侧枝或只留1~2杈(根据植株长势)。进入结果中期，植株封行，植株下部老叶变黄而下垂，逐渐失去光合能力，且易感病，还影响通风透光，因此要及时摘掉老叶，并带出棚外烧掉。当四门斗茄果坐往后，可在茄果上部的枝上留4片真叶进行摘心，使营养集中供应果实，促进果实膨大，早日达商品成熟。

(5)防止落花落果。茄子落花落果的原因很多，主要是花器构造缺陷，如短花柱，持续低温、阴雪阴雨天气，棚内光照弱、温度低，妨碍花粉粒发芽；或高温高湿使花粉生活力减弱，或棉疫病、茶黄螨等病虫危害。防止茄子落花落果，除选用2,4-D、防落素、坐果灵、保丰灵等常使用的植物生长调节剂外，应特别注意有针对性地加强栽培管理，改善主枝营养状况，方能有效地防止落花落果。如减少短花柱花，即可显著提高坐果率。

(五)及时采收

采收始期为2月中旬，采收终期为6月中旬。可每天采收一次。采收标准"茄眼睛"消失；采收时用剪刀剪下果实，防止撕裂枝条；为保持产品鲜嫩，最好每个茄子都用纸包装，运输时注意保温；避免中午高温时采收。

四、设施茄子嫁接栽培技术

(一)砧木选择

目前生产中使用的砧木主要是从野生茄子中筛选出来的高抗或免疫的品种，主要有以下几种。

1. 赤茄

也称红茄、平茄，是较早广泛应用的砧木品种。赤茄在低温条件下植株伸长性好。茎黑紫色、茎粗壮，节间短，茎及叶上有刺。幼苗生长速度同一般栽培品种。嫁接时只需比接穗品种提前7 d播种即可。

2. 托鲁巴姆

该砧木同时抗四种土传病害(黄萎病、枯萎病、青枯病、线虫病)，达到高抗或免疫程度。植株生长势极强。茎黄绿色，茎粗壮，节间较长，叶片大，有少量的刺。种子成熟后有极强的休眠性，发芽困难，用催芽剂或变温处理可促进发芽。幼苗出土后，初期生长缓慢，长出3~4片真叶后生长速度接近正常。因此嫁接时需要比接穗提早25~35 d播种。该砧木适合多种栽培，嫁接成活率高。

3. CRP

又称刺茄,抗病性与托鲁巴姆相当,能同时抗多种土传病害。植株生长势较强,但茎叶上密生长刺,嫁接时不易操作。种子的休眠性较强,但比托鲁巴姆易发芽。幼苗出土后初期生长较慢,2~3片真叶后生长加快。嫁接时需要比接穗提前20~25 d播种。

4. 耐病VF

抗黄萎病和枯萎病,抗病性很强。与栽培茄子嫁接亲和性好,易成活。种子容易发芽,幼苗出土后,生长速度较快,因此播种时只需比接穗提前3 d即可。

上述砧木可根据防病对象、发病程度、嫁接者熟练程度来选择。

(二)嫁接方法

茄子嫁接的适宜时期主要取决于茎的粗度,当砧木茎粗达0.4~0.5 cm时为嫁接的适宜时期。过早,茎细节间短,不便操作;过晚,植株木质化程度高,影响嫁接成活率。茄子嫁接的部位在第二与第三片真叶之间,应注意该部位茎粗与节间长度的变化,掌握适宜的嫁接时期。多数砧木品种在幼苗长到5~6片真叶时,为嫁接的适宜苗龄。茄子同其他蔬菜一样,可采用多种方法嫁接,但从防病和实用角度看,生产上多用劈接和斜切接。

1. 劈接法

当砧木长到5~6片真叶,接穗5片真叶时嫁接。首先将长有砧木的营养钵置于嫁接台上,保留2片真叶,用刀片平切砧木茎将上部去掉,于茎中间劈开,向下切深约1.0~1.5 cm左右的切口。然后将接穗苗拔下,保留2~3片真叶,用刀片从叶片下方1 cm处平切去掉下端,并削成楔形,楔形的大小与砧木切口相当,随即将接穗插入砧木的切口中,对齐后,用夹子固定上。

2. 斜切接(贴接)

当砧木长到5~6片真叶时嫁接,嫁接部位同劈接法。砧木保留2片真叶,用刀片在第二片真叶上方的节间斜削,去掉顶端,形成斜角为30°左右的斜面,斜面长约1.0~1.5 cm左右。再将接穗苗拔下,保留2~3片真叶,用刀片削成一个与砧木相反的斜面(去掉下端),斜面大小与砧木的斜面一致。然后将砧木的斜面与接穗的斜面贴合在一起,用夹子固定上。

嫁接时砧木至少保留2片真叶,切忌于子叶部位嫁接,以免接口位置降低,以后易被埋在土中。劈接时,切口的位置要处于茎的中间不要偏向一侧;斜切时,斜面要削的平整,而且要有一定长度,不能过小,否则不易结合牢固。砧木与接穗粗细接近时,宜采用斜接法;若接穗较细、砧木较粗时,宜采用劈接法。

(三)嫁接苗管理

茄子接口愈合期约9~10 d,此期主要是创造适宜的温度、湿度及光照条件,促进接口快速愈合。

1.温度管理

茄子嫁接苗愈合期的适宜温度,白天为25~26℃,夜间20~22℃。

2.湿度管理

嫁接苗愈合以前,空气湿度应保持在95%以上,否则容易引起接穗凋萎,严重影响嫁接成活率。嫁接后立即扣上塑料拱棚密封,浇足底水,第一周内不通风,密封期过后于每天的清晨或傍晚通风。以后逐渐揭开薄膜,增加通风量和通风时间,但仍要保持较高的湿度,直至完全成活,才能转入正常的湿度管理。

3.光照管理

嫁接后需短时间的遮光,实际上是为了防止高温和保持环境内湿度稳定,避免阳光直射苗子,引起接穗萎蔫。嫁接后3~4 d要全遮光,以后逐渐在早晚见光,随着伤口的愈合,逐渐撤掉覆盖物,成活后转入正常管理。

4.接口愈合后管理

接口愈合时,经过一段高温、高湿、遮光管理,砧木侧芽生长迅速,如不及时摘除,将很快长成新枝条,直接影响接穗的生长发育,所以嫁接苗成活后要及时摘除砧木萌芽,且要干净彻底(定植时嫁接苗接口处要高出地面3 cm,以防接穗再生根扎到土壤中受到病菌侵染致病)。

(四)定植

目前茄子嫁接主要是以冬春保护地栽培为主,多数在日光温室或塑料大棚中栽培。日光温室于定植前1个月扣好棚膜、盖上草苫,促进室内温度提高,同时清除室内外环境。如有前茬作物的,尽量抓紧倒茬,倒地后清除残株杂草。有条件的可多次翻地及时开沟晒土,以提高土温。大棚可在定植前3~5周扣好棚膜。棚室在定植前1周进行熏蒸消毒,每100 m^2用硫磺粉0.15 kg,掺拌锯末、敌百虫各0.5 kg,分放数处放在铁片上点燃后密闭棚室熏一夜,可消灭部分地上害虫和病菌。

茄子嫁接栽培的施肥很重要,整地时施足够的有机肥,做成70 cm宽的大垄或15~20 cm高的高畦,在窄行中间开一沟,以便膜下灌水并采用地膜覆盖。茄子喜温,定植时土温需达15℃以上。定植时选择晴好的天气,先打孔,浇温水,再放入苗坨,水渗下后覆土封掩,注意嫁接刀口位置要高于垄面或畦面一定距离,防止接穗扎根受病菌侵染致病。

（五）定植后的管理

1. 温光管理

定植后注意密闭保温不放风，一周即可缓苗。缓苗后的温度管理：上午温度为25～30℃，超过30℃时应适当放风，下午28～30℃，低于25℃时就关风口，保持20℃以上，夜间15℃左右。虽然嫁接茄子比自根茄子抗寒，如果温度过低，也会影响其生长发育及抗性。随着天气转暖，逐渐加大放风量。开花结果期采用"四段变温"管理为宜，即上午25～30℃（促进光合作用），下午28～20℃（适当抑制光呼吸），上半夜20～13℃（促进光合产物转运），下半夜13～10℃（抑制呼吸消耗）。土壤温度保持在15～20℃，不能低于13℃。一旦气温低于15℃，为了提高土温，中午气温可比常规管理提高2～3℃。如果植株长势较旺就应适当降温，尤其要降低夜间气温。如遇阴天，日照不足必须坚持尽量揭苫见光和短时间少量通风。连阴后晴天温度调节上不能骤然升高，发现萎蔫应回苫遮阴。光照管理应注意每天保持棚膜干净，室内张挂反光幕等。

2. 水肥管理

一般于门茄瞪眼时开始追肥，以后每隔20 d左右追一次，每次追尿素10 kg、硫酸钾7.5 kg、磷酸二铵5 kg混合肥。浇水的原则，前期偏少，特别是最低地温低于18℃时更应注意，后期可多浇一些，但一定要控制湿度，实行膜下灌水，灌水后放风排湿。

3. 植株调整

嫁接茄子生长势强，生长期长，可采用双干整枝（V型整枝），有利于后期群体受光，即对茄形成后，剪去两个向外的侧枝，只留两个向上的双干，打掉其他所有侧枝。上面的摘心要晚些，根据植株的生长状况而定。在生长过程中把下部的病叶、老叶及时摘除，可通风、透光、防病、防烂果，同时去掉砧木上萌发的叶片。另外，设施嫁接茄子由于栽培期长，植株长得比较高大，如用"托鲁巴姆"嫁接的茄子到后期秧体可达2m高，需支架支撑生长或吊绳，防止倒伏和保证良好的群体结构。

（六）采收

茄子果实达到商品成熟时要适时采收，不但品质好，而且不影响上部果实的发育。采收标准依据果实萼片下面一段果实颜色特别浅的部分，这段果皮越长，说明果实正在生长，以后逐渐缩短，颜色不显著时应及时采收。如采收过早影响产量，过晚果实内种子发育耗掉养分较多，不但品质下降，还影响上部果实生长发育。一般植株长势过旺时应适当晚采收，长势弱时早采收。采收时间最好选择下午或晚上进行，上午枝条脆，易折断；中午果实含水量低，品质差。

六、主要病虫害防治

(一)黄萎病防治

(1)选用抗病品:如长茄1号、黑又亮、长野郎、冈山早茄、吉茄1号、辽茄3号、长茄3号、鲁茄1号等。

(2)合理轮作,加强栽培管理。

(3)药剂防治:发病初期可选用30%甲霜恶霉灵可湿性粉剂600倍液,或50%多菌灵可湿性粉剂500倍液,或75%治霉灵可湿性粉剂500倍液等进行灌根,每株灌药液0.5 kg,10天左右灌1次,连灌2~3次。严重的病株要及时拔除。

(二)青枯病防治

(1)与葱、蒜的轮作。

(2)选用抗青枯病的品种。

(3)药剂防治:当田间发现病株,应立即拔除烧毁,对周围土壤进行消毒,用2%福尔马林溶液,或20%石灰水消毒。发病初期用77%可杀得可湿性粉剂400倍液或农用硫酸链霉素可湿性粉剂或农用抗菌素120按3 000~4 000倍液,或25%络氨铜500倍液进行灌根,每株300~500 g,10 d左右一次。

(三)早疫病防治

(1)清除病残体,实行3年以上轮作。

(2)种子消毒,用52℃温水浸种30 min,或55℃温水浸15 min后,立即移入冷水中冷却,然后再催芽播种。

(3)药剂防治:发病初期喷洒75%百菌清可湿性粉剂500~600倍液,或58%甲霜灵锰锌可湿性粉剂500倍液,或64%杀毒矾可湿性粉剂400~500倍液,或50%克菌丹可湿性粉剂400倍液,或70%代森锰锌可湿性粉剂400倍液,隔7~10d 1次,连续防治2~3次。

(四)褐纹病防治

(1)实行2~3年以上轮作。

(2)选用抗病品种。

(3)培育壮苗。

(4)药剂防治:可选用75%百菌清可湿性粉剂600倍液,或40%甲霜铜可湿性粉剂600~700倍液,或58%甲霜灵锰锌可湿性粉剂500倍液,或64%杀毒矾可湿性粉剂500倍液,或70%乙磷锰锌可湿性粉剂500倍液,或50%苯菌灵可湿性粉剂800倍液,或1:1:200波尔多液,视天气和病情隔10天左右1次,连续防治2~3次。

（五）蓟马防治

可选用30%吡虫啉乳剂2 000倍液，或5%蓟蚜敌800～1 200倍液，3%啶虫脒可湿性粉剂800倍液，或1.8%阿维菌素乳油1 000倍液，或25%吡虫啉3 000倍液+好年冬600倍液，轮换喷雾防治。一般需连续防治2～3次，每次间隔5～7 d。

技　能　单

技能　茄子嫁接育苗技术

嫁接是把要繁殖的植物的枝和芽接到另一种植物体上，使它们结合在一起进行生长的一种生长或繁殖的方法。

茄子不宜重茬，通过嫁接换根，砧木对黄萎、枯萎、青枯、根线虫等土传病害高抗或免疫。嫁接后茄子吸收水肥能力增强，生长迅速，提高了植株的抗逆性，产量明显增加。茄子嫁接后外观颜色变深，着色均匀，单果重增加，明显改善商品性。

一、目的

1. 掌握茄子嫁接的主要方法。
2. 了解嫁接育苗的生产意义。

二、材料与用具

1. 托鲁巴姆和茄砧新一号嫁接砧木幼苗（营养钵、5～6片叶）。
2. 茄子幼苗（5片叶）。
3. 日光温室、电热温床、干湿温度计、地温表、刀片、嫁接夹、竹竿、塑料膜、遮阳网、喷壶、万霉灵、塑料盆。

三、方法与步骤

1. 劈接法

（1）砧木保留2片真叶，用刀片平切砧木茎将上部去掉。

（2）在茎中间劈开，向下切深约1.0～1.5 cm左右的切口。

（3）接穗保留2～3片真叶，用刀片从叶片下方1 cm处平切去掉下端，并削成楔形，楔形的大小与砧木切口相当。

(4)将接穗插入砧木的切口中,对齐后,用夹子固定上。

2. 斜切接(贴接)

(1)砧木保留2片真叶,用刀片在第二片真叶上方的节间斜削,去掉顶端,形成斜角为30°左右的斜面,斜面长约1.0~1.5 cm左右。

(2)接穗苗保留2~3片真叶,用刀片削成一个与砧木相反的斜面(去掉下端),斜面大小与砧木的斜面一致。

(3)将砧木的斜面与接穗的斜面贴合在一起,用夹子固定上。

3. 嫁接后的管理

嫁接后立即将嫁接苗摆入小拱棚内,并用1 000倍液的万霉灵可湿性粉剂校对嫁接苗进行灌根。前期注意增温、保湿、遮光,并及时清除砧木萌芽,以后逐渐转入正常管理。

四、作业

1. 嫁接后每天进行温度、水分、光照、防病管理。
2. 观察记载嫁接15天后统计成活率。
3. 简述茄子嫁接的关键技术。

五、思考题

1. 嫁接育苗的生产意义。
2. 如何提高嫁接成活率?

知识点回顾

一、填空题

1. 番茄茎属于(　　　)分枝,茄子茎属于(　　　)分枝,辣椒茎属于(　　　)分枝。

2. 番茄按生长习性分为(　　　)和(　　　)。

3. 辣椒的生长发育周期包括(　　)、(　　)、(　　)、(　　)。

4. 一般辣椒定植前(　　)天进行炼苗。

5. 茄子先后在第1,2,3,4的分枝叉口的花,形成的果实分别被称为(　　)、(　　　)、(　　　)、(　　　)以后植株向上的分叉和开花数目的增加,结果数较难统计，被称为（　　）。

6. 托鲁巴姆作为茄子砧木嫁接时比接穗要提前（　　）天播种。

7. 茄子的花可分为（　　）、（　　）、（　　）。

8. 托鲁巴姆作为茄子砧木嫁接时需要比接穗早播种 3 天即可。

9. 番茄花芽分化期，光照不足，使花芽分化（　　），着花节位（　　）。

10. 辣椒既不耐（　　），又不耐（　　）。

二、判断题

1. 一般辣椒（小果型品种）比甜椒（大果型品种）的耐热性要强。（　　）
2. 夜温过高辣椒果实先端变尖。（　　）
3. 辣椒栽培时防止过度干旱后骤然浇水会引起落花落果。（　　）
4. 辣椒第一朵花出现节位高低与品种有关。（　　）
5. 辣椒是喜强光植物。（　　）
6. 茄果类的种子是果实型种子。（　　）
7. 番茄为自花授粉植物。（　　）
8. 茄子根系较深、较耐低氧，定植宜深。（　　）
9. 茄子在一定温度范围内，温度稍低，花芽分化稍有迟延，但长柱花多。（　　）
10. 茄子的根再生能力较强。（　　）
11. 茄子的茄眼为果实夜间伸长部分，茄眼宽表明生长慢。（　　）
12. 茄子的种子发育比果实发育早。（　　）
13. 茄子的短柱花为不健全花。（　　）
14. 茄子较耐干旱。（　　）
15. 茄子根系耐涝性强。（　　）

三、简答题

1. 辣椒播前种子处理的措施有哪些？
2. 如何进行秋冬茬辣椒育苗的苗期管理？
3. 按生长习性如何对番茄进行分类？各有何生长发育特性？
4. 简述番茄的整枝方式。
5. 如何进行番茄果实催熟？
6. 茄子嫁接的方法有哪些？具体如何操作？
7. 绘图比较辣椒、番茄和茄子的分枝结果习性。

项目二　绿叶类蔬菜栽培

知识目标

1. 掌握绿叶类蔬菜栽培品种选择与播前种子处理。
2. 理解绿叶菜类蔬菜的生育周期和对环境条件的要求。
3. 了解绿叶菜类蔬菜的常见栽培种类、品种类型及其植物学特性。

技能目标

1. 会制定绿叶菜类蔬菜设施生产计划。
2. 能进行菠菜越冬茬和秋茬大棚栽培。
3. 能进行叶用莴苣和茎用莴苣栽培。
4. 能进行芹菜日光温室秋冬茬栽培。
5. 能进行设施秋冬茬芹菜接栽培。

信　息　单

任务一　菠菜栽培

菠菜，藜科菠菜属一、二年生草本植物，因其粗大的直根呈红色，可以食用，故又名红根菜。是蔬菜中抗寒性最强的种类之一，并且生长健壮，适应性广，供应期长，在解决冬春淡季供应上占有重要地位。菠菜抗盐能力较强，在土壤含盐量达0.2% ~0.25%的条件下，尚能生长，因此适合于盐碱地区栽培。

一、生物学特性

(一)植物学特性

1. 根

菠菜根为直根系，红色，侧根不发达，有较深的主根，较发达。直根略粗稍膨大，上部红色，贮藏养分，味甜可食。主要根系分布在25 cm左右的土壤表层。

2. 茎

营养生长时期茎短缩，生殖生长时期抽生花茎，花茎嫩时可食，称“筒子菠菜”。

3. 叶

抽薹以前菠菜的叶片簇生在缩短茎上,根出叶。抽薹后花茎上的叶小,叶型有圆叶和尖叶两种。圆叶菠菜叶大而肥厚,叶面光滑,卵圆形;尖叶菠菜叶片狭小而薄,箭形,先端尖锐或钝尖。菠菜的叶色浓绿,质地柔软,叶柄细长,为主要食用部分。

4. 花、果实和种子

花单性,有时也可出现两性花。为雌雄异花异株植物,少数为雌性同株。雄花无花瓣,雄花无花柄或有长短不等的花柄,为风媒花。花萼 4 ~ 5 裂,黄绿色,花萼包被子房,子房一室成熟时形成一个"胞果",不规则圆形,内有种子 1 粒,被坚硬革质外果皮包裹,分为有刺和无刺两种。菠菜的果实为胞果,内果皮木栓化,厚壁细胞发达,水分、空气不易透入,种子发芽较慢,千粒重 9.5 ~ 12.59 g,在一般贮藏条件下,种子可保存 3 ~ 5 年,其中 1 ~ 2 年的种子发芽力强。

5. 性型

根据着生的花性别不同,菠菜植株可分为四种类型:

(1)绝对雄株。植株矮小,基生叶片较小,茎生叶不发达或成鳞片状,仅生雄花,位于花茎先端,圆锥状花序,花无瓣,雄蕊数与花萼数目相同,花粉多,该种株型植株抽薹较早,花期短,营养生长期相对缩短,常在雌花未开前凋谢,为低产株型,采种时及早拔除,避免群体种性退化。

(2)营养雄株。植株较高大,叶较大,雄花簇生于茎生叶的叶腋中,茎生叶较发达。抽薹较晚,供应期长,为高产株型。无刺菠菜这类较多。

(3)雌株。植株高大,生长旺盛,基生叶和茎生叶均发达,雌花簇生于茎生叶的叶腋中,抽薹较雄株晚。

(4)雌雄同株。植株较高大,叶片发达,为高产株型。在同一株上着生雌花和雄花,基生叶与茎生叶均发达,抽薹晚,花期与雌株相近。还有在同一朵花内具有雌蕊和雄蕊的两性花。

(二)对环境条件的要求

1. 温度

菠菜是耐寒性的蔬菜,而且是绿叶蔬菜中耐寒性最强的一种。种子发芽最低温度为 4℃,适宜发芽温度为 15 ~ 20℃,在此温度下 4 d 发芽,而且发芽率高,温度高于 20℃时,发芽时间延长且发芽率降低。生长适宜温度为 15 ~ 25℃,成株耐寒力强,在最低气温 −10℃左右的地区可以露地越冬。耐寒力强的品种,4 ~ 6 叶株可耐短期 −30℃的低温。萌动的种子或幼苗在 0 ~ 5℃条件下 5 ~ 10 d 可通过春化。

2. 光照

菠菜是典型的长日照作物。在12 h以上的日照和高温条件下通过光照阶段，抽薹、开花、结实。随着温度的提高及日照加长，抽薹期提前。如果菠菜生长不良，营养面积小，在同样的温度和日照条件下，则易于抽薹。秋季气候凉爽，日照短，最适宜菠菜的营养生长，产量高，品质好。

3. 水分

菠菜在生长过程中需要大量的水分。在空气湿度80% ~90%，土壤湿度70% ~80%条件下，生长旺盛，叶肉厚，品质好，产量高。缺水生长慢，组织老化，食用品质差。高温、干旱和长日照条件下营养生长不良，加速抽薹。

4. 土壤与营养

菠菜对土壤的适应性较广，以保水、保肥力强的肥沃土壤为好。沙壤土能促早熟，粘质土壤易获高产。适宜的土壤pH为6 ~7，但忌酸性土壤。菠菜需要供给氮磷钾完全肥料，才能生长良好。在肥料三要素完全的基础上，增施适量的氮肥，可使叶片生长旺盛，不仅提高产量，且改进品质。氮肥不足时，植株矮小，叶片发黄易抽薹。磷肥能促进叶片分化和根系的生长发育，提高菠菜抗寒性。施钾肥，叶片生长肥大，养分含量高，品质好。菠菜是需要氮肥较多的蔬菜，在氮磷钾全肥基础上多施氮肥。

二、类型与品种

菠菜根据其叶片形状和生育特征可分为两种类型：

1. 有刺变种（尖叶类型）

叶片薄而狭小，戟形或箭形，先端锐尖或钝长，又称尖叶菠菜。叶面光滑，叶柄细长。种子有棱刺，果皮较厚，耐寒，不耐热，春播易抽薹，多用于秋播。质地细嫩，涩味少。优良品种有“双城尖叶”“青岛菠菜”“诸城刺籽菠菜”“菠杂10号”等。

2. 无刺变种（圆叶菠菜）

叶片肥大多皱褶，基部心形，卵圆、椭圆或不规则形，先端钝圆或稍尖，又称圆叶菠菜。叶柄短，种子无刺，果皮较薄，耐寒性较差，但较耐热，春季抽薹晚，产量高，多用于春秋两季栽培，但不宜越冬栽培。主要品种有“法国菠菜”“春不老菠菜”“春秋大叶”“广东圆叶菠菜”。

三、栽培季节和茬次安排

菠菜在绿叶蔬菜中耐寒性最强，喜冷凉气候，能长期忍耐0℃以下的低温。尖叶品种成株在冬季平均最低气温 -10℃的地区,可露地安全越冬。-10℃以下地区,稍加保护亦可越冬;4~6 片叶的植株在短期的 -30℃时,也不会被冻死。种子在 4℃时开始发芽,最适宜发芽温度为 15~20℃,营养生长适温为 20℃左右,25℃以上植株生长不良。

由于菠菜对环境条件有较强的适应性,采用不同品种排开播种,配合各种栽培方法,以及贮藏,可做到周年供应。生长期短,没有严格的采收标准,栽培方式有越冬、埋头、春菠菜、夏菠菜、秋菠菜、冬藏菠菜等,有的播种后一个月即可收获,可适合于插空抢种,基本上能周年供应。同时适于密植。主要栽培季节为春、秋两季。西北地区茬口安排如下:春播在 3~4 月播种,5~6 月份收获;秋播在 7~8 月播种,当年或第二年春季收获。

四、设施栽培技术

我国北方保护地生产菠菜基本上分为两种形式,一种是利用大、中、小棚春季早熟栽培,促使越冬菠菜早收获;另一种是在温室、大棚果菜类进行套作栽培,利用果菜类行间进行套作栽培,利用果菜类定植晚,菠菜耐寒性强可以提早播种或定植,达到提早供应的目的。

(一)大棚越冬菠菜栽培

1. 品种选择

越冬菠菜也叫根茬菠菜,这一茬种植是利用菠菜抗寒性强特点,冬前播种。幼苗越冬,翌年早春 2 至 3 月上市。所以越冬菠菜宜选抗寒力强,冬性强,抽薹迟,秋播采种(也就是成株采种)的种子,品种选尖叶抗寒品种,如“双城尖叶”“青岛菠菜”“诸城刺籽菠菜”“菠杂 10 号”等。

2. 整地施肥

选潮湿而富含有机质的沙壤土为最好,适宜 pH5.5~7.0,保水保肥力强,地下水位高的地块。一般在前茬收获净地后,深耕 23~27 cm,及时耙耱,是土壤细碎以利菠菜根系的发育。越冬菠菜的生长期长达半年,基肥需肥量大,追肥主要用速效性氮肥,每生产 1t 菠菜,三要素的吸收量为氮 400 g、磷 200 g、钾 300~500 g。如果过多施用氮肥,特别是施用铵态氮肥,会使菠菜的硝酸盐增高。一般整地前每 667 m^2 施腐熟有机肥 3 000~4 000 kg,复合肥 25 kg,硼砂 0.5 kg。

3. 播种

(1)播种期。播种早晚关系到冬前秧苗的大小,也是秧苗能否抗寒耐旱,安全越冬的关键。播种过早,植株过大,虽然根子粗,但根茎发糠、外叶衰老,抗寒力弱,使越冬期间干枯脱落的叶片增多。同时,第二年早春时,因叶片蒸腾量大于根系的吸收能力，使植株失去水分平衡，形成基部叶片继续干枯，从而影响及早返青甚至造成全株死亡。播种过晚，幼苗根系浅而弱，不耐寒，也不抗风旱，尤其在土壤融冻交替时，浅小的根系暴露于土表，易于干枯死亡，也会造成减产。另外，越冬幼苗小，营养积累和叶原基分化都很少，翌春返青后在高温长日照条件下会很快抽薹，使叶的生长期缩短而减产。一般菠菜在越冬前应有 40 ~ 60 d 的生长期，越冬幼苗具有 4 ~ 6 片叶，可以安全越冬。北方地区的播种期为 8 月 25 日 ~ 9 月 5 日。

（2）播种前种子处理。菠菜种子为果实型种子，种皮革质，透水透气性差，发芽缓慢，并且几粒种子容易聚合一起。可在播前用力搓种子，把种子搓散，使种皮变薄，甚至敲碎果皮，提高播种质量，出苗迅速整齐。可干种子播，或进行浸种催芽，用凉水浸种 12 ~ 24 h，取出后放在室内，上盖湿毛巾保持湿润，放在 15 ~ 20℃ 下催芽，每天淘洗一次，3 ~ 5 d 后胚根露出即可播种。

（3）播种方法。播种方法有散播及条播两种。以条播为多，条播开沟，一般宽 1 ~ 1.2 m 的畦开 5 ~ 6 个沟，沟深 2 ~ 3 cm，行距 10 ~ 15 cm，每 667 m^2 播种量 6 ~ 8 kg，如果发芽率低，还应适当加大播种量。播种量过大苗密苗弱，叶发黄，根系小，抗寒力差，播种量小产量也不高。

4. 田间管理

（1）越冬前幼苗生长期。播后覆膜，在密闭的条件下，保证出苗所需的水分，菠菜的叶片不干枯，第二年返青早。播种后到越冬前的管理，主要要培养适龄壮苗，这一时期是越冬成活的关键时期。出苗后适当控制浇水，以便促根下扎。植株长出 2 片真叶以后，可以进行间苗，根据苗情，可随水追肥一次，每 667 m^2 追尿素 10 kg，以促进叶片生长和叶数增加，以提高植株营养水平，增强抗寒能力。土壤即将结冻，即土表昼化夜冻时，一次浇足“封冻水”。封冻水如果浇得过早，水分易蒸发起不到防寒作用，且植株内水分含量大，抗寒性降低，易受冻；如果浇得过晚，土表结冻，水分不能下渗，幼苗不能正常吸收，易造成幼苗窒息、腐烂而死。

（2）越冬期。由于菠菜的耐寒性是在 4 ~ 6 片叶时最强，因此要使菠菜在越冬时的叶片数在 4 ~ 6 片，从植株地上部停止生长到翌春返青时期，各地区长短相差较大，常在 60 ~ 120 d。浇过“冻水”的土壤上下层都有充足的水分，地温不易散失，外界冷空气不易直接侵入土中，可保护幼苗免受冻害。浇“冻水”后菠菜早春返青时，不致受干旱，因而可延迟浇“返青水”的时间，使返青后的土壤在较长时间内保持较高的湿度，以利于幼苗早春的生长，浇冻水的量必须适当，应掌握水分充足但在较短时间内可渗完为原则。另外，在浇“冻水”前，应抓紧喷药防治蚜虫。

（3）返青采收期。为越冬后植株恢复生长至开始采收的时期，约需 30 ~ 40 d。在菠菜返青后，结合灌大水，每亩追尿素 30 ~ 40 kg，促进菠菜返青。第二年菠菜返青后逐渐加大大棚放风，棚温白天超过20℃放风，降到15℃时闭风，以防止植株徒长而细弱，同时及时防治病虫害，收获前要加大放风量。大棚常为蚜虫的越冬场所，早春返青后及早防治。

5. 收获

菠菜为根出叶，叶柄较长，当菠菜长到一定大小时，即可根据市场需求分次收获。越冬菠菜当低温短日照的冬季转变到高温长日照的春季时，迅速抽薹开花。花薹幼嫩也可食用，称“筒子菠菜”。当有少数花薹时就要全部采收，否则影响品质。

（二）秋茬菠菜大棚栽培技术

1. 品种选择

秋茬设施菠菜栽培宜选用较耐热、生长快、抽薹迟、生长速度快、丰产、抗病能力强的早熟品种，如荷兰菠菜、尖叶菠菜、菠杂10号、菠杂9号等。

2. 选择地块

选背风向阳、土质疏松肥沃、排水条件好、中性偏微酸性土壤栽培。

3. 整地施肥做畦

选择疏松肥沃、保水保肥、排灌条件良好、微酸性的壤土，再结合整地施足基肥，每亩施腐熟有机肥4 000～5 000 kg、过磷酸钙40 kg、碳酸氢铵50 kg，然后耕翻耙平作畦，畦宽1.5m左右。

3. 种子处理

在播种前，一般在凉水中浸种12 h，再放在7～8℃低温的冰箱最下一层处理24～26 h，然后在20～25℃条件下催芽，也可用0.1%硝酸钾浸种16～20 h，待种子露白时播种。

4. 播种

一般在8月末至9月上旬播种。菠菜的种子果壳坚硬，不易吸水，齐苗困难，因此，播前田间的底水要足。播时若天气偏旱，必须提前灌水，保墒，隔1～2天再播种，可条播也可撒播。

播种时若采用条播的方式则顺畦开沟，沟距18～20 cm，沟深2 cm，粒距4～5 cm。可适当密植，每亩播种量掌握在0.7～0.8 kg，播后覆土2～3 cm，然后轻轻镇压，保墒助出苗。如果墒情适宜的话，一般播后7～10 d即可齐苗。

若采用撒播，播种时在平整的畦面上均匀撒上种子，播种深度在1～1.5 cm，然后再踩1遍，踩后浇透水。最好采用条播。行距为8～10 cm。

5. 播种后的管理

（1）肥水管理。菠菜喜肥沃湿润、冷凉，忌干旱、积水，为速生型蔬菜。故生长期间需及时供给充足的肥水。从播种到齐苗需保持土壤湿润，确保齐苗。3叶期中耕锄草，透气促根；封行前6～7叶期要以水带肥，肥水结合，促进菠菜旺盛生长,每亩可施尿素10~15 kg,施肥方法,干施后浇水或在下雨时巧用天时施肥;封行后,若要追肥,则可随水冲施碳酸氢铵水。如生长期间遇干旱,要勤浇保湿。遇连续下雨时,要及时疏通排水。

(2)温度管理。下霜前,一般在9月中下旬扣上大棚膜,此时白天温度还较高,白天、晚上棚膜的底脚要揭开,以后随着外界温度的降低,白天底脚揭开,晚上关上。温度再降低时,白天要将底脚封严。如果以后遇到高温可打开大棚门和上风口进行通风。

6. 采收

待菠菜植株生长到35~40 cm时,可及时进行采收,采收时要去掉黄叶、枯叶、病叶,然后出售。

五、主要病虫害防治

(一)白斑病防治

(1)加强栽培管理,提高植株抗病力。

(2)收获后及时清除病残体,集中深埋或烧毁,以减少病源。

(3)药剂防治:在发病初期,喷洒30%绿得保悬浮剂400~500倍液,或1:0.5:160倍波尔多液、75%百菌清可湿性粉剂700倍液,进行喷雾,每7~10天一次。

(二)枯萎病防治

(1)与葱蒜类、禾本科作物实行3~5年轮作,避免连作。

(2)采用高畦或起垄栽培,雨后及时排水、严禁大水漫灌。

(3)药剂防治:发现中心病株及时拔除,同时可选用40%多硫悬浮剂500倍液,或10%治萎灵水剂300~400倍液,隔半个月喷一次,连续2~3次。

(三)霜霉病防治

(1)加强栽培管理。合理密植、科学灌水、降低田间湿度。

(2)选择抗病品种。

(3)在无病地或无病株上采种。如种子带菌,可在播种前用50%福美双可湿性粉剂拌种,用药量为种子重量的0.4%。

(4)药剂防治:在发病初期,喷洒70%代森锰锌可湿性粉剂500倍液,喷洒40%乙磷铝可湿性粉剂200~250倍液,58%甲霜灵锰锌可湿性粉剂500倍液,64%杀毒矾可湿性粉剂500倍液,或72.2%普力克水剂800倍液,隔7~10 d喷一次,连续2~3次。

(四)灰霉病防治

(1)选用抗病品种。

(2)加强栽培管理。

(3)药剂防治:可选50%扑海因可湿性粉剂1 000倍液,或50%福美双可湿性粉剂600倍液,或75%百菌清可湿性粉剂600倍液,或50%多菌灵可湿性粉剂日500倍液,或70%代森锰锌可湿性粉剂500倍液,或65%抗霉威可湿性粉剂1 000倍液,或70%甲基托布津可湿性粉剂800倍液,或50%速克灵可湿性粉剂1 000倍液,每7~10 d喷洒1次,连续喷2~3次。

(五)菠菜潜叶蝇防治

(1)避免大面积种植菠菜,加强肥水管理,雨后及时排出田间积水。

(2)收获结束后及时清除田间病残体并集中带出田外销毁。

(3)药剂防治:可选用50%灭蝇胺可湿性粉剂2 000~3 000倍液;50%毒灭蝇可湿性粉剂2 000~3 000倍液;11%阿维灭蝇胺悬浮剂3 000~4 000倍液;15%毒死蜱乳油2 000~3 000倍液;4.5%高效氯氰菊酯乳油2 000倍液+0.5%甲氨基阿维菌素苯甲酸盐微乳剂2 000兑水喷雾,视虫情隔7~10 d 1次。

任务二　莴苣栽培

莴苣是菊科莴苣属以散叶、叶球或嫩茎为产品的一年生或二年生草本植物。又称千金菜。莴苣起源于地中海沿岸地区,栽培历史悠久,16世纪在欧洲出现了结球莴苣,16至17世纪有皱叶莴苣和紫莴苣的记载,后来又演化出茎用类型——莴笋。

一、生物学特性

(一)植物学特性

莴苣根系浅而密集,多分布在20~30 cm深处,基生叶互生于短缩茎上。茎用莴苣通称莴笋,食用部分是肥大肉茎,来源于胚轴发育成的茎和花茎两部分,两者比例因品种和栽培条件而异,花茎在整个肉质茎长度中所占的比例,早熟品种较中晚熟品种大,同一品种的莴笋中,秋莴笋较越冬春莴笋的比例大。花序为圆锥形头状花序,花托扁平,花浅黄色,每一花序有花20朵左右,子房单室,果实为瘦果,黑褐色或银白色,附有冠毛。自花授粉,有时昆虫也能传粉。

(二)对环境条件的要求

1. **温度**

种子发芽最低温度为4℃,适宜发芽温度为15~20℃,低于15℃发芽不整齐,超过25℃发芽率明显下降,30℃以上种子则进入休眠状态,很难发芽。多数品种种子有休眠期。幼苗期对温度的适应性强,生长适宜温度12~20℃,外叶生长适宜温度18~22℃，但幼苗易耐-5~-6℃低温。结球期适宜昼温为20~22℃，夜温为12~15℃，25℃以上时生长不良。在19~22℃条件下，开花后10~15 d种子成熟，温度高时由开花到种子成熟所需天数越少。10~15℃条件下花正常开放，但不能结实。

2.光照

莴苣属长日照作物。在12 h以上的日照和高温条件下发育快，不同品种和类型间有差异，早熟品种对日照长度反应敏感，中熟品种次之，晚熟品种对日照长度反应迟钝。莴苣要求中等强度光照，光照过强或过弱对生长影响不良。

3.水分

莴苣在不同生活时期对水分要求不同，幼苗在湿润土壤中生长良好，土壤湿度过高或过低使幼苗生长不良，易徒长或老化。莴苣结球和莴笋肉质茎肥大应在生长以前适当控制水分，促进莲座叶生长。莴苣结球期和莴笋肉质茎肥大期间水分要充足，水分不足会导致产品器官小而味道苦。水分过多易出现裂球或裂茎，软腐病发病率高。

4.土壤与营养

莴苣根系呼吸能力强，在壤土和黏质壤土中根系生长快，有利于植株对养分和水分得吸收。莴苣在中性微偏酸性土壤上生长良好，适宜pH为6.0。莴苣需肥量大，莴苣每形成1 000 kg产品需从土壤中吸收氮2.08 kg，磷0.71 kg及钾3.18 kg。氮肥对莴苣生长有重要意义，任何时期缺氮都会抑制叶片分化和生长，减少叶片数量，尤其幼苗缺氮影响严重。幼苗缺磷，不但叶片数目少而且植株小，产量低。钾对叶片数量没有显著影响，它可使叶球重量明显降低，结球期缺钾影响严重。结球期氮、钾比例平衡有利于叶球膨大生长，当施用钾肥，球叶增重明显，钾肥不足，则外叶生长充分而球叶生长不足。结球期应重施钾肥。

二、类型与品种

莴苣按产品器官可分为两种类型：

(一)叶用莴苣

叶用莴苣包括3个变种。

1.皱叶莴苣

叶片深裂，叶面皱缩，有松散的叶球或不结球，适应性强，易栽培。优良品种有“广州东山生菜”“玻璃生菜”“红叶生菜”。

2.长叶莴苣

又称散叶莴苣。叶全缘或锯齿状，外叶直立，一般不结球，或有松散的圆桶形或圆锥形叶球。欧美栽培比较多。

3. 结球莴苣

叶全缘，有锯齿或深裂，叶面平滑或皱缩，外叶开展，心叶形成叶球。叶球圆，扁圆或圆锥形。主要有四个类型：

（1）皱叶结球莴苣。叶球大，质脆，结球紧实，外叶绿色，球叶白或浅黄色，生长期90 d左右，适于露地栽培，主要品种有“美国大湖”等。

（2）酪球莴苣。叶球小而松散，叶片宽阔，微皱缩，质地柔软，生长期短，适于保护地栽培，主要品种有美国打波斯顿。

（3）直立结球莴苣。叶球表面粗糙。

（4）拉丁莴苣。形成松散叶球（与酪球莴苣相似），叶片细长（与直立莴苣相似）。

（二）茎用莴苣

根据叶片形状分为尖叶和圆叶两个类型，依茎的色泽又分为白笋（茎外皮绿白）、青笋（茎外皮浅绿）和紫皮笋（茎皮色紫色）。

1. 尖叶莴笋

叶片披针形，先端尖，叶簇较小，节间较稀，叶面平滑或略皱缩，色绿或紫，肉质茎棒状，下粗上细。较晚熟，苗期较耐热，可作秋季或越冬栽培。主要品种有柳叶莴笋、北京紫叶莴笋、陕西尖叶白笋、成都尖叶子、上海尖叶等。

2. 圆叶莴笋

叶片长倒卵圆形，顶部稍圆，表面皱缩较多，叶簇较大，节间密，茎粗大（中下部较粗，两端较细），成熟期早，耐寒性强，不耐热，多作越冬莴笋栽培。主要品种有北京鲫瓜笋，济南白笋、陕西圆叶白笋、上海小圆叶和大圆叶等。

三、栽培季节和茬次安排

莴苣喜冷凉湿润气候，耐寒，忌炎热，在南方可露地越冬。但叶用结球莴苣耐寒力较差，长江流域不能露地过冬。种子在4℃以上即可发芽，但所需时间较长，发芽适宜温度为15～20℃，30℃以上发芽受阻。15～20℃最适茎叶生长，高于25℃以引起前期抽薹。17～18℃适宜结球莴苣生长，高于21℃结球不良。

叶用莴苣可周年生产，南方温暖地区可露地越冬，北方冬季可在设施内栽培，每月播种一茬，定植一茬。莴苣在南方栽培较多，春莴苣第一年秋季播种第二年春季收获，是一年中的主茬。秋莴苣播种育苗正处于高温季节，霜降前后收获；冬季较暖和地区除春秋季栽培外，可选择对日照适应性较强的品种栽培一季早秋莴苣，选耐热性较强的品种栽培一季夏莴苣。

四、叶用莴苣栽培技术

（一）品种选择

莴苣喜冷凉气候，各种类型都适合露地春秋栽培和设施越冬栽培。如耐寒白叶尖、耐寒二白皮、苦荬叶等。夏季栽培则选用耐抽薹的散叶类型。如种都夏莴笋、耐热二白皮、特耐热大白尖叶、东坡抗热王等。

（二）育苗

1. 苗床准备

由于栽培季节不同，有露地育苗和保护地育苗两种形式。一般情况下苗床面积与定植面积之比约1:20。育苗可以在生产田地就地做畦播种，也可用营养土块、纸袋或营养钵育苗。育苗床土用50%腐熟马粪和50%园土，每立方米床土再加尿素20 g和过磷酸钙200 g，过筛后混匀，在苗床上平铺5 cm厚（成苗床平铺10～12 cm厚）。

2. 种子播前处理

种子处理前要求选择颜色新鲜，饱满的种子，并做好播前的处理，将种子翻晒、催芽，亩种子量为0.1～0.12 kg。一般有以下几种方法：

（1）干播时用50%福美双可湿性粉剂或75%百菌清可湿性粉剂0.4%拌种可防治霜霉病、黑斑病，用菜丰宁或专用种子包衣剂拌种可防治软腐病。

（2）将种子在凉水中浸泡6～7小时后用湿布包好在20～25℃处催芽至80%种子露白。或用凉水将种子浸泡1～2小时，用湿布包好，置于井下离水面30 cm左右，每天淋水1～2次，3～4天即可发芽。

（3）将种子放在冷水中浸泡6～7小时，捞出甩干多余的水后，放入冰箱的冷藏箱，每隔4小时拿出，置于常温下4～6小时，交替进行，连续2～3天，然后将种子置于阴凉处1～2天即可出芽；亦可将种子悬挂于深井水面上催芽。

（4）也可将种子浸泡24 h后，用湿纱布包好，放在冰箱或冷藏柜内，在-3～5℃下冷藏（冻）24 h，然后放在凉爽处，2～3 d即可发芽。

催芽过程中，应经常检查种子的水分，不足的要补水，并适当见光，使之发芽快、芽整齐。

3. 播种

播种前，苗床浇足底水，水渗下后撒0.5 cm厚的细土，随后即可播种。一般每平方米播种量为5～10 g，播种后，盖细土潮土0.5 cm，保持土温15～18℃，盖塑料膜或草苫保温，一般经3～5 d可出土。

4. 苗期管理

如果露地育苗，出土后10 d左右（1叶期），则可进行间苗，以不影响幼苗生长为度。在2～3叶期，即可进行移栽，苗距6～8 cm为宜，每营养钵培育壮苗1株。移植前浇足底水，栽后覆土，栽苗不可过深。移植缓苗期，要保温保湿，气温在20℃左右为宜。缓苗后，要降湿降温，气温降至16℃左右。此期关键期是促进幼苗健壮，不徒长。冬春季保护地育苗要重视保持适宜的温度，在采光好，便于通风的温室内做苗床，适当控制浇水，湿度不可过大。夏秋露地育苗，温度高不利于生长，需采取遮阴、防雨、降温措施。

（三）定植时期

苗龄30～35 d，幼苗具5～6片真叶时定植。

（四）整地定植

莴苣对土壤适应性很强，以富含有机质、疏松透气的壤土或黏质壤土为宜。需要较多的氮肥和一定量的钾肥。结球莴苣因生长迅速，叶面积大，叶数多，对养分要求高，任何时期缺氮都会抑制叶片的分化和生长，从而影响产量。

定植前每667 m^2施优质农家肥4 000 kg、复合肥20 kg，普施后浅耕15～20 cm，然后做1m宽的畦，畦高10～15 cm。在秋、冬季节，为了提高地温，可提前1周覆膜烤地，当地温稳定在8℃以上时，即可定植。株行距17 cm×20 cm，定植时应带土护根，移栽深度以不埋住心叶为宜，及时浇定植水。设施栽培日温控制在12～22℃。高温季节定植，应在定植当天上午搭好棚架，覆盖遮阳网，傍晚移栽。

（五）田间管理

莴苣根系浅，吸收能力弱，叶面积大，耗水量大，对土壤水分状态反应极为敏感，栽培中应保持土壤湿润，产品器官形成期土壤不能干旱，否则会降低产量和质量。

移栽缓苗后，即可追肥灌水。对于结球莴苣可实行1周蹲苗，蹲苗结束后再进行追肥灌水。每667 m^2可随水追尿素10 kg，收获前20 d停止追施速效氮肥，防止叶片内积累硝酸盐过多。另外，结球莴苣在心叶内卷初期，还应叶面喷施0.2%磷酸二氢钾溶液。结球后期视植株生长情况，再适当追施重肥1次，促使叶球紧实。

莴苣不耐高温高湿，当气温超过25℃时，应通风降温或采取遮阴措施。同时，莴苣又怕水涝，所以畦内不可积水，雨后须及时排水。在夏季热雨过后，必须及时用井水浇园。莴苣的茎叶幼嫩多汁，在田间作业时要注意不可损伤茎叶或根系，否则易感染病害。在气温高、土壤湿度大的情况下，要趁叶面无露水的时候，摘掉近地面的黄、老、残叶，以防染病。

（六）采收

不论结球莴苣或散叶莴苣，其茎叶在老化前都可随时采摘。但产量高、商品价值最好的采收期,则以叶片充分长大、叶绿叶厚的脆嫩期为好。如果用手轻压叶球,有一定承受力,叶球的松紧适中时采收最好。莴苣属长日性作物,喜中等强度光照,经22~23℃高温后很快花芽分化,夏秋季栽培在连续高温下易抽薹。因此,结球莴苣要尽早采收,否则球内花薹迅速伸长,使叶球失去商品价值。收获时,则从地表割下,摘掉外部老叶,叶球外保留3~4片外叶,即可包装上市。对散叶生长的莴苣,可擗摘大叶留小叶,将采摘的叶片捆把上市,也可整株割下。

五、春莴笋(茎用莴苣)栽培技术

茎用莴苣的肉质茎肥大如笋,又称"莴笋",为主要食用器官,生育期150~200 d,我国南方栽培比较多。

(一)品种选择

选择叶簇大、节间密、茎粗壮、肉质爽脆、成熟期早、耐寒性较强的品种。如"南京白皮笋""杭州尖叶""双尖莴笋"等。

(二)培育壮苗

1. 苗床准备

苗床选择保肥保水能力强、疏松肥沃的土壤,先施腐熟有机肥深翻做基肥,播前整平床面,灌足底水。

2. 种子处理

把种子在冷水中浸种6 h,置于15~20℃下见光催芽,30%~40%的种子露白即可播种。

3. 播种及播后管理

播种前苗床浇足底水,水渗下后撒0.5 cm厚细土播种,并盖细潮土0.5 cm,之后覆盖地膜或草苫。土温保持在15~18℃,3~5 d即可出土。

4. 苗期管理

出苗后,在子叶展平及1~2真叶时各间苗1次,将过密幼苗以5 cm见方进行间苗,间苗后覆盖细潮土。3~4片真叶时分苗于营养钵内,苗龄40~50 d,幼苗具有5~6片真叶时定植。

(三)定植

1. 整地

结合翻地每亩地施腐熟有机肥3 000~4 000 kg作基肥,施肥后做成1.6m宽的平畦。

2. 定植

定植时,大小苗分开定植,以便于管理。栽植密度依品种与季节而异。早熟种,18 ~23 cm 见方,每亩地栽 8 500 ~12 000 株;晚熟种 25 ~30 cm 见方,每亩地栽 7 000 ~8 000 株。栽苗时浇定植水,注意不要埋住菜心。

(四)田间管理

越冬的春莴笋前期生长缓慢,需肥量少,栽后每亩地施 1 000 ~1 500 kg 稀粪水,结合中耕松土,促使根系生长。冬前控肥控水,避免徒长,增强耐寒力,安全过冬。

开春后,茎叶迅速生长,进入发棵期,及时中耕松土,提高地温,结合浇水,每亩地施 30% 充分腐熟的人类粪便 1 000 kg。发棵后期适当控水,使根系下扎。封行后,可重施 2 ~3 次追肥,每亩地施腐熟有机肥 2 000 kg 或尿素 15 kg,并保持土壤湿润,保证肉质茎膨大。产品形成后期适当控水。

(五)收获

春莴笋肉质茎生长的同时形成花蕾,当茎顶端与最高叶片尖端相平时即可采收。

六、主要病虫害防治

(一)莴笋霜霉病防治

(1)选用抗病品种。凡根、茎、叶带紫红色或深绿色的表现抗病,如红皮莴苣、尖叶子、青麻叶莴苣较抗病。

(2)加强栽培管理。合理密植,注意排水,降低田间湿度;收获后清洁田园;实行 2 ~3 年轮作。

(3)药剂防治:发病初期即可喷药,58% 甲霜锰锌可湿性粉剂 500 倍液,或 69% 烯酰吗啉锰锌可湿性粉剂 600 倍液,或 72% 霜脲锰锌可湿性粉剂 600 倍液,每隔7 ~10 d 喷药 1 次,连续喷药 2 ~3 次。

(二)莴笋菌核病防治

(1)实行水旱轮作。

(2)选用抗病优良品种。

(3)用盐水选种后 50℃温水浸泡 10 分钟,可减少种子带菌。

(4)高畦栽培,合理密植,多施有机肥(腐熟农家肥)做基肥,避免偏施氮肥,增施磷、钾肥,防止植株陡长。

(5)发病初期喷施 40% 菌核净可湿性粉剂 1 000 倍液,或 50% 多菌灵可湿性粉剂 1 000 倍液,每隔 1 周喷施 1 次,并及时拔除病株。

(三)莴笋软腐病防治

(1)选用抗病品种。

(2)对种植莴苣两年以上的地轮作换茬,或施用活性有机肥抑制病菌。

(3)加强田间管理,高畦栽培,避免田间积水;精细管理,减少机械伤口;发现病株要及时拔除,其病穴用生石灰消毒等,切忌偏施氮肥。

(4)药剂防治:发生在中后期,可用72%农用链霉素可溶性粉剂3 000~4 000倍或3%中生菌素可湿性粉剂(佳爽)600倍液灌根,每周灌1次。

(四)莴笋灰霉病防治

(1)加强栽培管理,增强抗病力。

(2)药剂防治:可选用50%多菌灵可视性粉剂800~1 000倍液,或50%多霉威可湿性粉剂600倍液,或50%腐霉利可湿性粉剂1 000倍液,或40%嘧霉胺悬浮剂800倍液,每周1次,交替使用,连喷3次即可。

(五)蚜虫防治

(1)利用七星瓢虫等天敌防治。

(2)利用黄板诱杀有翅蚜虫。

(3)药剂防治:选用48%乐斯本乳油800倍液,或50%抗蚜威可湿性粉剂2 000~3 000倍液,或10%吡虫啉可湿性粉剂2 000倍液喷雾。

(六)斑潜蝇防治

(1)可采用与辣椒、番茄、茄子等间作。

(2)结合黄板诱虫。

(3)药剂防治:在受害作物某叶片有幼虫5头时,掌握在幼虫2龄前(虫道很小时),于8~11时露水干后幼虫开始到叶面活动或者熟幼虫多从虫道中钻出时开始喷洒25%斑潜净乳油1 500倍液,或48%毒死蜱乳油1 500倍液,或98%巴丹原粉1 500倍液,或1.8%爱福丁乳油3 000倍液,或5%顺式氰戊菊酯乳油2 000倍液等喷雾。

任务三　芹菜栽培

芹菜(*Apium graveolens*)又名芹、旱芹、药芹、蒲芹,伞形花科,芹属,一、二年生草本植物。原产于地中海沿岸及瑞典、埃及等地的沼泽地带。我国栽培芹菜历史悠久,南北各地都有栽培。由于芹菜适应性广,结合设施,可做到周年供应,是春、秋、冬三季的主要蔬菜之一。芹菜叶柄肥嫩,含有丰富的矿物、盐类、维生素和芹菜油,具芳香味,能增进食欲,又有降低血压、健脑、清肠利便和防治肝炎的作用。可炒食、生食或腌渍。世界各地普遍栽培。

一、生物学特性

(一)植物学特征

1. 根

芹菜为直根系浅根性蔬菜,根系主要分布在7~10 cm表层土壤中,横向扩展最大范围为30 cm左右,主根肥大生长,能贮存养分。由于根系分布范围小,吸收水分和养分有限,因此芹菜不耐涝。主根受伤后可产生大量侧根,芹菜是耐移植蔬菜。

2. 茎

芹菜营养生长期茎缩短,叶片似根出叶,生殖生长时期花芽分化后抽生花薹,并可产生一二级侧枝。花薹高60~90 cm,可发生多次分枝,每个分枝顶端都形成花序。

3. 叶

芹菜叶营养生长期为二回奇数羽状复叶,着生于短缩茎基部。每片叶有2~3对小叶,小叶三裂。叶柄发达,是主要食用部位。叶柄腹面有沟或无,外有表皮,内有薄壁组织,维管束环叶柄背面,散生于薄壁组织中,维管束在叶柄背部纵向走向而形成条纹状。维管束中韧皮部外侧是厚角组织,叶柄表皮下方还有厚壁组织。质量优良的芹菜厚壁组织和厚角组织不发达,食用纤维少,品质脆嫩。除品种因素外,栽培条件对维管束、厚角组织和厚壁组织的形成有影响。条件不良时,厚壁组织和厚角组织发达,纤维多,品质差。栽培环境良好,肥水充足,叶柄中薄壁组织发达,充满水分和养分,产品质量优良。维管束附近的薄壁细胞分布着油腺,分泌出挥发油使芹菜具有香味。

叶柄有空心和实心之分,叶柄空心和实心是由品种特性决定的,然而在高温干燥、肥水不良条件下实心品种也会出现空心叶柄,其他不良条件如低温或栽培时间太长,也会使实心品种出现空心。空心是生理失调所致,改善环境条件和栽培技术是栽培上防止空心的关键。叶柄是主要食用器官,重量占全株重的70%~80%。叶柄由着生其上的小叶片分成三节,其中基部占得比例最大。

芹菜叶片由叶端向叶基顺序分化和生长,叶端分化最早,停止生长也最早。而此时基部分化后生长速度明显,这种生长方式称之为向基性生长,结果是每片叶端生理年龄老化,组织衰老,而叶片基部年龄小,组织脆嫩。

4. 花

芹菜为复伞形花序,单花白色,雄蕊各5枚,雌蕊两个心皮结合在一起,子房两心室。异花授粉,虫媒花。

5. 果实

芹菜果实为双悬果,成熟时沿中线裂为两半,半果悬于同一心皮上,不再开裂。

半果近似扁圆形，各含1粒种子。果皮革质，透水性差，发芽慢，果实含有挥发油，生产中播种用的是果实。

6. 种子

芹菜种子细小，长1.5 mm，宽0.8 cm，厚0.6～1.0 cm，千粒重0.4g左右。新采收种子4～6个月休眠期，当年播种发芽率仅60%左右。高温条件下不宜发芽，在光照下的发芽率比黑暗条件下高。

(二)对环境条件要求

1. 温度

芹菜是喜冷凉蔬菜，在较低温度下生长比较好，生长适宜温度15～20℃。叶片生长适宜温度为23℃，夜温为18℃，地温为13～18℃，夜温为13℃，地温为13～23℃。地温是花芽分化的必需条件，然而花芽分化需低温时间长短与苗龄关系密切。大苗易感受低温，苗龄40 d，花芽分化所需低温天数为130 d，苗龄140 d的幼苗需要低温天数则缩短到40 d。温度过低也易导致叶柄空心。幼苗适应能力较强，可耐－4～5℃低温。品种间耐寒力有一定差异，低温季节栽培应选择耐寒品种。

2. 光照

芹菜属于弱光照作物，光照强度在30～50 klx植株生长正常。弱光照条件下植株直立生长，芹菜产品形成期叶片直立生长，与外叶彼此遮阳，光照强度低有关。光照过强不利于生长，植株颜色变浓，植株老化。低温和长日照是促使茎顶端分化花芽的环境条件。芹菜在3～4片真叶后，经历10～20 d，10℃以下的低温即可通过春化阶段。感应低温的临界上限温度为15℃，5～10℃最敏感，在5℃以下反应迟缓，在15.6～21.1℃栽培不发生抽薹现象。苗龄大，感应低温的能力强，日历苗龄比植株大小(生理苗龄)的影响更重要。经过春化的植株，在长日照条件下即可抽薹开花。9 h日照芹菜抽薹迟缓，10 h日照稍有促进，12 h以上日照能促进抽薹，高温和长日照条件加速抽薹，而短日照和较低的温度则抑制抽薹。

3. 水

芹菜的叶面积不大，但因密植，蒸腾总面积大，加之根系浅、吸收力弱，所以需要湿润的土壤和空气条件。适宜的土壤相对含水量为60%～80%，空气相对湿度为60%～70%。充足的土壤水分可以促进植株生长，叶数多，叶面积大，生长旺盛。特别是营养生长盛期，地表布满白色须根，需要适宜的湿度，水分不足则生长滞缓，叶柄机械组织发达，品质和产量均下降。

4. 土壤和营养

芹菜在中性微酸土壤生长良好，pH 5.6～6.8最适宜芹菜生长，富含有机质的壤土和黏壤土有利于芹菜生长。沙土、壤土易缺水、缺肥，使叶柄发生空心现象。芹菜需肥量大,每形成1 000 kg产品需从土壤中吸收氮2.0 kg、磷0.93 kg、钾3.88 kg。

芹菜任何生育期缺乏氮、磷、钾都对生育有不良影响,以初期缺氮和后期缺氮的影响最大;初期缺磷比其他时期缺磷的影响大;初期缺钾的影响较小,后期缺钾的影响较大。氮肥不足,叶片数量少,植株矮小,颜色浅淡,叶柄易空心;叶柄空心是细胞衰老的现象,细胞内果胶物质减少,细胞膜产生空腔,疏导组织之间的大薄壁细胞形成空心。叶柄空心除与缺肥有关外,还与高温、干旱或低温受冻有关,在这些逆境条件下,干物质的运输和分配受到阻碍,叶柄内部细胞因营养供应不足而空心。缺磷妨碍叶柄的伸长生长,而磷过多时叶柄纤维素增多。缺钾影响养分运输,使叶柄薄壁细胞中贮藏养分减少,抑制叶柄的增粗生长。从土壤中吸收氮磷钾的比例为3:1:4。

钙不足易发生心腐病而停止发育。有时,即使土壤中有充足的钙,但如过多地施用氮肥和钾肥、高温、干旱或低温等原因都影响钙的吸收。芹菜对硼特别敏感,硼不足不仅会发生叶柄劈裂、横裂等,还会并发心腐病。土壤干旱、高温或低温都影响硼的吸收。氮肥和钾肥过多引起土壤偏碱,钙不足也会影响硼的吸收。

(三)生长发育周期

芹菜整个生长发育周期分为营养生长期和生殖生长期。营养生长期又分为五个时期。

1.营养生长期

(1)发芽期。从播种到子叶展开,15~20℃条件下需10~15 d,其中播种到出土需7~10 d。幼苗期适宜温度为15~20℃,土壤含水量高,光照条件下种子出苗快,为此,播种后浅覆土有利幼苗出土和生长。

(2)幼苗期。从子叶展开到4~5片真叶为幼苗期,20℃条件下需45~60 d。幼苗能耐30℃左右高温和-4~-5℃的低温。幼苗期分化生长很缓慢,平均每5~7 d分化1片叶。

(3)外叶生长期。从定植(5片真叶)至心叶开始直立生长(立心,8~9真叶)为外叶生长期,需20~40 d。这一时期主要是根系恢复生长。初期处于营养消耗状态,基部的1~3片老叶因营养消耗而衰老黄化,在其叶腋间可能长出侧芽及分蘖,特别是西芹。分蘖会妨碍植株的生长,应及时摘去。随着根系恢复生长和新根的发生,植株地上部恢复生长,陆续长出3~4片新叶。由于定植后营养面积扩大而受光状况改变,新叶呈倾斜状态生长,这是外叶生长期的显著特征。此后芹菜容易感受低温通过春化,在超过10 d,5℃以下的低温条件下,植株便通过春化阶段,在高温长日照条件下能够抽薹。随着外叶生长而充实空间,植株的受光状态发生改变,随之发生的新叶则开始直立生长。

(4)心叶肥大期。从新叶开始直立生长至产品器官形成收获为心叶肥大期，需30~60 d。立心以后，生长速度加快，约2 d可分化出1片叶，每天可生长2~3 cm。此期陆续生长心叶，叶柄积累营养而肥大，同时根系旺盛生长，大量发生侧根，须根布满耕层，主根也因贮藏营养而肥大。

(5)休眠期。采种株在低温下越冬(或冬藏)，被迫休眠。

2. 生殖生长期

越冬贮藏芹菜在2~5℃低温条件下感受低温，通过春化，营养苗端变为生殖苗端。春季在长日照和高温(20℃)下抽薹，形成花蕾，开花结实。

(1)花芽分化期。从花芽分化至开始抽薹为花芽分化期，约需60 d。芹菜为绿体春化型蔬菜，当苗龄达30 d以上，幼苗分化约15片叶，苗粗达0.5 cm以后就可以感应低温。植株越大，感应低温的能力越强，完成春化需要的时间越短。

(2)抽薹期。从开始抽薹至全株开花结束为抽薹期，约需60 d。花芽分化完成后，遇到适宜的长日照条件即抽薹开花，长出花枝。花序开花的顺序是，顶端花伞的花先开，其次是1级侧枝的花伞开花，以后顺次是2级侧枝到5级侧枝的顶伞开花。小(单)花开放的顺序是从周围以同心圆状向中心开放，每天开3~5朵。一个大花伞的花开完需7 d。每株的花伞数以3级和4级侧枝上最多，其次按2级、5级和1级侧枝的顺序逐渐减少。

(3)种子形成期。从开始开花至种子全部成熟收获为种子形成期，约需60 d，大部分时间与开花期重叠。就一朵花而言，开花后雄蕊先熟，花药开裂2~3 d后雌蕊成熟，柱头分裂为二。靠蜜蜂等昆虫传粉进行异花授粉，授粉后30 d左右果实成熟，50 d枯熟脱落。

二、类型和品种

根据叶柄形态，芹菜分为中国芹菜和西洋芹菜两种类型。

(一)本芹

本芹又称中国芹菜。叶片较发达，叶柄细长，一般宽3 cm以下，长50~100 cm，纤维素较多，辛香味浓重。根据叶柄内髓腔有无分为空心和实心两种类型，空心者较多，在我国普遍栽培。实心芹菜叶柄髓腔小，腹沟窄而深，品质好，春季不易抽薹，产量高，耐贮藏。代表品种有北京实心芹菜，天津白庙芹菜，山东恒台芹菜，开封玻璃脆等。空心芹菜叶柄髓腔较大，腹沟宽而浅，品质较差，春季易抽薹，但抗热性强，宜夏季栽培。代表品种有山东日照市岚芹，以及贵州和昆明的白芹等。根据颜色深浅不同，可分为青芹和白芹两种类型。青芹叶片深绿或淡绿色，有些品种心叶黄色。如北京大糙皮、北京棒儿芹(铁干青)。白芹一般叶色略淡，叶柄白色或淡绿色，多实心，易软化，品质好，但抗病性差。

（二）西芹

西芹又称洋芹，从欧美等国引进。叶片肥大、绿色，叶柄较发达，叶柄基部肥厚而宽大，宽 2～3 cm。背面棱线粗壮，腹沟深，多为实心，味淡，纤维少，脆嫩。全生育期 180～210 d，单株重达 1.5～2 kg。耐热性不如中国芹菜。依叶柄色泽可分为绿色、黄色、白色及杂型 4 个品种群。目前设施栽培的主要品种有文图拉西芹、高犹它、荷兰西芹、泰科巨芹等。

三、栽培茬次和季节

（一）小棚春提早栽培

北方高寒地区冬季温室育苗，早春晚霜前 1.5 个月在小棚定植。南方地区可在小棚中越冬生产。

（二）大棚秋延后栽培

北方地区一般在大棚蔬菜的后茬进行栽培。6 月育苗，8 月定植，11 月上旬一次全部采收。育苗及定植后的管理同设施秋冬茬芹菜的管理方法。南方地区可在大棚中越冬生产。近几年为了抢淡季，也有早春 3 月定植，5～6 月采收的。

（三）温室秋冬茬和冬春茬栽培

秋冬茬是在北方地区春茬果菜类蔬菜栽培结束后，9～10 月育苗，11～12 月定植，春节前后上市。冬春茬是 11～12 月育苗，翌年 1～2 月定植，4～5 月上市。

四、设施芹菜秋冬茬栽培技术

设施芹菜秋冬茬栽培，一般于 7 月份播种育苗，9 月下旬开始定植，早霜到来扣棚，12 月初开始收获。

（一）品种选择

设施芹菜秋冬茬栽培选用抗寒、抗病、丰产的实心类型品种。

（二）育苗

设施秋冬季生产芹菜，一般是夏季在露地育苗，晚秋定植于温室，霜冻前扣棚。苗龄 60 天左右。

1. 作苗畦施基肥

选地势较高，排灌方便，土壤肥沃，保水保肥性好的地块，精细整地，细碎平整，做成宽 1m，长 6～10 m 的育苗畦，每亩地施充分腐熟的农家肥 30～50 kg，深翻细耙，使畦面下端低于上端 2～3 cm，按设施栽培面积的 1/10 准备苗畦。播种时把畦面踩一遍，再用钉耙搂平，灌足底水，水渗下后发现低洼处用细土垫平，高处用耙搂平，待备用。

2. 种子处理

芹菜种子在高温条件下不易发芽，种皮革质较硬，不易透水，又含有挥发油，种子发芽慢，播种前必须进行浸种催芽。把经过精选的种子用15～20℃的清水浸泡24 h，出水后再淘洗几遍，拌上种子体积5倍的细沙，装入清洁的小盆或大碗中，放在15～18℃见光的地方，每天翻动1～2次，保持细沙湿润状态，发现畦表面见干时补充少量水分，5～7 d即可出芽。有70%种子发芽就可播种。如果催芽正处于炎热的季节，最好放在水缸旁边或地窖中。

3. 播种

芹菜可以条播也可撒播，每亩地用种量70～80 g，低温季节下可稍多种些。多选择下午4时以后或阴天播种。这样既可以避免烈日晒坏幼芽，又有较长的低温时间，对幼芽顶土有利。播种时把畦面踩一遍，再用钉耙搂平，灌足底水，水渗下后发现低洼处用细土垫平，高处用耙搂平，把催出芽的种子连细沙均匀铺在畦面上，再盖1 cm厚细沙或过筛的农家肥与大田土各50%的营养土。根据天气情况上面再覆盖稻草或薄膜，高温天气要搭盖遮阳网，保持土壤湿润，以利于出苗。一般采用湿播法，现浇底水，水渗下后覆上一层筛过的细土，约0.2～0.3 cm厚，然后可再盖一层碎草保湿，苗出齐后揭去。芹菜苗期一般长60 d左右，小苗细弱，生长慢，苗畦内极易长杂草。因此，必须及时拔除杂草。

4. 苗期管理

(1)发芽期。从种子萌动到子叶展平，真叶顶心，需10～15 d。此期主要靠种子贮藏的养分生长。由于种子小，种皮革质，发芽困难。因此，发芽期需保证适宜的温度、水分、气体等条件。播种后，为了保湿和降低床温，可在畦面上搭盖荫棚或遮阳网等。还要经常在早晚浇小水，保持土壤湿润。出苗后逐步除去遮阴物，加强对幼苗的锻炼。遇热雨后要及时浇井水降温。

(2)幼苗期。从真叶顶心到第一叶环形成(约5片真叶)，本芹需40～50 d，西芹则需要50～70 d。此期间应保持土壤湿润，及时除草。在幼苗1～2片真叶时，进行1～2次分苗或间苗，苗距8 cm见方，以扩大营养面积，保证秧苗健壮生长，并结合间苗或分苗进行除草。在芹菜苗期一般不追肥。如发现缺肥长势弱时，在3～4片真叶时可随水追施硫酸铵，每亩地施用10 kg。当芹菜长到5～6片叶时，根系比较发达，应适当控制水分，防止徒长，并注意防止蚜虫危害。一般本芹苗龄50 d左右，西芹的苗龄为60～70 d，幼苗长至10～12 cm，即可定植。

（三）整地定植

1. 定植畦准备

定植前，每亩地施腐熟有机肥 5 000 kg、过磷酸钙 25 kg、草木灰 100 kg、尿素 10 kg 作基肥。耕翻耙平后，做成长 1.0～1.2 m 的南北方向畦。

2. 定植方法和密度

定植前一天，苗畦浇水，栽苗时连根起苗，抖去泥土淘汰病虫危害和弱苗，在起苗时将苗进行分级，把大小相同的苗栽一起。注意栽苗时要掌握好深度，以埋住短缩茎，露出菜心为宜。过浅易倒伏，过深缓苗慢，要栽一畦，浇一畦，以利成活。每畦栽 5～6 行，单株定植，株距 8 cm，每亩地 40 000～48 000 株。

（四）田间管理

1. 缓苗期管理

在秋季定植的芹菜，此时外界气温较高，阳光充足，在定植水见干时要浇缓苗水。在心叶变绿，新根已经发出时，及时进行细致松土保墒，促进根系发育，防止外叶徒长。多茬生产的设施，定植时外界已出现霜冻，但白天室内气温仍然很高，因此定植后需进行大放风，控制适宜的温度，防止温度过高，也可多浇一次缓苗水。

2. 外叶生长期

从第一叶环形成至心叶开始直立生长为外叶生长期，需 20～40 d。这时期主要是根系恢复生长。随着根系恢复生长和新根的发生，植株陆续长出新叶。由于定植后营养面积扩大，受光状况改善，新叶呈倾斜状态生长，这是外叶生长期的显著特征。此期间应保持土壤湿润，满足养分供应。

（1）温度调节。设施秋冬茬芹菜缓苗后，气温逐渐下降。各地可根据气候特点，分别选择适宜的扣膜时间。一般初霜前后，日温降到 10℃左右，夜温降至 5℃时，将设施前屋面扣上塑料薄膜。盖膜初期，光照强、温度高，要注意通风降温。日温控制在 18～20℃，超过 25℃应及时通风。夜温 13～18℃，土温 15～20℃，促进地上部及地下部同时迅速生长。

（2）水肥管理。从定植到缓苗约 15 天，缓苗后及时控制浇水，中耕松土，蹲苗 7～10 d，促进根系发育。

3. 心叶肥大期

从心叶开始直立生长至产品器官形成，需 30～60 天。该期植株生长速度加快，陆续生长新叶，叶柄积累营养而肥大，是产量形成的关键时期。同时发生大量侧根，主根贮藏营养而肥大。

(1)温光调节。随着外界温度下降逐渐减少放风,并根据天气情况加盖草苫、纸被等保温覆盖物。严寒冬季2～3 d通1次风,夜间温度要保持在5℃以上,确保芹菜不受冻。

芹菜在营养生长期对光照要求不太严格,适宜的光照强度为30～50 klx,此期设施光照条件可满足芹菜生长的需求。

(2)水肥管理。芹菜的根系浅,根系主要分布在10 cm土层,横向伸展范围30 cm左右,吸收能力弱,且栽植密度大,叶面蒸腾量大,所以需要湿润的土壤和空气条件。适宜的土壤相对含水量为60%～80%,空气相对湿度为60%～70%。水分不足则品质和产量下降。当心叶开始直立向上生长、地下长出大量根系时,标志着植株已进入旺盛生长时期,应结束蹲苗。加强肥水管理,结合浇水每亩地追施尿素10 kg。当内层叶开始旺盛生长时,应追肥2～3次,每次每亩地追施饼肥100 kg或尿素10 kg、硫酸钾15 kg,生长期间保持土壤湿润。本芹擗收后1周之内不浇水,以利于伤口愈合。以后心叶开始生长,伤口已经愈合时,再进行施肥灌水。收获前20天禁止施用速效氮肥,以避免叶柄中硝酸盐含量超标。

(五)收获

芹菜的叶片簇生在短缩茎上,为二回奇数羽状复叶,每片叶有2～3对小叶及1个顶端小叶,小叶3裂。叶柄长而肥大,为主要食用部分。叶柄的品质决定了芹菜的营养价值和经济价值。叶柄维管束之间充满薄壁细胞,薄壁细胞中分布油腺,能分泌具有特殊香味的挥发油。优良品种在温度适宜和良好的栽培条件下,叶柄维管束、薄壁组织及厚角组织不发达,而内部的薄壁细胞发达并充满水分和养分,叶柄挺立,表现出特有的脆嫩和风味。若高温干燥、肥水不足则会使薄壁细胞破裂,造成叶柄中空,维管束和厚角组织发达,纤维增多,品质下降。

本芹可在叶柄高50～60 cm时开始擗收,一般每20～30 d擗收1次。每次收获1～3片,留2～3片。如果一株上摘掉的叶片太多,则复原慢,影响生长。整个冬季,一般每株可连续收3～5次,采收期达100 d左右。西芹一般在植株高度达70 cm左右,单株重1 kg以上时一次性收获。已长成的西芹收获不可过晚,否则,养分易向根部输送,造成产量、品质下降。

五、病虫害防治

(一)芹菜病毒病防治

(1)种子消毒。播种前用清水浸种34 h,再放入0.1%高锰酸钾溶液浸种30 min,捞出后用清水冲净再催芽播种。

(2)轮作倒茬净化土地。

(3)主要采取防蚜、避蚜措施进行防治。

(4)药剂防治:前期预防喷施丰姿750倍液,发病后喷施丰姿750倍液+金哥30 000倍液。

(二)芹菜软腐病防治

(1)实行2年以上轮作。

(2)定植、松土或锄草进避免伤根;培土不宜过高,以免把叶柄埋入土中;雨后及时排水;发现病株及时挖除并撒入石灰消毒;发病期减少浇水或暂停浇水。

(3)发病初期开始喷洒72%农用硫酸链霉素可溶性粉剂1 000倍液,或14%络氨铜水剂350倍液,或50%琥胶肥酸铜可湿性粉剂500~600倍液,或95% CT杀菌剂水剂(醋酸铜)500倍液喷雾,隔7~10 d 1次,连续防治2~3次。

(三)芹菜叶斑病

(1)选用耐病品种。

(2)实行2年以上轮作。

(3)合理密植,科学灌溉,防止田间湿度过高。

(4)发病初期喷洒50%多菌灵可湿性粉剂800倍液,或50%甲基硫菌灵可湿性粉剂500倍液,或77%可杀得可湿性粉剂500倍液喷雾,7~10天1次,连续防治2~3次。

(四)烧心防治

(1)选择中性土壤种植芹菜。对酸性土壤要施入适量石灰,把土壤的酸碱性调到中性。

(2)多施有机肥,避免过量施用氮肥、钾肥,尤其不要一次大量施用速效氮肥。

(3)避免高温、干旱。温度过高要通风降温。保持土壤经常湿润,小水勤浇,不能忽干忽湿。

(4)发生烧心时,要及时向叶面喷施0.5%氯化钙或硝酸钙水溶液,也可喷施绿芬威3号等钙肥。

(五)空心防治

(1)选择纯正的高质量的实心优良芹菜品种。

(2)选择适宜的地块种植。以富含有机质、保水保肥力强并且排灌条件好的沙壤土为宜,土壤酸碱度以中性或微酸性为好,忌黏土或沙性土壤种植。

(3)合理肥水。施足底肥,生长期追肥以速效氮肥为主,配合钾肥。为防缺硼空心,可用0.3%~0.5%硼砂溶液叶面施肥。小水勤浇,经常保持畦土湿润。

（六）叶柄开裂防治

（1）施足充分腐熟的有机肥，每亩施入硼砂1 kg，与有机肥充分混匀。

（2）叶面喷施0.1%～0.3%硼砂水溶液。管理中注意均匀浇水。

（七）蚜虫防治

（1）黄板诱杀。

（2）银灰膜驱蚜，播种前或定植前在菜田间隔铺设银灰膜条。

（3）药剂防治：用20%杀灭菊酯乳油3 000～4 000倍液，或40%乐果乳油1 000倍液、50%抗蚜威可湿性粉剂（避蚜雾）2 000～3 000倍液等喷雾防治。

（八）美洲斑潜蝇防治

（1）清洁田园，清除虫株虫叶，深埋或烧毁，消灭虫源。

（2）用黄板诱杀或用灭蝇纸诱杀成虫。

技 能 单

技能 绿叶类蔬菜形态特征观察

一、目的

认识常见的绿叶蔬菜，了解主要绿叶蔬菜的形态特征，以便应用于生产。

二、材料与用具

材料：菠菜（尖叶、圆叶两种）、芹菜（本芹、西芹）、芫荽、茴香、水萝卜、根达菜、落葵、紫苏、茼蒿、蕹菜、生菜、莴笋等。

工具：放大镜、米尺、刀片。

三、方法步骤

按绿叶蔬菜形态特征观察表中所列项目进行观察，并记入表内。

四、作业

1. 绘制尖叶与圆叶类型菠菜全图，并用文字简单描述两者的形态特点。

2. 芹菜全叶图（本芹和西芹）。

3. 根据观察，填写下表。

绿叶蔬菜形态特征观察表

蔬菜名称	叶						茎		植树科别	食用部位
	叶茎		叶片				形状特点	颜色		
	颜色	外表特点	形状	颜色	叶表特点	对生或互生				

知识点回顾

一、填空题

1. 菠菜别名:赤根菜、角菜。为(　　　)科菠菜属。一、二年生植物。
2. 菠菜根据叶形可分为(　　　)菠菜和(　　　)菠菜。
3. 菠菜的播种方法有(　　　)和(　　　)两种。
4. 叶用莴苣包括(　　　)、(　　　)、(　　　)3 个变种。
5. 莴苣种子发芽最低温度为(　　　)。
6. 莴苣依据对日照的要求属(　　　)作物。
7. 莴苣按产品器官可分为两种类型:(　　　)和(　　　)。
8. 芹菜属于(　　　)科芹属两年生草本植物。
9. 芹菜果实为(　　　)果。
10. 根据叶柄形态,芹菜分为(　　　)和(　　　)两种类型。

二、判断题

1. 菠菜是喜强光植物。(　　)
2. 菠菜种子为果实型种子。(　　)
3. 莴苣种子是瘦果。(　　)
4. 莴苣为十字花科的叶用蔬菜。(　　)
5. 结球莴苣结球期应重施钾肥。(　　)
6. 菠菜越冬应具有 4 ~ 6 片叶,可以安全越冬。(　　)

7. 芹菜种子在光下比在暗处容易发芽。 (　　)

8. 芹菜是典型的长日照作物。 (　　)

9. 芹菜是种子春化型蔬菜。 (　　)

10. 芹菜属于耐寒性蔬菜。 (　　)

三、简答题

1. 菠菜根据叶片形状和生育特征可分为哪几种类型,各有何特点?

2. 总结越冬茬菠菜栽培的田间管理关键技术。

3. 莴苣按产品器官可分为哪几类?

4. 叶用莴苣播前种子处理的方法有哪些?

5. 如何进行秋冬茬芹菜栽培的田间管理?

项目三　豆类蔬菜栽培

知识目标

1. 掌握菜豆、豇豆和豌豆的高产高效栽培技术。

2. 理解豆类蔬菜的生育周期和对环境条件的要求。

3. 了解豆类蔬菜的常见栽培种类、品种类型及其植物学特性。

技能目标

1. 会制订豆类蔬菜设施生产计划。

2. 能进行菜豆早春茬和秋茬大棚栽培。

3. 能进行豇豆春早熟栽培。

4. 能进行豌豆冬春茬和春早熟栽培。

信　息　单

任务一　菜豆栽培

菜豆又叫四季豆,俗称芸豆、玉豆、小刀豆等。原产于中南美洲。我国在16世纪末才开始引种栽培。我国南方各省春秋两季栽培,以避过盛夏高温与冬季严寒。春栽5~6月;秋栽9~11月上市。营养价值高,含蛋白质25%~31.1%(嫩荚

6%)，脂肪1.5%～2.2%，碳水化合物55.6%～70.3%及大量维生素，其中每100 g鲜荚含胡萝卜素0.26～0.45 mg，维生素23～28 mg，以嫩荚或种子为主要食用部分，并适于加工制罐，腌渍冷冻与干制。

一、生物学特性

(一)植物学特征

1. 根

菜豆为圆锥根系，主根较明显，主根深达80 cm以上，主要根群多分布在15～30 cm耕层中。主根长出3 d后，侧根长出并迅速扩展，形成发达根群，横向分布于浅土层中，长可达15 cm左右。根群分布比地上部要广，所以播种前要精耕细作。菜豆根系易木栓化，侧根再生能力弱，栽培上多进行直播栽培。在保护地栽培，为提早上市，提高其复种指数，多进行育苗移栽。在育苗移栽时，除了要控制日历苗龄外，还必须采用营养钵护根育苗。菜豆根瘤菌不发达，在棚室条件下，15 d左右形成，因为菜豆根瘤生长慢、根瘤少，所以，在温室条件下，使用氮肥也是必要的。

2. 茎

菜豆茎多为草质，左缠绕攀援，分为无限生长(蔓生)和有限生长(矮生)两种类型。

(1)蔓生种节间长，一般3～4节产生悬蔓，因不能直立生长，栽培时需设立架杆。蔓茎沿支架逆时针方向旋绕上架生长。

(2)矮生种节间短，主节一般5～7节，顶芽即分化成顶部花芽，不再继续生长，侧枝从叶腋处长出，顶部又形成花芽。矮生种温室栽培一般不设架。

菜豆茎多为绿色，少数为深紫色，主蔓基部断面多为近圆形，木质化较早，上部茎蔓多呈多棱形。

3. 叶

菜豆的叶可分为子叶、初生真叶(基生叶)和复叶。子叶出土，主茎第一、二真叶为对生单叶，心脏形。第三片真叶以后为三出复叶，互生。小叶多为阔卵形或菱卵形，也有心脏形或宽披针形。

4. 花

菜豆花为总状花序，蝶形花。花有白色，紫色，淡紫色等。生花4～10朵或更多，中下部花序花数较多，基部和顶部花序花朵较少。蔓生菜豆主茎4～5节起抽生花序。蔓生种80～200朵花，多为自花授粉，但有一定的异交率。

5. 果实

菜豆果实为荚果,豆荚两边沿有缝线(有纤维束)。豆荚先端有细而长的啄,蔓生菜豆的啄稍大。开花后10 d豆荚伸长最快,25 d左右达到品种固有长度。未成熟荚多为绿色或黄色,成熟荚有黄、褐、墨绿、花纹等。每荚有三至十粒种子,粒间有隔膜。豆荚内果皮为主要食用部分。

6. 种子

菜豆种子由种皮、胚和子叶三部分组成。种子侧面有一明显种脐。发育正常的豆荚中含有4~9粒,种子颜色有白、绿、黄、灰、褐、紫红、蓝、黑和花斑豆。粒形有扁圆、卵圆、椭圆、肾、长筒等形状。种子寿命为2~3年,高寒地区储藏5~6年仍有发芽能力。千粒重300~700 g。种皮薄,浸种时易破裂而受损伤。

(二)对环境条件要求

1. 温度

种子在8~10℃开始发芽,发芽适温20~30℃,最高不超过35℃,最低不宜低于15℃。幼苗生育适温为18~20℃,10℃以下生长受阻,短时间2~3℃下失绿。成株能耐2℃的低温,在0℃时幼苗和成株都将遭受冻害。地温13℃以下不利于发根,地温在23~28℃时根瘤生长良好。开花结荚适温为18~25℃,在10℃以下和45℃以上都不能结荚,在15~40℃结荚良好。高温使花蕾发育不完全。

2. 光照

菜豆属短日照作物,喜光,弱光下生长不良,对光照强度的要求仅次于茄果类。光照减弱时植株有徒长的趋势,分枝数和主、侧枝的节数都减少,干重降低。花芽对日照时数的要求不严,南、北地区可以相互引种。

3. 水

菜豆耐旱力较强,适宜土壤湿度为60%~80%,空气湿度为50%~75%。发芽期需吸足水分,但浸种以2 h左右为宜,长则易造成电解质外渗。幼苗期及抽蔓期对土壤水分适应性强,但土壤过干易影响植株生长,土壤水分过多,则易使根系腐烂,茎基部叶片黄化、脱落。开花结荚前适当控水,结荚后充分供水(80%左右),水多、水少均易引起落花落果,也易发生炭疽病、疫病、根腐病等病害。

4. 土壤和营养

菜豆对土质要求不严,但以排水良好、土层深厚的壤土或沙壤土为宜,通气良好的土壤有利于根瘤菌繁殖。菜豆吸收钾肥较多,磷较少,但在缺磷时植株生育不良,开花结荚少,籽粒少,产量低。蔓生种对氮的吸收量大,但要避免氮素过多造成茎叶徒长和落花落荚。钼能促进根瘤菌的旺盛发育,对氯离子反应敏感,所以生产上不宜施含氯肥料。

5. 对营养元素的基本要求

菜豆虽具有根瘤,其本身可以固氮,但根瘤菌不很发达,仍然需要人为补充氮肥。菜豆对氮、钾肥吸收较多,而对磷肥吸收较少,但缺少磷肥会使植株和根瘤菌生长不良,从而造成减产。

此外,微量元素中的钼能促进根瘤菌固氮,同时增加地上部叶绿素含量,提高光合强度;而硼是根系维管束与根瘤之间微管丝形成与发育所必需的,并对结荚起重要作用。因此,施用钼肥和硼肥可促进菜豆生育和根瘤菌的活动,提高菜豆产量。

(三)生长发育周期

1. 发芽期

从种子萌动到基生叶展开。在 20 ~ 30℃适宜温度下需 3 ~ 4 d。此期栽培上的关键是维持适宜的温度和良好的通气条件,保证适宜的水分。若遇阴雨天气,或畦内湿度过高,易造成烂种。

2. 幼苗期

幼株从开始独立生活到抽蔓前为幼苗期。其特点是以营养生长为主,同时开始花芽分化。矮生品种在播种后 20 ~ 25 d,蔓生品种约 25 d。此期地下部的生长量快于地上部,根开始木栓化,有根瘤发生,基生叶对幼苗生育有明显影响。

3. 抽蔓期

从 4 ~ 5 个复叶展开后,叶后植株节间开始伸长,直到现蕾开花(蔓生种)为抽蔓期,这时期茎蔓节间伸长,生长迅速,并孕育花蕾,初期根瘤固氮能力差,应施肥养蔓,但也防止茎蔓生长过旺影响结实。此期的茎叶开始加速生长,陆续抽出侧蔓,根瘤不断增加,花芽不断分化发育。

4. 开花结荚期

从开始开花到结荚终止为开花结荚期。矮生品种在播后 30 ~ 40 d 进入开花结荚期,历时 20 ~ 30 d;蔓生品种播后 50 ~ 70 d 进入开花结荚期,历时 45 ~ 70 d,这期间茎叶生长旺盛,继续抽出侧蔓,花芽自下而上陆续分化发育,并抽出花序、开花结荚,根系和根瘤继续发展。此期间需要大量养分和水分,充足的光照和适宜的温度。

二、类型和品种

菜豆依主茎的分枝习性一般分为蔓生型和矮生型。

(一)蔓生型

又称“架豆”,主蔓长达 2 ~ 3 m,节间长,攀缘生长。顶芽为叶芽,属无限生长型。每个茎间的腋芽均可抽生侧枝或花序,陆续开花结荚,成熟较迟,产量高,品质好。

（二）矮生型

又称“地豆”或“蹲豆”。植株矮生而直立，株高 40 ~ 60 cm。通常主茎长至 4 ~ 8 节时顶芽形成花芽，不再继续生长，从各叶腋发生若干侧枝，侧枝生长数节后，顶芽形成花芽，开花封顶。生育期短，早熟，产量低。

三、栽培茬次和季节

由于各地气候条件及所利用的温室和大棚设施不同，因此，菜豆的温室和大棚栽培类型较多，但大体可归纳为春茬栽培、秋茬栽培、秋冬茬栽培和冬春茬栽培类型，北方地区各种类型的具体栽培季节见表 5 – 1。

表 5 – 1　菜豆栽培季节和茬次安排（旬/月）

	设施类型	播种育苗期	定植期	始收期
早春茬栽培	大棚	上/2 ~ 中/3	中/3 ~ 中/4	中/4 ~ 下/5
	日光温室	下/12 ~ 上/2	中/2 ~ 下/3	下/3 ~ 上/5
秋茬栽培	大棚	下/6 ~ 下/7	——	下/8 ~ 中/9
	日光温室	中/7 ~ 上/8	——	中/9 ~ 上/10
秋冬茬栽培	日光温室	中/8 ~ 中/9	——	下/10 ~ 中/11
冬春茬栽培	日光温室	上/12 ~ 上/1	下/1 ~ 上/2	下/3 ~ 上/4

四、温室早春茬菜豆栽培技术

（一）品种选择

菜豆多数品种属于中光性，春、秋季皆可种植。日光温室早春茬栽培可选择早熟至中晚熟、耐寒性较强的蔓生型品种，如“芸丰”“架豆王”“双季豆”“老来少”“超长四季豆”等。

（二）育苗

日光温室早春茬菜豆可在 12 月下旬至 2 月上旬初在温室内播种或育苗，3 月下旬至 5 月上旬开始采收上市。

1. 营养土配制

育苗营养土可用未种植过豆类作物的园土和腐熟的有机肥按 6∶4 的比例均匀混合配制，也可加入 20% 左右的炉灰或锯末，以及 0.05% 的硝酸钙和 0.1% 的氯化钾，营养土可装入塑料育苗钵或纸钵。

2. 播种

播种前晒种 1 ~ 2 d，精选粒大、饱满、无虫害的种子，由于菜豆种皮薄，浸种时易破裂，为防止种子内养分外渗，故不提倡播前浸种（若需浸种可在 25 ~ 30℃ 温水浸种 12 h，然后在 20～25℃下催芽，3～4 d 出芽）。选好种子，用种子重量 0.2% 的 50% 多菌灵可湿性粉剂拌种，或用福尔马林 200 倍液浸种 30 min 后用清水冲洗干净。然后将种子播于 10 cm×10 cm 的营养钵中，每钵播 3 粒，覆土 2 cm 最后盖膜增温保湿。播种前如用根瘤菌拌种，或 0.1% 钼酸铵溶液浸种 1 h，洗净后播种，有助于根瘤的形成。

3. 苗期管理

菜豆在育苗期间主要是温度和水分管理，其中温度管理最为重要。播种后温度易控制在 25℃。出苗后，日温降至 15～20℃，夜温降至 10～15℃，但不能低于 10℃，因为 10℃以下生长受阻。当对生叶充分展开，第一片复叶出现后，为了促进根、茎、叶的生长和花芽分化，此时应适当提高温度，以白天 20～25℃、夜间 15～20℃为宜；定植前一周左右进行幼苗锻炼，适当降低温度，以白天 15～20℃、夜间 10～15℃、最后几天夜间 5～10℃为宜。

菜豆幼苗比较耐旱，在底水充足的前提下，定植前一般不再浇水。苗期尽可能改善光照条件，防止光照不足引起徒长。幼苗 3～4 片叶即可定植。

（三）定植

1. 定植畦准备

定植前应先进行整地施肥。一般每 667 m^2 可撒施腐熟有机肥 5 000 kg 左右，过磷酸钙 50 kg、草木灰 100 kg 或硫酸钾 20 kg 作基肥，然后进行深翻，翻后做畦或垄，一般蔓生菜豆以畦栽为主，矮生菜豆以垄栽为主。畦栽通常以每畦栽 2 行，畦宽 1.0～1.2m，个别也有采用每畦 1 行密植的；垄栽通常以垄宽 50 cm 为宜。做好畦后，待地温超过 10℃，夜间最低气温稳定超过 5℃即可准备定植。

2. 定植

定植时采用开沟灌水，待水渗后定植，再覆土，也可采用先定植后灌水的方法，但一般早春不易灌大水。定植株距以 20～25 cm 为宜，单行密植株距可采用 15 cm。定植时要注意不要把苗坨或土方碰碎，以保护根系。

（四）田间管理

1. 缓苗期和抽蔓期

（1）温度调节。定植后闭棚升温，日温保持在 25～30℃，夜温保持在 20～25℃。缓苗后，日温降至 20～25℃，夜温保持在 15℃。从 4～5 片真叶展开到开花为抽蔓期，需 10～15 d。此期茎叶生长迅速，花芽不断分化发育。抽蔓期外界气温升高，要注意通风降温，防止徒长。日温保持在 20～25℃，夜温保持在 15～18℃。

（2）水肥管理。菜豆耐旱能力较强，在生长期间，土壤适宜相对含水量为 60%～70%，空气相对湿度保持在 50%～75% 较好。菜豆苗期根瘤少，可在缓苗后结合浇水，每667 m^2 追施15 kg尿素，以利于根系生长和叶面积扩大。开花结荚前，要适当蹲苗控制水分，如干旱则浇小水。

(3)植株调整。菜豆主蔓长至30 cm时，需及时吊绳引蔓，否则茎蔓伸出后相互缠绕，影响生长。现蕾开花之前，第一花序下的侧枝打掉，中部侧枝长到30～50 cm时摘心。

2. **开花结荚期**

从开花到采收到结束为开花结荚期。矮生种一般播种后30～40 d便进入开花结荚期，历时20～30 d；蔓生种一般播种后50～70 d进入开花结荚期，历时45～70 d。

(1)温光调节。开花结荚期适温为18～25℃，若低于15℃或高于30℃，易产生不稔花粉，引起落花、落荚现象。故进入开花期，日温保持在22～25℃，有利于坐荚。当棚外最低温度达13℃以上时昼夜通风。高温伴随干旱则豆荚纤维增多，品质恶化。因此，保护地菜豆结荚期间要避免高温，以保证产品高产优质。

菜豆喜光，光饱和点为35 klx，光补偿点为1.5 klx。弱光条件下生育不良，开花结荚数减少。温室早春茬菜豆的开花结荚期光照较为充足，可满足菜豆生长要求。

(2)水肥管理。菜豆浇水的原则是浇荚不浇花。当第1花序豆荚开始伸长时，随水追施复合肥，每次每667 m^2 施用15～20 kg。一般10 d左右浇水1次，隔1次水追1次肥，浇水后注意通风排湿。微量元素钼对菜豆生育和根瘤菌活动有良好的作用。开花结荚期喷施0.3%钼酸铵溶液，有一定的增产效果。

3. **植株调整**

主蔓生长点达到架顶时落蔓或打顶，防止茎蔓生长过长造成棚内郁蔽。结荚后期，要及时解除下部老蔓和病叶，以改善通风透光条件，促进侧枝再生和潜伏芽开花结荚。

4. **防落保荚**

菜豆总状花序，花梗发生于叶腋或茎的顶端，花梗上有花2～8朵，可结荚2～8个，豆荚顺次成熟。菜豆的花芽量很大，但正常开放的花仅占20%～30%，能结荚的花又仅占开放花的20%～30%，结荚率极低，大量的花芽变成潜伏芽或在开放时脱落。主要原因是开花结荚期外界环境条件不适，如温度过高过低，湿度过大或过小或光照较弱，水肥供应不足等，都能造成授粉不良而落花。生产中可通过加强管理，适时采收等措施防止落花落荚，如落荚较重，可用5～25 mg/L萘乙酸溶液喷花序，保花保荚。

(五)收获

菜豆开花后10～15 d，可达到食用成熟度。采收标准为豆荚由细变粗，荚大而嫩，豆粒略显。每1～3 d可采收1次。采收时要注意保护花序和幼荚。

五、设施菜豆秋茬栽培技术

(一)品种选择

通常菜豆秋茬栽培应以选择耐热、优质、抗病性强的品种为主。如法国地芸豆、推广者、美国供给者、碧丰、芸丰1号等品种。

(二)整地施肥

菜豆秋冬茬栽培的播种适期在6月下旬至8月上旬,播前将腾好茬的地清理、整平,每667 m^2 施充分腐熟的有机肥3 000～3 500 kg,过磷酸钙30～40 kg,草木灰100 kg,然后进行深翻,耙平。一般采用南北向平畦,矮生菜豆畦宽150 cm,蔓生菜豆畦宽120 cm。

(三)种子处理

菜豆播种前一般要进行晒种1～2 d,并精选颗粒大、饱满、光泽好、无病虫害的种子用来播种。

(四)播种

菜豆秋茬栽培可采用直播。播种时开穴点播,矮生菜豆每畦4行,行穴距为30 cm×20 cm,每穴播4～5粒种子。蔓生菜豆每畦2行,行穴距为60 cm×25 cm,每穴播3～4粒种子。覆土厚均为2～2.5 cm。播种时,先开穴浇水少量,随之撒入少许细土,然后点播、覆土。不可先播种,后浇水,否则会使土壤表土板结,影响种子发芽出土,甚至会造成烂种。

(五)田间管理

1. 温光调节

菜豆在播种后的生育前期,由于气温偏高,应尽量降温。播种后温度易控制在25℃。出苗后,日温降至15～20℃,夜温降至10～15℃,防止植株徒长;开花期也应注意通风降温,维持适宜的生长温度,菜豆坐荚以后可逐渐提高棚温,白天20～25℃、夜间15～20℃。当棚温低于15℃高于25℃,对菜豆的开花结荚不利,30℃以上的高温会引起落花落荚。外界温度低于15℃时,应注意扣严薄膜保温,上午棚温达15℃时开始放风,下午棚温降至15℃时关闭风口。

2. 肥水管理

追肥浇水应掌握“苗期少,抽蔓期控,结荚期促”的原则。幼苗出土后,可根据土壤湿度情况浇一次齐苗水。植株长到3～4片真叶时,蔓生品种结合搭架浇1次抽蔓水,每667 m^2 土地追施10～15千克尿素,以促进抽蔓和植株发育。此后一直到开花为蹲苗期,应控制肥水,促进菜豆由营养生长向生殖生长发展。若肥水过多,导致植株茎蔓徒长,则会影响根系发育,而且会出现大量落荚、跑空秧子的现象。菜豆开花以后，应加强肥水管理，土壤相对湿度保持在60%～70%。待第1花序结幼荚时，即可结束蹲苗，开始灌水，并将浇水量逐渐加大，每采1次荚浇水1次，隔1次水随水追施尿素10 kg左右。在整个结荚期要保持土壤湿润，土壤相对湿度以70%～80%为宜。天气转冷后，浇水要适当减少。

3. 植株调整

蔓生长到4～8片真叶后开始甩蔓，此时应结合浇抽蔓水进行搭架。待植株长满架后打顶，进入结荚后期植株衰老时，要及时打去下部病、老叶，改善通风透光条件，促使侧枝萌发和潜伏花芽开花结荚。

（六）采收

矮生种播后50～60 d开始采收嫩荚，应在嫩荚充分长大而豆粒尚未凸起时及时采收，否则纤维增多、品质差。采收期一般为20～25 d。蔓生种播后60～70 d开始采收嫩荚，采收期30～60 d，结荚盛期每隔2～3 d采收1次。

六、主要病害防治

（一）锈病防治

（1）选用抗病品种。

（2）合理轮作：与其他非豆科作物轮作2～3年。

（3）加强管理：高畦栽培，合理密植，开沟排水，增施磷钾肥，以增强植株抗性。

（4）药剂防治：可选用15%粉锈宁可湿性粉剂1 000倍液，或40%福星乳油6 000～8 000倍液，或10%世高水分散颗粒剂1 000～1 500倍液，每隔7～10 d喷一次，连续防治2～3次。

（二）褐斑病防治

（1）合理密植，加强田间管理，增强植株抗病能力。

（2）药剂防治：可选用75%百菌清可湿性粉剂600倍液或70%代森锰锌可湿性粉剂700倍液、40%多硫悬浮剂500倍液喷雾，隔10 d喷1次，连续防治2～3次。

（三）病毒病防治

（1）选用抗（耐）病品种，种植无病种子，播前种子消毒处理。

（2）及时治蚜：及时防治好蚜虫，有条件的采用防虫网覆盖育苗或用银灰色遮阳网育苗避蚜防病。

（3）加强栽培管理，及时清除病残体。

（4）药剂防治：可选用2%菌克毒水剂200～250倍液，20%的病毒灵可湿性粉剂1 000倍液，或1.5%植病灵乳剂800倍液等喷雾防治。每隔7～10 d喷药1次，连用1～3次，具体视病情发展而定。

任务二　豇豆栽培

豇豆别名长豆，为豆科豇豆属一年生缠绕性草本植物，原产于亚洲东南部，我国南北方普遍种植。可鲜食亦可加工。以嫩荚和种子为产品，营养丰富，茎叶是优质饲料，也可作绿肥。其种子、叶、根和果实均可入药。豇豆产品供应期长，是解决8~9月夏秋淡季的主要蔬菜之一。

一、生物学特性与栽培关系

（一）植物学特征

1. 根

豇豆根系发达，主根系明显，深达80 cm以上。侧根稀疏，横展达60~100 cm，主根群分布在15~18 cm耕层。根的再生力弱，宜直播或育苗移栽。根上生有根瘤菌。

2. 茎

豇豆茎蔓生或矮生直立，茎蔓均呈左旋性缠绕茎表面光滑，有直的细槽，绿色或紫红色。栽培种以蔓生型为主，矮生型次之。蔓生种萌发侧枝能力较强，第一花序以下或以上也可抽侧枝。

3. 叶

豇豆子叶出土，出生为对生单叶，基生叶对生，单叶，第3片真叶以上为三小叶组成的复叶，互生。小叶长卵形或菱形，叶肉厚，深绿色，叶面光滑，较耐干旱。

4. 花

豇豆花为总状花序，蝶形花，有紫红、淡紫、乳黄色，自花授粉。花梗长10~16 cm，每株可形成20~40个花序，每一花序有花4~6朵。有0.8%~1.2%的花朵在刚开放时雌蕊突出龙骨瓣而自然异交。

5. 果实

豇豆果实为荚果线形，嫩荚柔软细长，近圆筒形，直而下垂生长，一般都对生，每荚含种子10~24粒。每个花序结荚2~4个，因品种而异，长30~90 cm。

6. 种子

豇豆种子肾形或月牙形，表面光滑或有皱皮。开花后25~30 d种子达生理成熟，千粒重300~400 g。种子发芽年限为3~4年。

（二）生长发育周期

豇豆自播种至嫩荚采收结束需90~120 d。从种子萌发到结出新种子需110~140 d，豇豆的生长发育，从播种至豆荚成熟，可分为四个时期：种子发芽期、幼苗期、抽蔓期和开花结荚期。

1.发芽期

从种子萌动至第一对真叶展开的过程。子叶刚出土时,植株仍不能进行光合作用,此期各器官生长所需的营养主要由子叶供应。第一对真叶展开后植株才可进行光合作用,由异养生长转换为自养生长,所以初始的一对真叶是非常重要的,应注意保护,不能损伤或被虫咬。豇豆的第一对真叶是单叶对生,其后真叶为互生三小复叶。温度在25~30℃和适当的湿度下,播种3~4 d便可发芽,14~25℃则需要7~10 d才可发芽。种子发芽所需要吸收的水分,一般不超过种子量的50%,此时水分过多容易引起烂种,因此在露地上种植,播种期应当避开连绵阴雨和低温天气,同时要严格控制土壤的水分,并要为种子萌芽出土提供一个疏松透气的土壤环境。

2.幼苗期

从幼苗独立生活到抽蔓前(矮生品种到开花)为幼苗期。此期以营养生长为主,同时开始花芽分化,茎部节间短,地下部生长快于地上部,根系开始木栓化。幼苗期需15~20 d。

3.抽蔓期

从7~8片复叶至植株现蕾为抽蔓期,一般约为10~15 d。这个时期主蔓迅速伸长,基部开始在第一对真叶及主蔓第2~3节腋处抽出侧蔓,根瘤也开始形成。抽蔓期需要较高温度和良好的日照,在此条件下,茎蔓较粗壮,侧蔓发生也较快,如温度过低或过高,阴天多,则茎蔓生长较弱。抽蔓期土壤湿度大,则不利于根的发育和根瘤的形成。

4.开花结荚期

从植株现蕾至豆荚采收结束,此期的长短因品种、栽培季节和栽培条件的不同而有很大差异,短的45 d,长的可达70 d。现蕾至开花,一般5~7 d,开花到商品豆荚采收一般约需8~13 d,商品豆荚至豆荚生理成熟还需4~10 d。此期开花结荚与茎蔓生长同时进行。一方面抽出花序开花结荚,另一方面继续茎叶的生长,发展根系和形成根瘤。由于生长量大,生长迅速,因此在开花结荚期一定要满足植株的养分需要,如开花结荚期田间管理不当,往往出现蔓叶生长不良,影响开花结荚,或蔓叶生长过于茂盛,延迟抽出花序、少抽出花序或引起落花落荚。开花结荚期如果营养生长过于旺盛,就会抑制生殖生长或田间水分过多或干旱,温度过高或过低,光照太弱以及病虫害等,这些都是引起落花落荚的重要原因。开花结荚期,植株需要大量的营养,且豇豆的根瘤菌又远不及其他豆科植物发达,因此必须供给一定数量的氮肥;但也不能偏施氮肥,如施用氮肥过多,容易出现植株徒长,延迟开花结荚甚至引起落花落荚，因此应注意氮、磷、钾肥的配合施用，并且开花结荚期应当适当增加磷钾的比例。

（三）对环境条件的要求

1．温度

豇豆是耐热性蔬菜，能耐高温，不耐霜冻。发芽适温为30～35℃，生长发育适温为20～25℃，豇豆种子播种后在30～35℃气温下出土成苗较快，抽蔓后在20～25℃的气温下生长较好；开花结荚最适宜的温度为25℃，35℃左右的高温仍能生长和结荚。15℃左右生长缓慢，10℃以下时间较长则生长受到抑制，5℃以下受冷害。接近0℃时，植株冻死。

2．光照

豇豆属短日性蔬菜，缩短光照时间可降低花序着生节位，提早开花，增加产量，豇豆喜强光，开花结荚期光照要充足，如光照不足，则会引起落花落荚。

3．水分

豇豆生长要求有适量的水分，但能耐干旱。种子发芽期和幼苗期不宜过湿，以免降低发芽率或幼苗徒长，甚至烂根死苗。开花结荚期要求有适当的空气湿度和土壤湿度；下雨过多、湿度大或遇干燥冷风，都容易引起落花落荚。并且土壤水分过多，也不利于植株根系和根瘤菌的活动，甚至会出现烂根发病，引起落花落荚。

4．土壤与营养

豇豆对土壤的适应性广，只要排灌良好的疏松土壤，均可栽培，但以土层深厚、土质肥沃、排水良好的中性沙质土为佳。豇豆适于pH6.2～7的土壤种植。但是，土壤酸性过强，会抑制根瘤菌的生长，也会影响植株的生长发育。

二、类型与品种

按生长习性分为有蔓生型和矮生型。

1．蔓生型

主蔓侧蔓均为无限生长，主蔓高达3～5 m，具左旋性，栽培时需要设支架。叶腋间可抽生侧枝和花序，陆续开花结荚，生长期长，产量高。

2．矮生型

主茎4～8节后花芽封顶，茎直立，植株矮小，株高40～50 cm，分枝较多。生长期较短，成熟早，收获期短而集中，产量较低。

三、茬口安排

豇豆喜温耐热怕寒，北方春夏秋均可进行露地栽培，春季播种期比菜豆晚几天。一般北方一季作地区一年栽培一茬，春夏秋播，夏秋收获。北方两季作地区分春、秋两季栽培。春季早熟栽培于4月中下旬直播或定植，6月下旬始收，育苗苗龄20～25 d；晚春茬于5月上旬直播，7月中旬始收；秋茬于6月中下旬直播，8月上旬至9月中旬始收。北方地区还可以利用大棚春提前、秋延后和春夏连秋一大茬栽培。大棚秋延后，豇豆于6月至7月上旬直播，或7月下旬至8月上旬定植，8月上旬始收，10月下旬至11月中旬拉秧，生长期80～120 d。

四、大棚早春茬豇豆栽培技术

（一）品种选择

大棚早春茬豇豆栽培应选早熟、耐寒、高产、抗病、优质、豆荚长、商品性好的蔓生品种。如之豇28－2、宁豇1号、丰产3号、扬豇12号、成豇1号、成豇3号等。

（二）培育壮苗

早春豇豆育苗播种后，气温低，发芽慢，遇低温阴雨，种子容易发霉烂种，成苗差。大棚豇豆需提早育苗，这是早熟栽培的关键性技术措施，可采用酿热温床或电热温床育苗，采用营养钵护根法育苗，营养面积10 cm×10 cm，豇豆的根系木栓化比较早，再生能力弱，苗龄不宜太长。适龄壮苗的标准是日历苗龄20～25 d，生理苗龄是苗高20 cm左右，开展度25 cm左右，茎粗0.3 cm以下，真叶3～4片，根系发达，无病虫害。

1.营养土准备

营养土的成分按园土：腐熟农家肥比例为2：8配制，另外一方土加80 g多菌灵，分层对堆制，加适量水，轻轻踩实，用塑料薄膜覆盖封严，进行发酵和消毒。5～7 d后，在直径8～10 cm，高10 cm的营养钵内装7 cm高的营养土，摆在苗床上备用。

2.种子处理

早熟豇豆栽培一般是3月下旬至4月上旬播种，播种前精选种子，选用籽粒饱满，色泽新鲜，无霉烂虫蛀的种子。播种前晒种1～2 d，以提高发芽率和发芽势。

用50℃温水浸种至种皮发皱播种；或用消毒灵1 500倍液将种子浸泡15～20 min，用清水洗净播种；或用种子量0.3%福尔马林药液浸种20 min，然后用清水冲洗干净，捞出后播种。

3.播种

播种前给装好营养土的营养钵浇透水，每钵点播3～4粒种子，覆土2～3 cm，之后将育苗钵摆在温床上，用竹片搭小拱棚，上盖塑料薄膜。

4. 苗期管理

豇豆出苗期不揭薄膜，膜内温度保持在25～30℃，白天保持在30℃左右，夜间25℃左右。子叶展开后，白天温度可降至20～25℃，夜间15～20℃较为理想，最低不低于5℃。经常保持湿润，不可浇水过多，以免发生徒长和沤根、猝倒病。保持良好的光照条件，注意通风换气。这样，幼苗生长整齐健壮，移栽后生长旺盛。定植前7～10 d及时炼苗。

(三)定植

1. 整地作畦

豇豆需要的养分较多。因此，在定植前必须深耕，施足基肥，每667 m^2 施入充分腐熟有机肥5 000 kg、过磷酸钙25 kg、草木灰150 kg或硫酸钾20 kg作基肥。豇豆根系分布发达，主根群主要分布在15～25 cm土层中，整地适宜深翻，做成宽1.2 cm的畦或宽0.6m的垄，覆盖地膜。

2. 定植

定植前1个月或在头一年秋季扣越冬棚，提高地温。待棚内10 cm地温稳定通过15℃，气温稳定在12℃以上时即可定植。温度低可加盖地膜或小拱棚。定植选择晴朗和暖天时进行，将地膜用刀片划口后栽入，栽植密度为60 cm×30 cm，栽苗后将幼苗四周孔隙用细土盖严，每667 m^2 栽植3 000～4 000穴，每穴2～3株。

(四)田间管理

1. 缓苗期和抽蔓期

(1)温光调节。定植后3～5 d要注意保温少通风，以提高棚温，有利于缓苗。缓苗后，棚内白天温度保持25～30℃，夜间温度不低于15℃。缓苗后植株进入抽蔓期，主蔓迅速生长，同时在基部节位抽出侧蔓，根系也迅速生长，并形成根瘤。

(2)水肥管理。豇豆比其他豆类更容易出现营养过盛的问题，因此，管理上应采取促控结合的措施，防止徒长和落荚。一般前期不浇水施肥，要尽量控制肥水，尤其是氮肥的使用，防止植株只长茎蔓，不形成花序，现蕾期若干旱，浇1次小水。初花期不浇水不施氮肥，以控制营养生长。

(3)植株调整。蔓生性豇豆在主蔓长30 cm左右及时吊绳引蔓。主蔓第一花序以下萌生的侧蔓长到3～4 cm时打掉，保证主蔓健壮生长。

2. 开花结荚期

从现蕾开始到采收结束为开花结荚期。此期的长短因品种、栽培季节和栽培条件的不同而有很大差异，短的45 d，长的可达70 d。此期开花结荚与茎蔓生长同时进行。

(1)温光调节。开花初期随着气温的升高逐渐加大通风量，以免因温度过高引起徒长和落花。此期开花结荚适温为25～28℃,35℃以上高温仍能正常结荚。当外界温度通过20℃时,撤除棚膜,转入露地生产。

(2)水肥管理。当第1花序坐荚,以上几节的花序相继出现,开始追肥灌水。开花结荚期要求适宜的空气湿度和土壤湿度,过湿过干都易引起落花落荚,此期增施磷钾肥有助于促进植株生长和提高豆荚的产量和品质。植株基部出现花序开始追肥,当植株大部分出现花序时要重施肥,此时绝不可使叶片发黄,以后每采收2～3次需追肥一次,追肥时使用复合肥效果好,每667 m^2 追施磷酸氢二铵7.5 kg;中部花序开花结荚期,每10 d左右浇1次水,每667 m^2 追施三元复合肥10 kg和充分腐熟的人类粪便100 kg;上部的花序开花结荚时,视土壤湿度10天左右浇1次水,每次每667 m^2 追施复合肥、尿素和硫酸钾各7.5 kg。整个开花结荚期保持土壤湿润,浇水掌握"浇荚不浇花,干花湿荚"的原则。苗期和盛花期各用0.2%的硼砂和0.2%磷酸二氢钾溶液进行叶面喷施1次。

(3)植株调整。豇豆侧枝易开花坐荚,因此,主蔓长至1.5～1.6m时打顶,促进主蔓中上部侧枝上的花芽开花结荚。主蔓上发生的侧枝都要摘心,促进侧枝第一个花序的形成,利用侧枝上发出的结果枝结荚。但不同部位发生的侧枝,保留节位不同。下部发生较早的侧枝,保留10节左右;中部发生的侧枝,留5～7节;上部发生的侧枝留2～3节。

(五)收获

豇豆荚果线性,每个花序结荚2～4个。豆荚充分长成,达到商品成熟期,应及时采收。与菜豆相同,采收时,不要损伤其他花序及嫩荚,更不能连花序一起摘掉。初期4～5 d采收1次,盛果期1～2 d采收1次。

五、露地豇豆栽培技术

(一)整地施肥作畦

结合整地施足有机肥和磷钾肥对豇豆非常重要,即可避免炎夏雨季追肥困难,易发生脱肥的问题,又可促进茎叶生长,增加花序数目,延长盛果期。一般每公顷施腐熟有机肥15 000～37 500 kg,300～400 kg过磷酸钙和750 kg草木灰,或用三元复合肥225～300 kg,也可用22.5 kg磷酸二铵和2.5 kg硫酸钾。豇豆不如菜豆耐肥,若前茬作物施肥较多,可酌情减少基肥使用量。

北方多为平畦栽培,多雨地区也可垄作。一般畦宽120～130 cm,每畦播种2行,穴距20～33 cm。

(二)直播播种和育苗移栽

1.直播

豇豆抗寒性不如菜豆,春季播种期可比菜豆晚 1～3 周,一般在低温稳定在 10～12℃以上即可播种。播种深度约 3 cm,每穴 3～4 粒,留苗 2～3 株,用种量 45～60 kg/hm^2。春季和初夏播种不宜太密。而秋季因生长期短,开花结荚早,可适当密植。

2.与直播相比,育苗移栽有许多优点

第一,育苗移栽有许多优点。第二,育苗移栽可以提早播种,提早上市。第三,豇豆直播,常表现根深叶茂,长势过旺,而结荚较少。育苗移栽,定植后植株健壮而不旺,具有防止徒长和促进生殖生长的作用,而且群体通风透光良好,坐荚率高。第四,早春育苗,豇豆处于短日照下,有利于花芽分化,开花早,结荚部位降低。试验表明,育苗可比直播增产 27.8%～34.2%。豇豆根系再生能力差,应采取护根育苗法,同时苗龄不宜过大,幼苗 3～4 片真叶,育苗畦 20～25 d 为宜。播种日期可依各地区定植日期向前推算。

(1)种子处理。播种前精选种子,选用籽粒饱满,色泽新鲜,无病虫害的种子。然后用 80℃左右的热水浸种 0.5 min,杀死病原菌和虫卵。随后迅速加入凉水降温,用清水浸泡 4 h 左右,捞出后播种。浸泡时间过长,游离氨基酸,可溶性糖和蛋白质外渗率显著增加。豇豆胚根对环境温度和湿度变化比较敏感,一般播种前不催芽,以免伤害胚根。利用阳畦、小拱棚或日光温室,采用口径 8～10 cm 的塑料钵、纸钵或营养土方进行护根育苗。

(2)播种。播种前浇足底水。每钵点籽 3～4 粒,覆土 3 cm 后。播种后盖膜保温促进出苗。齐苗后放风降温,保持苗床温度 20～25℃。

(3)定植。定植前 7 d 撤去覆盖物炼苗。整个苗期不浇水。选晴天定植。定植时浇定植水,5～7 d 后浇缓苗水。

(三)田间管理

在生长前期(坐荚前),豇豆比其他豆类更容易出现营养过盛问题;在生长后期(坐荚后),豇豆的营养生长和生殖生长竞争营养更加剧烈,既要大量地、连续地开花结荚,又要继续发根长叶和爬蔓,为继续开花结荚奠定基础,二者的关系失去平衡,很容易出现“伏歇”或早衰问题。因此,调节营养生长和生殖生长的平衡关系是豇豆丰产的关键。生产管理上,主要掌握先促后控的原则,通过水肥供应、整枝摘心、及时采收等措施,进行综合调节,防止徒长、早衰和落花落荚,减缓“伏歇”现象。

1. 肥水管理

坐荚前以控水中耕保墒为主，进行适当蹲苗，促进发根和茎叶稳步健壮生长。具体掌握：定植水和缓苗水后加强中耕；现蕾时浇小水，水后中耕；初花期不浇水；第一花序坐荚后开始追肥浇水，促进果荚生长；结荚期要保证水肥供应，经常保持畦面湿润，每隔1～2水追肥1次，防止脱肥早衰。追肥量为每次三元复合肥75～112 kg/hm²，或磷酸二铵75 kg/hm²。也可结合氮肥追施磷钾肥1～2次。基肥和追肥增施磷钾肥，防止偏施氮肥造成徒长。雨涝季节注意排水。雨后要及时压清水。

结荚期叶面喷洒0.3%磷酸二氢钾，0.1%硼砂和0.1%钼酸铵，或绿丰素、植物动力素、喷施宝等叶面肥2～3次，增产作用显著。

2. 植株调整

蔓生性豇豆的主蔓生长很快，当植株5～6片叶时要及时搭架，人工引蔓上架。架形以人字架为多。豇豆生长期长，架要牢固，防止暴雨季节趴架。引蔓均匀上架，有利于通风透光。引蔓宜在晴天中午或下午进行。雨后或干旱，茎蔓嫩脆易断。

及时整枝抹芽摘心可以节约养分，改善群体通风透光性能，调节秧果平衡。主蔓第一花序下的侧芽要及早彻底抹去，以保证主蔓粗壮。主蔓第一花序以上各节的侧枝都应在早期留2～3叶摘心，促进侧枝形成第一花序。主蔓满架后及时摘心，促进下部侧枝开花结荚。矮生豇豆一般在植株出现侧枝时留2～3叶摘心，可显著提高坐荚率。

（四）伏歇

豇豆开花结荚期较长，可延续60 d左右。但生产中常出现产量峰谷现象，在第一次产量高峰后，植株早衰，长势减弱，开花结荚寥寥无几。因这种现象常出现在伏天，发生“伏歇”现象。伏歇产生的原因主要有四个方面：一是在第一个结荚高峰消耗大量营养后，肥水供应不及时，造成脱肥早衰；二是夏季雨涝严重，根系生理机能下降，甚至沤根，造成严重落叶；三是整枝摘心不及时，群体郁闭，通风透光不良；四是病虫危害猖獗，功能叶严重受损，光合产物亏缺。

对策：一要施足底肥，同时施入有机肥和磷钾肥，防止炎夏多雨季节施肥跟不上造成脱肥，亦可防止偏施氮肥造成疯秧；二要在结荚盛期多次追肥，一旦发生早衰或“伏歇”应及时加强肥水供应，夏季注意排水防涝；三要及时整枝摘心；四要及时加强病虫害的防治工作。

（五）采收

豇豆在开花后12～15 d为嫩荚采收适期。采收要及时，初果期和后期一般

2～3 d采收一次，盛果期应每天采收。采收过晚或漏采，不仅赘秧消耗养分，而且果荚肉质变松发泡，颜色变白，商品品质和食用品质大幅度降低。

豇豆花序为总状花序，每花序有花2～5对，常成对结荚。采收时要保护花序，不要损伤花序上其他花蕾，更不能连花序柄一起摘下。

六、主要病虫害防治

（一）豇豆褐斑病防治

（1）与非豆类蔬菜实行2年轮作。

（2）加强栽培管理，合理密植，增施钾肥，清洁田园。

（3）药剂防治：发病初期及时喷75%百菌清可湿性粉剂600倍液，或70%甲基托布津可湿性粉剂1 000倍液，或75%百菌清可湿性粉剂1 000倍液加70%甲基托布津可湿性粉剂1 000倍液，或75%百菌清可湿性粉剂1 000倍液加代森锰锌可湿性粉剂1 000倍液，每隔7～10 d 1次，连续防治2～3次。

（二）炭疽病防治

（1）选用抗病品种。

（2）合理密植，与禾本科作物轮作。

（3）药剂防治：可选用50%多菌灵500倍液或75%百菌清800倍液，农抗120水剂120～150倍液防治，每隔7～10 d 1次，连续防治2～3次。

（三）霉污病防治

（1）农业防治。清洁田园，清除病株残体；注意搞好田间通风透光；合理密植，防止湿度过大；搞好沟厢管理，防止田间积水。

（2）生物农药防治。可用井岗霉素1 000倍液或武夷菌素150～200倍液，或用农抗120、绿享7号等防治。

（3）化学制治防治。用波尔多液1∶1∶(200～250)倍液、铜铵合剂1份原液加水200千克喷雾防治。

（4）化学药剂防治。可用25%多菌灵400倍液或5%粉锈宁500～1 000倍液喷雾，化学制剂防。每隔7～10天1次，连续防治2～3次。

（四）豇豆螟防治

可选用2.5%敌杀死乳油2 000倍液，或2.5%保得乳油2 000倍液，或20%灭扫利乳油1 500倍液，或10%氯氰菊酯乳油1 500倍液等药剂防治。

（五）豇豆茶翅蝽防治

以药剂防治为主，可于8月中下旬后田间茶翅蝽发生的初期喷药防治，可使用1.8%阿维菌素乳油4 000倍液、10%吡虫啉可湿性粉剂5 000倍液，或10%氯氰菊酯乳油 1 500 倍液,或 5% 高效氯氰菊酯乳油 1 500 倍液,或 80% 敌敌畏乳油 800 倍液,喷药时主要喷施植株、地面以及菜田路边等处。

任务三　豌豆栽培

豌豆是豆科豌豆属一年生或二年生攀缘性草本植物,别名荷兰豆、雪豆、麦豆、青斑豆、寒豆等。原产于地中海沿岸和中亚细亚,西汉时传入我国。我国豌豆栽培遍及全国各地。

栽培豌豆包括 3 个变种,即粮用豌豆、菜用豌豆和软荚豌豆。粮用豌豆又名寒豆、雪豆、麦豆等,硬荚(剥壳型荚),种皮光滑,颜色较深。菜用豌豆有粮用豌豆演化而来,以鲜豆粒供作蔬菜食用,或用于速冻和制罐。软荚豌豆又名荷兰豆,是在菜用豌豆的基础上选育而成,软荚(糖型荚),成熟时不开裂;种皮皱缩,颜色较浅;幼荚鲜嫩香甜、口感清脆、营养丰富,可作鲜菜食用,也可速冻或制罐。豌豆的茎叶是优质的绿肥和青饲料。菜用豌豆还可采收嫩梢供食用,故常称为食苗豌豆或豌豆尖、龙须菜等,嫩梢鲜嫩、肥厚、质地柔滑、营养丰富、风味极佳。豌豆每 100 g 嫩荚含水 70.1 ~ 78.3 g、碳水化合物 14.4 ~ 29.8 g、蛋白质 4.4 ~ 10.3 g、脂肪 0.1 ~ 0.6 g、胡萝卜素 0.15 ~ 0.33 mg,还含有必需的氨基酸。

一、生物学特性

(一)植物学特征

1. 根

豌豆具有豆科植株典型的直根系和根瘤菌。主根比较发达、发育较早。侧根稀疏,根系吸收难溶性化合物的能力较强,耐瘠薄能力强。根瘤菌发达,常数个聚生。

2. 茎

豌豆茎中空,按其生长习性分为矮生、蔓生和半蔓生 3 种。蔓生种和半蔓生种栽培时需要支架。矮生品种多属于下位分枝型,主茎 1 ~ 3 节处发生分枝;蔓生品种则属于上位分枝型,10 节左右才分枝。

3. 叶

豌豆出苗时,子叶不露出土面。叶柄基部有托叶抱茎。主茎基部 1 ~ 3 节着生的真叶为单生叶,4 节以上为羽状复叶,由 1 ~ 3 对小叶组成的顶端小叶变成卷须,有攀缘性,能相互缠绕。茎、托叶及小叶表面有蜡质。叶色淡绿至浓绿,或兼有紫色斑纹。

4. 花

豌豆为总状花序，蝶形花，有紫、白或多种过渡花色。早熟品种始花节位在5～10节，中熟品种在11～14节，晚熟品种在15节以上。每个花序有花1～3朵。花冠白色或紫红色。多数品种每个花序结荚1～2个，矮生品种或小粒品种每花序花数较多，结荚数也较多。在露地或保护地栽培时，都能完全开花结实。但在干燥和炎热条件下，雌雄蕊可能露出花瓣导致杂交，杂交率为10%左右。因此设施内应做好品种间的隔离，并在开花期保证设施内的温度与湿度。

5. 果实

豌豆的果实为荚果，荚果浓绿色或黄绿色。豆荚稍扁平或近圆筒型。荚果有硬荚和软荚之分，软荚种内果皮柔软可食，果荚纤维素发育迟，嫩荚和嫩粒均可鲜食，成熟后干缩而不开裂；硬荚种的内果皮在种子膨大前随着纤维素含量增加开始硬化，逐渐成一层似羊皮纸状的透明革质膜，必须撕除后才可食用，故一般只食青豆粒，老熟后荚开裂。豌豆结荚率受环境影响大，如开花结荚期遇上高温干旱，坐荚率显著降低。

6. 种子

豌豆种子球形，每荚有种子2～4粒，最多7～8粒。依品种有皱缩和光滑两种，软荚类型种子为皱粒，硬荚类型（粮用和菜用）为圆粒、表面光滑。种色有白、黄、绿、紫、黑数种。种子寿命2～3年。在选种时需注意使用在寿命年限内的新种子。

（二）生长发育周期

蔓生品种的生育周期包括种子发芽期、幼苗期、抽蔓期和开花结荚期。各期历时分别为10 d左右、10～15 d、20～30 d、80～90 d。根系生长与茎叶生长同步。幼苗期根系生长较缓慢，花芽开始分化时达到高峰期，开花前根系长势迅速减弱，豆荚发育时稍有增强，结荚期趋于停止。幼苗期和抽蔓期，茎蔓开始伸长并陆续发生侧枝。长日照、气温低（10℃左右）时，侧蔓发生较早且多。气温较高时（15～20℃），侧蔓发生晚，上位分枝较多。种子低温处理后，多数品种分枝变少。开花结荚期，茎蔓继续生长。种子萌动后低温长日下可以提早抽出花序。

（三）对环境条件的要求

1. 温度

豌豆为半耐寒性蔬菜，喜温和凉爽湿润气候，不耐炎热干燥，耐寒能力较强，圆粒品种比皱粒品种耐寒能力更强。圆粒品种的种子在1～2℃时开始发芽，皱粒品种在3～5℃时开始发芽。种子发芽适温为18～20℃。温度低发芽慢，如在4℃时48 d才发芽，在18℃时3～4 d就可发芽。幼苗能忍耐－4～－5℃的低温。苗期温度稍低，可提早花芽分化，温度高特别是夜温高，花芽分化节位升高。茎叶生长适温为15～20℃。开花结荚期适温为15～18℃。0℃时花粉就能发芽，但花粉管伸长很慢；5℃时发芽率高，伸长也快；20℃左右时伸长最好。开花期如遇短时间0℃低温，开花数减少，但已开放的花基本上能结荚。在0℃以下的低温下，花和嫩荚易受冻害。在25℃以上的高温下，植株生长不良，受精率低，结荚少，夜高温影响尤甚。荚果成熟阶段要求18～20℃。采收期间温度高，成熟快，但产量和品质降低。

2. 光照

豌豆多数品种为长日照植物，延长日照时间能提早开花，相反则延迟开花。但不同品种对日照长短的敏感程度不同。据我国初步研究结果表明，北方品种对日照长短的反应比南方品种敏感；红花品种比白花品种敏感；晚熟品种比早中熟品种敏感。因此，从北方往南方引种时，应引早中熟品种，切不可引晚熟品种。豌豆还有不少品种对日照长短不敏感。

3. 水分

豌豆的根系较深，耐旱能力稍强，要求中等湿度，不耐旱不耐湿。更不耐空气干旱。适宜的土壤相对湿度为70%左右，适宜的空气相对湿度为60%左右。豌豆的耐旱能力不如菜豆、豇豆、扁豆等豆类蔬菜。豌豆各生育期阶段对水分要求不同。生长期内排水不良，容易烂种，且易发生白粉病。豌豆不耐湿，播种后水多，容易烂种；幼苗期控水蹲苗有利于发根壮苗。开花结荚期需水量较多，空气干燥，开花就减少。高温干旱最不利于花朵的发育。土壤干旱加上空气干燥，花朵迅速凋萎，大量落花落蕾。因此，开花期遇干热风会发生严重落花问题，人们常称之为“风花”或“旱花”。同时高温干旱会影响荚果纤维素提早硬化，嫩荚停止生长，过早成熟，空荚和瘪荚增多，降低品质和产量，因此，结荚期应保证充足的水分供应，以达高产、优质的栽培目的。结荚期豌豆的耐旱能力还与品种有关。来源于干旱地区的品种，耐旱能力较强。

4. 土壤

豌豆对土壤要求不严，各种土壤均能生长，但以保水力强、排水容易、富含腐殖质的壤土、粘壤土和砂壤土较适宜。根系和根瘤菌生长的适宜pH值6.7～7.3。pH大于8时，影响根瘤生长。pH低于6.5时，固氮能力降低，植株矮小瘦弱、叶片小而黄并且从下往上脱落。

5. 矿质营养

豌豆一生中对三要素的吸收量，以氮素最多、钾次之、磷最少。据测定，每生产1吨鲜豆粒，需氮16.5 kg、磷6 kg、钾12.0 kg，其比例为2.7:1:2。幼苗期应供应一定量的氮肥，以促使幼苗健壮生长和根瘤形成。磷肥能促进根瘤生长、分枝和籽粒发育。缺磷,植物叶片呈浅蓝绿色无光泽、植株矮小、主茎下部分枝极少、花少、果荚成熟推迟。豌豆进入开花期对磷素的吸收迅速增加,花后15~16 d达到高峰。植株对钾的需求量在开花后迅速增加,至花后31~32 d达到高峰(比磷晚),后期需钾量下降也比磷慢。施钾可明显促进食荚豌豆的生长发育,增加单株分枝数和单株荚数,提高鲜荚产量,改善鲜荚品质。钾还有壮秆、抗倒伏的作用,还能促进光合产物的运输。缺钾时,植株矮小、节间短,叶缘褪绿,叶卷曲,老叶变褐枯死。缺钙时,植株叶脉附近出现红色凹陷斑并逐渐扩大,幼叶褪绿继而变黄变白。液体栽培试验结果表明,豌豆植株生长需硼量较少。

二、类型与品种

按生长习性分为蔓生、半蔓生和矮生三种类型。矮生品种,一般株高15~80 cm,半蔓生品种为80~160 cm;蔓生品种为160~200 cm以上。依荚果组织分硬荚和软荚两种。硬荚种的荚壁内果皮有厚膜组织,成熟时此膜干燥收缩,荚果开裂,以食用鲜嫩籽粒为食。软荚种的果荚薄壁组织发达,嫩荚嫩粒均可食用。依种子外形分为圆粒和皱粒两种。皱粒成熟时糖分和水分较多、品质好。依种皮颜色可分为绿色、黄色、白色、褐色和紫色等。依成熟期可分为早熟、中熟、晚熟品种。豌豆品种依用途可分为菜用、粮用和饲用。其中菜用品种依食用部位又可分食荚(嫩荚)、食苗(嫩梢)、食嫩籽粒和芽菜(嫩芽)类型。目前,食荚豌豆都是专用型的,属于软荚变种。一部分粮用豌豆品种可采收嫩豆粒供菜食。食苗豌豆也有些专用品种。虽然粮用、菜用品种均可采收嫩梢,但从产量和品质方面看,仍以食苗豌豆专用品种为最好,而从降低成本看,则以粮用品种较适宜。芽用豌豆品种通常以小粒(千粒重150 g左右)光滑品种为宜。

食嫩荚的矮生优良品种有食荚大菜豌1号、内软1号、甜脆、京引8625、京引92-1、溶糖等;食嫩荚的蔓生优良品种有晋软1号、中山青、法国大荚、白花小蔓、松岛30号等;食嫩荚的半蔓生优良品种有草原21号、延引软荚、子宝30日、乙女2号等。

三、茬口安排

豌豆较耐寒而不耐热。露地栽培时,在南方各省大多秋播春收,少数地方如成都还可夏秋播种而冬季收获;在华北地区大多春播夏收,也可夏播秋收;西北和东北大部分地区仅能春夏播种夏秋收获,在当地早春土壤解冻后(3月上旬至4月或5月)播种。设施豌豆的栽培类型主要有春茬栽培、秋茬栽培、秋冬茬栽培、冬春茬栽培等类型。具体栽培类型及季节见表5-2。

表 5-2　豌豆的温室和大棚栽培类型及季节(月/旬)

栽培类型	设施类型	播种期	定植期	始收期
春茬栽培	大棚	1/上~3/上	2/中~4/上	3/下~5/下
	日光温室	11/中~12/下	12/下~翌年 2/上	2/上~3/下
秋茬栽培	大棚	6/中~7/中	7/中~8/上	8/中~9/中
秋冬茬栽培	日光温室	8/中~8/下	9/中~9/下	10/下~11/上
冬春茬栽培	日光温室	10/上~10/中	11/上~11/中	12/下~翌年 1/上

四、设施冬春茬豌豆栽培技术

(一)品种选择

设施冬春茬豌豆栽培应选早熟、耐寒、高产、抗病、优质、商品性好的蔓生品种。如内软 1 号、莱大菜豌 1 号等。

(二)培育壮苗

1. 营养土准备

营养土的成分按园土:腐熟农家肥比例为 2:8 配制,另外一方土加 80 g 多菌灵,分层堆置,加适量水,轻轻踩实,用塑料薄膜覆盖封严,进行发酵和消毒。5~7 d后,在直径 8~10 cm,高 10 cm 的营养钵先在钵内装 7 cm 高的营养土,摆在苗床上备用。

2. 种子处理

冬春茬豌豆栽培一般是 10 月上旬至下旬播种,播种前精选种子,选用籽粒饱满,色泽新鲜,无霉烂虫蛀的种子。播种前晒种 1~2 d,以提高发芽率和发芽势。

用 55℃ 温水浸种至种皮发皱播种;或用消毒灵 1 500 倍将种子浸泡 15~20 min,用清水洗净播种;或用种子量 0.3% 福尔马林药液浸种 20 min,然后用清水冲洗干净,捞出后播种。

3. 播种

播种前给装好营养土的营养钵浇透水,每钵点播 3~4 粒种子,覆土 2~3 cm,之后将育苗钵摆在温床上,用竹片搭小拱棚,上盖塑料薄膜。

4. 苗期管理

豌豆播种后应将温度控制在 18~20℃ 范围内,温度过低发芽缓慢,温度过高发芽虽快,但出苗率较低;出苗后,应进一步适当降低温度,一般以 8~10℃ 为宜;定植前一周适当炼苗,夜间可给予 2℃ 低温。此外,一般幼苗期间只需不过于干旱,不进行灌水,以防止秧苗徒长。

(三)定植

1. 定植时期

豌豆定植时,适宜的生理苗龄为 4~6 片真叶,苗龄过小会影响早期产量,而苗龄过大又会造成早衰或倒伏，影响产量。达到上述生理苗龄所需日历苗龄虽然因育苗期的温度不同而异，但一般在25～30 d，低温期可在30～40 d。这样，播种期就可根据温室和大棚内定植日期和日历苗龄加以确定。

2. 整地施肥作畦

豌豆虽可进行生物固氮，但其需肥量仍很大，一般需要每667 m^2 需要施有机肥5 000 kg、过磷酸钙50 kg、草木灰50～60 kg。整地前先撒施肥料，然后进行深翻、整平、作畦。通常单行密植多为1 m畦宽，双行定植为1.5 m畦宽。

3. 定植

做好畦后，按单行密植或双行定植的行距要求开沟，沟深12～14 cm为宜，然后进行定植，单行密植按穴距15～18 cm，双行定植按穴距21～24 cm。定植后顺沟灌水，水渗后覆土并整平畦面。

（四）田间管理

1. 温光管理

在温度管理上，定植后至现蕾前，白天温度以20℃左右为宜，如果温度超过25℃，就应及时放风降温，尤其避免温度超过30℃，但夜间温度不宜低于10℃；进入开花结荚期以后，白天温度以15～18℃、夜间温度以12～16℃为宜，温度过高或过低都会影响结荚及幼荚生长或品质。

2. 肥水管理

定植时浇足底水后，一般至现蕾前不浇水，以促进植株根系发育，促使植株健壮；当植株开始现蕾时，可进行一次灌水和追肥，以每667 m^2 追复合肥15～20 kg为宜，以后植株开始结荚，应以控秧促荚为主，进行中耕保墒；当植株开始结荚后，必须给予充足的肥水，以促进植株结荚及幼荚迅速生长，一般每10～15 d灌1次水，20～30 d追1次肥，追肥量与上述相同。

3. 植株调整

豌豆的栽培管理主要是中耕和搭架。定植后至植株开花前，应以中耕保墒为主，一般每7～10 d中耕1次，以提高地温，促进根系生长，待植株开花后应停止中耕，避免伤根。由于豌豆多为蔓生或半蔓生品种，因此必须搭架，一般当植株卷须出现时开始搭架，架式多采用单排直立架。由于豌豆蔓多且不能自行缠绕，因此多采用竹竿上下每0.5 m缠绕一道绳子的办法，使植株相互攀缘，再用绳子束腰稳住。

（五）收获

豌豆食用部位不同。采收时期不同。

荷兰豆以嫩荚为产品器官，采收时期早晚对产品质量和产量影响很大，因此，确定适宜的采收期非常重要。通常多数品种在开花后8～10 d豆荚停止生长，豆荚充分肥大、柔嫩而籽粒未发达时,为嫩荚采收适期。

硬荚豌豆一般于籽粒饱满、荚色由深绿变浅绿尚未转黄时采收,一般花后 7~10 d 嫩荚得以充分长大,厚约 0.5 cm 时及时采收。若采收过晚,籽粒老熟,则糖分下降,纤维素增多,品质劣质。不同部位的豆荚生长发育进程不一致,应分期分批及时采收,盛果期应每天采摘 1 次,采收过程注意保护茎叶免受损失,以影响后面豆荚的生长发育。

五、设施豌豆春早熟栽培技术

利用温室、大棚等设施进行豌豆的早熟栽培,一般在 2 月育苗,3 月定植,4 月下旬至 5 月采收。此期设施内环境条件适宜豌豆生长发育,经济效益较高。

(一)品种选择

设施豌豆春早熟栽培时多选用荚用品种,要选择抗寒、抗病、高产、优质的品种,如大荚荷兰豆、台中 11 号、内软 1 号等。

(二)育苗

1.种子处理及播种

豌豆需要采用护根育苗,播种前精选种子,选用籽粒饱满,色泽新鲜,无病虫害的种子,并进行种子处理。种子处理的方法有两种,一是低温处理,即先浸种,用水量为种子容积量的 2 倍,浸种 2 h,并上下翻动,使种子充分均匀湿润,种皮发胀后取出,每隔 2 h 再用清水浇一次,经过 20 h,种子开始萌动,胚芽外露,然后在 0~2℃低温处理 10 d,取出后便可播种,试验证明,经低温处理过的种子比未经低温处理的结荚节位降低 2~4 个,采收期提前 6~8 d,产量略有增加。二是根瘤菌拌种处理。即每公顷用根瘤菌 225~300 g,加少量水与种子充分拌匀即可播种。播种前营养钵浇透水,每钵播 2~4 粒,覆土 3 cm,盖地膜。

2.苗期管理

豌豆种子发芽出土最低温度为 1~5℃,最适温度为 18~20℃,高于 25℃以上发芽出苗率降低,因此播种后苗前,温度需保持在 18~20℃。幼苗期适应低温能力很强,能耐 -4℃的低温。出苗后真叶展开前温度降至 8~10℃,真叶出现后日温应为 20~23℃,夜温应为 12~16℃,保持苗床见干见湿,不干不浇水。定植前 5~6 d停水降温炼苗,日温 12~15℃,夜温 2℃左右,温度过高时应注意遮阴降温。日历苗龄达 25~30 d,幼苗具 4~6 片真叶时即可定植。

(三)整地定植

豌豆对土壤适应性较广,但以疏松透气、有机质含量较高的中性土壤为宜。每 667 m^2 施腐熟有机肥 5 000 kg,过磷酸钙 25 kg。豌豆根系发达,宜深翻 25 cm,单垄栽培，垄宽 50 cm；高畦双行栽培，畦宽 1m，也可与叶菜隔垄隔畦间种。当棚内最低气温达到 4℃左右时定植。按株距 20 cm 开穴栽苗，稳苗后浇底水，水渗后封埯。最好覆盖地膜，以促早熟。

（四）田间管理

1. 伸蔓发枝期

从主茎伸长，生成具有 2～3 对小叶的复叶，先端出现卷须，茎部发生侧枝，直到植株现蕾，这一时期称为伸蔓发枝期。此期地上部和根系的营养生长十分旺盛，根部着生大量根瘤。春季栽培此期一般为 15～20 d。

（1）温度调节。开花前，温室、大棚内日温保持 20℃左右，不超过 25℃，夜温保持 12～15℃，不能低于 10℃。如果没有覆盖地膜，应尽早中耕除草数次，以提高地温。

（2）水肥管理。豌豆要求中等湿度，适宜的土壤相对含水量为 70% 左右，适宜的空气相对湿度为 60% 左右。现蕾前一般不浇水施肥。现蕾后停止中耕，以免伤根，并可促进茎叶生长。

（3）植株调整。软荚豌豆需搭架引蔓。当苗高 30 cm 时，就要及时用竹竿搭架，一般插单排架，人工绑蔓上架。当植株长到一定高度后，摘心以促进侧蔓发生，增加开花数和结荚率。也可采用尼龙绳吊蔓。

2. 开花结荚期

从开始开花到采收嫩荚结束或籽粒成熟为开花结荚期。一般需 50～60 d。从开花到采收前，茎蔓继续生长；进入采收期，植株增长缓慢，到采收盛期，株高停止生长，根瘤也逐渐大量死亡。

（1）温光调节。开花结荚期适宜温度 15～18℃，嫩荚成熟期适温 18～20℃，适温下嫩荚品质鲜嫩、甜美。温度超过 26℃时品质降低，产量减少。因此，结荚期日温保持在 15～22℃，夜温 12～15℃。如果生长期间多阴天或田间通风透光不好，植株生长不良，嫩荚产量下降。因此设施栽培宜尽量增加设施内的光照强度，搞好通风透光。

（2）水肥管理。基部结荚后开始灌水，结荚盛期每 10～15 d 追肥灌水 1 次，每 667 m^2 用三元复合肥 15～20 kg。在豆荚生长期要避免干旱，否则会使豆荚纤维素提早硬化，过早成熟降低品质和产量。

（五）收获

豌豆的荚果大都自上而下逐渐充实，延续采收时间达 30 d，因此要分期分批采收。开花后 10 d 左右，嫩荚伸长停止，种子刚开始发育，嫩荚为绿色时进行采收。

六、主要病虫害防治

(一)根腐病防治

(1)选用抗病品种,如甘肃的贡井选、麻豌豆、小豆60、小豆704等。

(2)加强田间管理。严禁积水,适当增施磷钾肥,提高植株抗病力。

(3)与十字花科蔬菜或葱蒜实行3年以上轮作。

(4)药剂防治:50%根腐灵可湿性粉剂800倍液,或50%速克灵可湿性粉剂1 500倍液,30%甲霜恶霉灵800~1 000倍液灌根,一周一次,连续2~3次。

(二)白粉病防治

(1)选用抗病品种。

(2)实行轮作。

(3)发病初期用25%粉锈宁可湿性粉剂2 000~3 000倍液,或70%甲基托布津可湿性粉剂1 000倍液,或50%多菌灵可湿性粉剂500倍液,或40%多硫悬浮剂700~800倍液等喷雾防治。每隔10~20 d喷1次,连喷2~3次。

(三)褐纹病防治

(1)与非豆科作物实行3年以上轮作。

(2)并要进行种子消毒,温水浸种4~5 h,再移入55℃温水中浸5分钟后,放入冷水中冷却,晾干后播种。

(3)适当密植,增施钾肥。

(4)药剂防治。发病初期喷50%混杀硫悬浮剂500倍液,或75%百菌清可湿性粉剂600倍液,或40%多硫悬浮剂800倍液每7天1次,连续喷药2~3次。

(四)褐斑病防治

(1)选用无病种子。

(2)与非豆科作物轮作2~3年。

(3)采用高畦栽培,适当密植,增施钾肥。

(4)药剂防治:可选用50%多菌灵可湿性粉剂600倍液、75%百菌清可湿性粉剂500倍液、70%代森锰锌可湿性粉剂500倍液、58%甲霜灵锰锌可湿性粉剂500倍液喷雾。隔7~10 d喷1次,连喷2~3次。

(五)潜叶蝇防治

(1)蔬菜收获后,及时清除田间残株落叶、杂草,烧毁或沤肥,以减少田间虫口基数。

(2)药剂防治。在叶片受害后可选用0.9%阿维菌素乳油3 000倍液,或50%辛硫磷乳油1 500倍液,或48%乐斯本乳油1 000~2 000倍液,或50%敌敌畏乳油 1 000 倍液等药剂喷雾，也可使用菊酯类农药进行防治。

技 能 单

技能 豆类蔬菜植株形态及开花结果习性观察

一、目的

识别主要豆类蔬菜的形态特征及开花结果习性，了解荚果的构造。

二、材料与用具

材料：菜豆、豇豆、豌豆等豆类蔬菜开花结荚时的植株。

工具：镊子、小刀、放大镜、钢卷尺等。

三、方法步骤

(1)形态识别：仔细观察开花结荚期豆类植株根、茎、叶、花和荚的特征。

(2)取菜豆、豇豆的蔓生和矮生型开花结荚期植株，观察不同株型主茎和分枝的顶芽生长特性、分枝节位、数目、抽生花序的节位、数目及各花序的结荚情况等。

3. 荚果构造解剖观察：取各类荚果进行纵剖和横剖，观察其内部结构。

四、作业

认识主要豆类蔬菜的形态特征，将观察结果填入下表中。

豆类蔬菜植株形态特征调查表

种类 名称	根	茎			叶				花				荚				
	有无根瘤	矮生或蔓生	形状	有无茸毛	复叶类型	有无托叶	小叶		花序或单生	花冠颜色	龙骨瓣旋转方向	开花顺序	形状	长度cm	横茎cm	有无茸毛	颜色
							叶数	叶形									

知识点回顾

一、填空题

1. 根据对光照的要求，菜豆属于(　　)作物。

2. 菜豆依生长习性分为(　　　)和(　　　)两种。

3. 菜豆浇水的原则是(　　)。

4. 依据对温度的要求，豇豆是(　　　)性蔬菜，能耐(　　　)，不耐(　　)。

5. 豌豆茎中空，按其生长习性分(　　　)、(　　　)和(　　　)三种。

二、判断题

1. 豇豆属于异花授粉。(　　)

2. 豇豆属于子叶出土型蔬菜。(　　)

3. 设施豇豆早春茬栽培选早熟、高产、抗病、豆荚长的蔓生品种。(　　)

4. 土壤酸性强，有利于豇豆根瘤菌的生长。(　　)

5. 豌豆出苗时，子叶露出土面。(　　)

6. 豌豆是豆科豌豆属作物。(　　)

7. 设施冬春茬豌豆栽培应选早熟、耐热、抗病、优质的蔓生品种。(　　)

8. 菜豆茎多为草质。(　　)

9. 菜豆侧根再生能力强。(　　)

10. 菜豆中下部花序花数较少，基部和顶部花序花朵较多。(　　)

三、简答题

1. 菜豆可分为哪几种类型？各在开花结荚习性上有何不同？

2. 生产中如何防止菜豆落花落荚？

3. 如何进行大棚春早熟豇豆栽培的植株调整？

4. 试述豇豆伏歇产生的原因及其防治对策。

项目四　瓜类蔬菜栽培

知识目标

1. 掌握绿叶类蔬菜栽培品种选择与播前种子处理。

2. 理解瓜类蔬菜的生育周期和对环境条件的要求。

3. 了解瓜类蔬菜的常见栽培种类、品种类型及其植物学特性。

技能目标

1. 会制定瓜类蔬菜设施生产计划。

2. 能进行黄瓜日光温室冬春茬和越冬嫁接栽培。

3. 能进行西瓜日光温室早春茬和越冬茬嫁接栽培。

4. 能进行日光温室冬春茬厚皮甜瓜栽培。

信息单

任务一 黄瓜栽培

黄瓜又称王瓜、胡瓜，属于葫芦科黄瓜属一年生草本蔓生攀缘植物。黄瓜原产于喜马拉雅山南麓的印度、尼泊尔和锡金等热带雨林地带。我国黄瓜栽培的历史有2 000余年，是世界上栽培黄瓜最早的国家之一。黄瓜是我国人民大众喜闻乐见的蔬菜，种植非常普遍，南北皆有，一年内可以多茬栽培，供应时间长，是北方寒冷地区保护地越冬种植的主要蔬菜之一，在改善市场供应和提高农民收入方面都有重要意义。

黄瓜味道清香，食用方便，既可鲜食，又可凉拌、熟食、泡菜、腌渍、糖渍、酱渍、干制和罐制等，黄瓜果实中含有丰富的维生素A、维生素C及对人体有益的其他矿物质，深受消费者的喜爱。

一、生物学特性

（一）植物学特征

1. 根

黄瓜的根主要分为主根、侧根、须根和不定根。黄瓜为浅根性作物，虽然主根入土深达1m以上，但大部分根系分布于20～25 cm表层土壤中，且以水平分布为主，横向伸展半径可达50 cm左右。黄瓜根系浅的主要原因是黄瓜根系呼吸能力强，需氧多，表层土壤空气含量高，有利于根系呼吸；其次是黄瓜根系生长适宜温度为18～23℃，表层土壤温度适宜根系生长且通透性好，有利于黄瓜根的生长。故有农谚“黄瓜漏坨，茄子没脖”。

黄瓜根系的另一个特点是易木栓化，木栓化时间早，程度强，受损伤后不易恢复,因此,黄瓜是不太耐移栽的蔬菜。在移植过程中必须采取护根措施,幼苗根系损伤少是提高成活率、缩短缓苗期的关键措施。因此,生产上要求土壤肥沃、疏松透气,定植时宜浅栽,并且要掌握“宜早,宜小”定植的原则,以利于定植后尽快缓苗。定植后多次中耕松土以增加土壤中的气体,能促进根系生长。

黄瓜根系适应的土壤溶液为中性偏酸,土壤溶液 pH 6 ~ 6.8 时生长良好。黄瓜根系耐盐能力差,在盐碱地上生长不良。黄瓜喜肥但不耐肥,施肥过多时肥害症状明显。

2. 茎

黄瓜茎的横切面呈现五角形,由表及里大致为厚角组织、皮层、环管纤维、筛管、维管束和髓腔。维管束又由外韧皮部、木质部和内韧皮部构成,茎表面有刚毛。

茎蔓生,苗期节间短,髓腔小,故可以保持直立。6 ~ 7 叶片后节间伸长迅速,或匍匐生长,或攀缘于其他支撑物上,不能直立生长。茎为无限生长,只要环境条件适宜,茎不断持续生长。茎的粗细与栽培条件关系密切。肥水充足,温度适宜,茎生长粗壮。肥水不足,温度不当,茎生长纤细或短粗。

茎的叶腋间分生侧枝,侧枝数量与品种关系密切。任其自然生长时,主枝生长势也始终优于侧枝。摘顶破坏主枝顶端优势后,主茎上侧枝由下而上依次发生。

茎基部近地面处有形成不定根能力,尤其幼苗生不定根能力强。不定根有助于黄瓜吸收肥水,因此栽培上有“点水诱根”之说。茎的保护组织不发达,易感病害。茎的机械强度脆弱,整枝过程中易损伤。

3. 叶

黄瓜的叶片分子叶和真叶两种。子叶对生,呈长椭圆形,是黄瓜生长发育初期养分积累的重要器官。黄瓜真叶掌状全缘,互生,叶片的上下表面均具有表皮毛。黄瓜单个叶片面积大,蒸腾耗水量大。黄瓜叶片大小、厚薄以及叶柄长短等性状与品种特性有关,在很大程度上也受环境条件如水分供应、温度高低、光照强弱与营养多寡的影响。水分充足、夜温高时,叶片大而薄,叶柄长呈徒长形态。黄瓜和其他大多数植株一样,叶缘有水孔,吐水现象明显。水孔吐水和叶面凝结露水,为真菌孢子萌发创造条件,因而黄瓜叶片易感染多种病害。

叶腋着生侧枝、卷须和花器官。卷须是黄瓜变态器官。自然生长状态下,卷须起攀缘作用,卷须形态反映植株生长状态。栽培黄瓜人工绑蔓,无须依靠卷须攀缘,往往将卷须掐去避免营养无效消耗。

4. 花

黄瓜的花有 3 种类型,即雄花、雌花和完全花。黄瓜的花均为腋生,根据黄瓜植株上的花着生状况将其分为7种株型:①完全花株。植株上着生的花全部为完全花。②雌性株。植株上着生的花全部为雌花。利用雌性株育成雌性系,在黄瓜育种和杂交采种上具有重要意义。③雄性株。植株上着生的花全部为雄花,没有生产价值,但在黄瓜育种和采种上已经有应用。④雌雄同株。植株上同时着生雌花和雄花,一般雄花多于雌花,为正常株型。⑤雌全同株。植株上着生的花为雌花和完全花。⑥雄全同株。植株上着生的花为雄花和完全花。⑦雌雄全同株。植株上着生的花包括雌花、雄花和完全花。

黄瓜雌雄比例受多种因素影响而改变。由于系统发育形成的固有的生物学特性,黄瓜在低温短日照条件下形成雌花数量多。一般地说,15℃以下的低夜温,8 h以下的短日照有利于雌花形成,并且雌花始花节位降低。夜间温度低于15℃及短于8 h日照程度加重时,雌花数量增加,但对于黄瓜生长发育不利。温度过低生长不良,会导致雌花为无效花的数量增加。一般说,黄瓜侧枝上雌花数量比主枝多且雌花始花节位低。雌花多少与品种也有关,有的品种或杂交种雌花数量多且始花节位低,另外一些品种则相反。水分条件对雌花形成有影响,空气湿度与土壤含水量高时有利于雌花形成。肥料种类和施肥方法能影响雌雄比例,氮和磷分期施用较一次施用有利于雌花形成,雌花增加30%~100%,而分期施用钾肥有利于雄花形成。增加有机肥用量导致雌花数量增加。施用二氧化碳能促进雌花形成和雌花数量增加。

生长调节剂能控制雌雄比例。2,4-D、乙烯利、萘乙酸、吲哚乙酸、矮壮素、IBA等生长调节剂均有促进雌花形成和提高雌花数量的作用;赤霉素能促进雄花形成并提高其数量。

5. 果实

黄瓜果实为瓠果,由子房和花托共同发育而成,植物学上称之为假果。果实可食部位主要为果皮和胎座。果实通常为筒形或长棒形。嫩果颜色有绿色、深绿色、绿白色、白色等,果面平滑或有棱、瘤、刺、纹等,瘤的顶部着生刺,刺的颜色有黑、褐、黄、白色之分。老熟果黄白色至棕褐色,有时果面具裂纹。黄瓜有单性结实能力,即黄瓜果实无籽或种子空瘪,授粉后经其他刺激产生无籽果实或不经授粉也产生无籽果实,后者为天然单性结实。

(二)生长发育周期

黄瓜的生长发育过程是指从种子发芽至新种子形成过程,可分为4个时期,即发芽期、幼苗期、抽蔓期(甩条发棵期)和结瓜期。

1. 发芽期

从种子萌动至子叶完全展开为发芽期,需5~6 d时间。黄瓜发芽期生长主要是种子胚的轴向生长，胚根由出芽孔伸出入土生长，成为幼根，下胚轴伸长将子叶顶出土面形成具两片子叶的幼苗。子叶出土时由于陪栓（下胚轴和根分界处突起物）将种皮卡住及土壤压力，使种皮留在土中。幼苗出土前种子内贮存物质转化并运输到胚中进行幼苗的形态建成。这段时间是胚依赖种子所贮存营养的异养阶段。因此，种子的大小及其贮藏物质的性质和多少，对发芽和幼苗的素质有很大影响，所以要重视选用充分发育的、饱满的种子，同时在播种后创造适宜的温度、湿度和通气等条件，保证贮藏物质的水解和酶作用的发挥，提高发芽质量和幼苗素质。

幼苗出土后，幼苗依赖种子提供营养的异养阶段，这时幼苗的绝对生长量很小，但其相对生长速率很大，对外界温度、水分及营养供应十分敏感。发芽期内幼苗苗端已进行叶片的分化。

2. **幼苗期**

从子叶完全展开到4～5片真叶出现为幼苗期。黄瓜幼苗期通常为30～40 d。此期已进行了根、茎、叶、花的分化过程，对整个生长期黄瓜产量和质量影响较大。因此，在栽培中应创造适宜的温度、肥水条件，促控结合，培育适龄壮苗。黄瓜幼苗在育苗期内生长的快慢受温度影响很大，幼苗主要生长部位是叶片，因此，育苗的基本原则是看叶片的长相。此期应注意管理苗床温度，尤其是夜间温度，通过调节温度控制幼苗的生长率。

3. **抽蔓期（甩条发棵期）**

从4～5片真叶展开到第1雌花开放、根瓜坐住为抽蔓期，也称甩蔓期、始花期，一般20 d左右。植株在此期内由营养生长为主过渡到生殖生长为主，所以也把此期称之为转折期。多数黄瓜品种从第4节开始出现卷须，节间开始加长，蔓的生长明显加快。有的品种出现侧枝，雄花、雌花先后出现并陆续开放。当根瓜的瓜把由黄绿色变成深绿色，俗称“黑把”时，标志抽蔓期结束。抽蔓期是以茎叶生长为主，其次是花芽继续分化，花数增加，直立生长转入蔓性生长，营养生长开始向生殖生长过渡。这一时期实质上是由植株茎叶生长向果实生长转变的关键时期，黄瓜产量形成的早晚与高低和转折期管理的关系极为密切。因此，栽培中既要促进根系生长，使根活力增强，又要扩大叶面积，确保花芽数量和质量，保证坐果，防止落花。在抽蔓期的后期应适当控制水肥，适当抑制营养生长是管理的关键。

4. **结瓜期**

从根瓜坐住到拉秧为止为结瓜期。结瓜期的长短因栽培季节、栽培形式、环境条件、管理水平不同而异，夏、秋栽培黄瓜一般40 d左右，越冬栽培可长达120～150 d。进入结瓜期后，植株每节的叶、卷须、侧枝、雄花、雌花陆续生长成形。

结瓜期黄瓜不断地开花结瓜，根系、主蔓及侧枝连续生长，营养生长和生殖生长同时进行，二者基本保持相对平衡。结果期植株的茎叶和果实生长量都很大，特别是采收盛期生长量更大。由于果实不断地把氮、磷、钾等营养元素携走，钾携走量最大。因此结果期内及时补充氮、磷、钾是十分必要的。

由于茎叶生长旺盛，叶面积大而且蒸腾速率强，果实生长多而且快，植株耗水量相当大。因此开花结果期必须及时补充植株所需水分。

足够的叶面积、长期的高光合速率是维持高产的必要前提。开花结果期内应注意防治病虫害，防止叶面积损失，并创造良好的环境条件，从而维持长时间的高产。

（三）对环境条件的要求

1. 温度

黄瓜属于喜温性蔬菜，既不耐寒又怕高温。植株生育温度范围是10～32℃，最适温度范围为18～32℃，尤以昼温25～32℃、夜温15～18℃最佳，光合作用适温为25～30℃。黄瓜不同生育期对温度的要求不同，发芽期适温为25～30℃，低于20℃发芽缓慢，发芽所需最低温度为12.7℃，高于35℃发芽率降低；幼苗期白天适温为25～29℃，夜间15～18℃，地温18～20℃；定植期白天适温为25～28℃，地温18～20℃，夜间前半夜15℃，后半夜12～13℃，长期夜温高于18～20℃，地温高于23℃，根系生长受抑制，生长不良；结果期白天适宜温度为23～28℃，夜间10～15℃，温度高果实生长快，但植株易老化。35℃时达到光补偿点，高于35℃时生理失调，易形成苦味瓜，同化效率下降。45℃时叶片退绿，超过46℃时，黄瓜植株出现致死的高温障碍，顶端枯萎，叶片黄化。温度低于适宜温度时也影响生长发育，10～13℃能引起生理紊乱，4℃受寒害，0℃引起冻害。根系在低温或高温条件下生长和吸收功能不良，甚至受害死亡。经受低温锻炼的幼苗可以忍受2～3℃低温。

昼夜有一定温差对黄瓜生长十分有利，一般情况下昼温25～30℃，或温度可以再高一些，夜温13～15℃，昼夜温差10～17℃为宜。比较理想的昼夜温差为10℃左右。

2. 光照

黄瓜属于短日照蔬菜，对日照长短的要求因生态型不同而异。一般来说，低温度地区地方品种，即华南型、南亚型品种，要求短日照条件才能正常开花；而我国北方的地方品种，即华北型品种，对日照长短的要求不严格，基本上成为中日照蔬菜，但在8～11 h的短日照条件下能促进雌花的分化和形成。

黄瓜喜光，也耐弱光。黄瓜的光饱和点为55～60 klx，光补偿点为1.5 klx，最适光照强度为20～60 klx，20 klx以下植株生育迟缓。光饱和点与温度、CO_2浓度有一定关系，当温度高、CO_2 浓度高时黄瓜的光饱和点也相应提高。

3. 水分

黄瓜根系浅，叶面积大，吸收能力弱而蒸腾水分多，黄瓜吸收的水分绝大部分用于蒸腾，蒸腾率高，耗水量大。因此黄瓜喜湿、怕涝、不耐旱，对土壤湿度和空气湿度要求都比较严格。黄瓜适宜的土壤相对湿度为 60% ~ 90%，苗期以 60% ~70% 为宜，成株期以 80% ~90% 为宜。空气相对湿度白天 80%，夜间 90%，同时白天如有 100 cm/s 左右的风速则有利于干物质的增加。

黄瓜的不同生育阶段对水分要求也不相同。浸种催芽时要求水分多，以便进行水解反应，使种子的贮藏物质得以转化、利用，迅速发芽。但一定要保证种子有足够的氧气供应。播种要求水分充足，但也要保证一定的通气性，以防烂种。幼苗期适当供水，不可过湿，以防寒根、徒长和病害发生。初花期对水分要适当加以控制，以较好的解决水分、温度、坐果三者之间的矛盾。结果期由于营养生长和生殖生长同时进入旺盛生长期，气温又渐高，叶面积逐渐扩大，果实采收量不断增加，水分供应也要相应增多。

4. 土壤和矿质养分

黄瓜根系喜肥但又不耐肥，应选择富含有机质、透气性良好的肥沃土壤进行栽培。黄瓜在黏重土壤中生育迟缓，发根不良，生育期长，产量较高；在沙土或沙质土壤中，生育早发根较旺，但易于早衰老化。黄瓜适于生长于中性偏酸土壤中，pH5.5 ~7.6 均能适应，pH4.3 以下就会枯死，最适 pH6.5。黄瓜的耐盐性差，适宜的土壤电导率在黏壤土为 0.6 ~0.8 mS/ cm，沙壤土为 0.3 ~0.4 mS/ cm，营养液栽培时为 2.0 ~2.5 mS/ cm。黄瓜不同生育时期吸肥量和吸肥种类有很大差别。幼苗期吸肥量很少，结瓜期吸肥量占整个生育期的 60% 以上。

黄瓜喜肥，大量施有机肥料利于改良土壤结构，对氮、磷、钾吸收量比较大，氮有增加花数的作用，施磷有利于雄花发生，施钾增加雄花数目，果实发育期需要大量的肥料。黄瓜对五大营养要素的吸收量以氧化钾为最多，氧化钙其次，再次是氮，五氧化二磷和氧化镁较少。

黄瓜根系吸收养分范围小，能力差，忍受土壤溶液的浓度较小，所以黄瓜施肥应以有机肥为主。只有在大量施用有机肥的基础上提高土壤的缓冲能力，才能施用较多的速效化肥。施用化肥要配合浇水进行，以少量多次为原则。

5. 气体

(1) 氧气。黄瓜是需氧量较大的作物种类之一。一般空气中的氧气含量为 21%，完全可以满足黄瓜植株地上部对氧气的要求；适宜的土壤空气中氧含量为 15% ~20%，特别是黄瓜生长盛期根呼吸速率高，要求较高的土壤含氧量，通常低于2%生长发育将受到影响。因此,在黄瓜生产实践中,必须注意土壤中氧气含量的调节,要进行多次中耕松土,防止土壤积水。

(2)CO_2。空气中CO_2常规含量为0.3%,而黄瓜的光合作用在一般温度、湿度及光照条件下,空气CO_2含量在0.05%~0.1%范围内有利于提高光合速率。一般黄瓜的CO_2饱和点为0.15%,在强光和高温条件下,CO_2的饱和点有所提高。黄瓜CO_2补偿点为0.005%,低于此浓度,则会因饥饿而死亡。保护地栽培,为提高黄瓜产量,在生产中广泛推广应用CO_2施肥技术,将CO_2含量提高到0.1%,黄瓜可增产10%~20%。

二、类型与品种

由于黄瓜栽培广泛,历史悠久,类型和品种十分丰富。根据品种的分布区域和生态学性状分为下列类型:

南亚型黄瓜:分布于南亚各地。茎叶粗大,易分枝,果实大,单果重达1~5 kg,果短圆桶或长圆桶形,皮色浅,瘤稀,刺黑或白色,皮厚,味淡,喜湿热,严格要求短日照。地方品种群很多,如锡金黄瓜、中国版纳黄瓜及云南昭通大黄瓜等。

华南型黄瓜:分布在中国长江以南及日本各地。茎叶较繁茂,耐湿、耐热,为短日性植物,果实较小,瘤稀,多黑刺。嫩果绿、绿白、黄白色,味淡;成熟果实黄褐色,有网纹。代表品种有昆明早黄瓜、广州二青、上海杨行。武汉青鱼胆、重庆的大白等。

华北型黄瓜:分布于黄河流域以北及朝鲜、日本等地。植株长势中等,喜土壤湿润、天气晴朗的自然条件。对日照长短反应不敏感。嫩果棒状,绿色,瘤密,多刺。成熟果实黄白色,无网状。代表品种有山东新泰密刺、北京大刺瓜、津研系统黄瓜、津杂系统黄瓜和津优系统黄瓜等。

欧美型露地黄瓜:分布于欧洲及北美各地。茎叶繁茂,果实圆桶形,中等大小,瘤稀,白刺,味清淡,成熟果实黄褐色,有东欧、北欧、北美等品种群。

北欧型温室黄瓜:分布于英国、荷兰。茎叶繁茂,耐低温弱光,果面光滑,浅绿色,果长达50 cm以上。代表品种有英国温室黄瓜、荷兰黄瓜等。

小型黄瓜:分布于亚洲及欧美各地。植株矮小,分枝性强,多花多果。代表品种有扬州乳黄瓜等。

我国黄瓜主要是华北黄瓜和华南黄瓜两种生态型。

三、栽培季节与茬口安排

黄瓜是典型的喜温植物,生长发育的适宜温度范围为10~32℃,最适宜温度为24℃。温度低于10℃,各种生理活动都会受到影响,甚至停止,-2~0℃为冻死温度。我国长江流域及其以南地区无霜期长，一年四季均可栽培黄瓜。夏秋季以露地栽培为主，冬春季多利用塑料大、中棚等设施进行保护地栽培。北方地区无霜期短，黄瓜除夏季可在露地栽培外，充分利用塑料大、中、小棚和日光温室进行提前、延后和越冬栽培，可实现黄瓜的周年生产和均衡供应。具体栽培类型及季节如表6－1。

表6－1　黄瓜的温室和大棚栽培类型及季节（月/旬）

栽培类型	设施类型	播种期	定植期	始收期
春茬栽培	大棚	2/上～3/上	3/下	4/下～7/下
	日光温室	12/下～1/上	翌年2/上	3/上中～6/上中
秋延后栽培	大棚	7/上中	7/下－8/上	9/上～10/下
秋冬茬栽培	大棚	8/中下～9/上	9/中下	10/中下～1/上
冬春茬栽培	大棚	10/中～11/中	11/下～12/下	翌年1/上～2/上
越冬茬（长季节）	大棚	9/中～10/上	10/中～11/上	11/中～12/上

四、日光温室冬春茬黄瓜栽培

（一）品种选择

日光温室冬春茬黄瓜栽培，是设施黄瓜栽培中难度较大、经济效益较高的栽培形式。幼苗期在初冬度过，抽蔓期处于严寒冬季，1月份开始采收，采收期跨越冬、春、夏三季，整个生育期达8个月以上。由于生育期需要经历较长时间的低温、弱光阶段，必须选择耐低温弱光品种，且具有植株长势强、不易徒长、分枝少、雌花节位低、节成性好、高产抗病等特性。

黄瓜的品种类型较多，目前我国普遍栽培的主要华北型、华南型和北欧温室型三种类型。华北型黄瓜俗称“水黄瓜”，分布于中国黄河流域以北及朝鲜、日本等地。植株生长势中等，喜土壤湿润、天气晴朗的气候条件，对日照长短要求不严。该类型黄瓜茎节和叶柄较长，叶片大而薄；果实细长，绿色，刺瘤密，白刺。适合日光温室冬春茬栽培的品种有津优255号、津优36号、博美69－2、博美70、博耐50、中农12号、中农13号等品种。

华南型俗称“旱黄瓜”，分布于中国长江以南及日本各地。该类型黄瓜茎叶繁茂，茎粗，节间短，叶片肥大，耐湿热，要求短日照。果实短粗，果皮硬，果皮绿、绿白、黄白色，刺瘤稀，黑刺。适宜温室冬春茬栽培的有白绿节性、绿隆星等品种。

北欧温室型黄瓜原产于英国、荷兰。植株茎叶繁茂，耐低温弱光，对日照长短要求不严。果光滑无刺，绿色，多为雌性系，种子少或单性结果。适合温室冬春茬栽培的有以色列的江萨瑞洛，荷兰的戴多星、康德，我国研制的农大春光1号、中农19等。

（二）培育壮苗

1.苗床和营养土准备

棚内建造苗床，苗床为平畦，净宽1.2 m、深10 cm左右，并铺设地热线，畦面铺8 cm厚的营养土。育苗用营养土可用肥沃粮田土6份，腐熟圈肥4份，混合过筛，每方营养土加3 kg氮、磷、钾复合肥，2 kg过磷酸钙和10 kg草木灰，然后用50%多菌灵可湿性粉剂500倍液消毒，消毒后薄膜封严，密闭5~7 d备用。

2.种子处理

播种前种子处理包括种子清选、消毒、浸种和催芽等环节。一般先将种子放入水中漂去瘪种，捞出子粒饱满的种子后浸入55℃温水中浸泡20 min进行种子表面消毒处理，而后捞出放入25℃左右的水中浸泡6 h左右，再捞出后放在25~28℃的环境中进行种子催芽。一般经24 h种子就会出芽，并达到播种要求。催芽温度过高，易导致胚根细弱；温度过低，则出芽慢、发芽率低。

3.播种

播种前营养钵装好营养土并提前浇足底水，待水分渗下后，每营养钵点播3~4粒种子。点播种子后还需用过筛细土进行覆盖，覆土厚度一般应在1~3 cm。覆土过厚不利于种子拱土；覆土过薄则易于导致种子带皮出土，产生所谓“戴帽”，不利于子叶平展，从而影响幼苗发育。

4.苗期管理

出土前，气温白天25~30℃，夜间16~20℃，地温20~25℃。幼苗出土后，应通风、降温、降湿，防止因温度过高形成高脚苗，湿度过大诱发猝倒病、立枯病。气温白天24~28℃，夜间15~17℃，地温16~18℃。子叶展开前，草苫应注意适当晚揭和早盖。子叶展开后在保证苗床温度要求的前提下，草苫应尽量早揭和晚盖，以延长光照时间。水分供应应根据天气情况，湿度高低，幼苗长势，通风大小，基质干湿为依据，做到见干见湿的原则，既要防止水分过多引起的徒长，也要防止过度控水造成幼苗老化。定植前7~10 d对幼苗进行低温锻炼，可以提高黄瓜的抗寒能力。幼苗3叶1心时为定植适期。

（三）定植

1.整地施肥作畦

黄瓜根系分布浅，根量少，大部分根群分布在20 cm土层内，吸收能力较弱，同时根系呼吸能力强，故栽培土要选择有机质含量高、疏松透气性的壤土或沙壤土，适宜土壤pH5.5~7.2。黄瓜喜肥又不耐肥。由于植株生长迅速，短期内生产大量果实，因此需肥量较大，但黄瓜根系吸收养分的范围小、能力差，忍受土壤溶液的浓度较小，所以施肥应以农家肥为主。只有在大量施用农家肥的基础上提高土壤的缓冲能力，才能施用较多的速效化肥。一般每生产 1 000 kg 果实需吸收氮 2.8 kg、磷 0.9 kg、钾 3.9 kg，可以此为依据进行测土配方施肥。

冬春茬黄瓜生育期较长，施足基肥是黄瓜高产的基础。在一般土壤肥力水平下，每667 m^2 施优质农家肥5 000 kg，然后深翻40 cm，耙细耧平。日光温室冬春茬黄瓜宜采用南北行向、大行地膜覆盖栽培。整地前按大行距 80 cm、小行距 50 cm开施肥沟，沟内再施优质农家肥5 000 kg，逐沟灌水造底墒，水渗下后在大行间开沟，做成80 cm 宽、10×13 cm 高的小高畦，畦间沟宽50 cm，可作为定植后生产管理的作业道。

2. 定植

选择具有充足阳光的晴天上午定植，以利于缓苗。定植时在小高畦上，按行距 50 cm 开两条定植沟，选整齐一致的秧苗，按平均株距 35 cm 将苗坨摆入沟中（南侧株距适当缩小，北侧距适当加大），每 667 m^2 栽苗 3 000 ~ 3 500 株。秧苗在沟中要摆成一条线，高矮一致，株间施磷酸氢二铵或三元复合肥，每 667 m^2 用量 25 kg，与土混拌均匀。苗摆好后，向沟内浇足定植水，水渗下后合垄。黄瓜栽苗深度以合完垄苗坨表面与地表面平齐为宜。栽苗过深，根透气性差，地温低，黄瓜发根慢，不利于缓苗。尤其是嫁接苗定植时切不可埋过接口处，否则黄瓜的茎基部易形成不定根，土壤内病菌易通过不定根侵染接穗，并引起发病使嫁接失去效果。定植完毕后，在两行苗中间开个浅沟，用小木板把垄台、垄帮刮平，中间浅沟、深宽窄一致，以利于膜下灌水。定植后可在行距50 cm 的两小行上覆地膜，在每株秧苗处开纵口，把秧苗引出膜外。

（四）田间管理

1. 缓苗及抽蔓期

（1）温度管理。定植后应密闭保温，尽量提高室内温湿度，以利于缓苗。一般以日温 25 ~ 28℃、夜温 13 ~ 15℃为宜，地温要尽量保持在15℃以上。缓苗后茎叶迅速生长，进入抽蔓期。抽蔓期又称初花期，从植株“团棵”到根瓜坐住为止，需 15 ~ 25 d，此期植株的发育特点主要是茎叶形成，其次是花芽继续分化，花数不断增加，根系进一步发展。这一阶段是植株由“营养生长中心”向“生殖生长为中心”的过渡阶段，栽培上既要促使根的活力增强，又要扩大叶面积，确保花芽的数量和质量，并使瓜坐稳，避免徒长和化瓜。进入抽蔓期以后，应根据黄瓜一天中光合作用和生长重心的变化进行温度管理。黄瓜上午光合作用比较旺盛，光合量占全天的 60% ~ 70%，下午光合作用减弱，占全天的 30% ~ 40%。光合产物从午后 3 ~ 4 时开始向其他器官运输，养分运输的适宜温度是 16 ~ 20℃，15℃以下停滞，所以前半夜温度不能过低。后半夜到揭草苫前应降低温度，抑制呼吸消耗，在10～20℃范围内，温度越低，呼吸消耗越小。因此，为促进光合产物的运输，抑制养分消耗，增加产量，在温度管理上应适当加大昼夜温差，实行四变温管理，即上午为26～28℃，下午逐渐降到20～22℃，前半夜再降至15～17℃，后半夜降10～12℃。白天超过30℃，从顶部放风，午后降到20℃闭风，天气不好时可提早闭风，一般温降到15℃时放草苫，遇到寒流可在17～18℃时放草苫。这样的管理有利于黄瓜雌花的形成，提高结瓜性。

（2）光照调节。黄瓜在果菜类中属于比较耐弱光的蔬菜，光饱和点为55 klx，光补偿点为5 klx，生育期间最适宜光照强度为40～50 klx。日光温室冬春茬黄瓜抽蔓期正处于外界温度较低、光照较弱的时期，低温和弱光是黄瓜正常坐长的限制因子。因此，冬春茬黄瓜光照调节的重心是增光补光，尽量延长光照时间，增加光照强度，以提高室内温度，促进植株的光合作用，使直株旺盛生长、结果，达到增产增收的目的。

（3）肥水管理。黄瓜抽蔓期要控制水分，防止地上部徒长，促进根系发育，为结果期打下好础。定植后3～5 d，发现水分不足应在膜下沟内灌1次缓苗水，水量要充足，并且要在晴天上午进行，避免严寒季节频繁浇水，降低地温。抽蔓期以保水保温、控秧促根为主要目标，如果定植和缓苗水浇透，土壤不严重缺水，在根瓜形成前不追肥灌水，采用蹲苗的方式以促进植株由“以营养生长为中心”向“以生殖生长为中心”转化。

（4）植株调整。黄瓜茎蔓生出6～7片叶后，植株不能直立生长，需搭架或吊蔓栽培。吊蔓前温室骨架上南北向系铁丝，每个种植行上拉一根铁丝，高度为1.8～2.0 m。定植行上南北向地面拉一根尼龙绳，两端和中间固定在土壤中。吊绳上端固定在铁丝上，下端固定在垄面的尼龙绳上，每株黄瓜一根吊绳，然后将蔓由下而上缠绕在吊绳上。黄瓜茎中空，含水量高，易折断（裂），缠蔓时最好在午后进行，以防茎蔓损伤。黄瓜的茎为无限生长，叶腋间侧蔓的分生能力较强。冬春茬黄瓜以主蔓结瓜为主，因此要及时摘除叶腋处发生的侧枝和砧木发出的萌蘖。叶腋间着生的卷须是黄瓜叶的变态器官，具有攀缘功能，但温室吊蔓栽培不需其攀缘，为防止养分消耗，需及时摘除。

黄瓜有单性结实能力，即不授粉时也能形成正常果实。这是因为黄瓜子房中生长素含量较高，能控制自身养分分配。因此，冬春茬黄瓜无需人工授粉或生长调节剂处理可以正常结瓜。因此，整枝打杈时可顺便摘除雄花、化瓜和畸形瓜，以减少养分消耗。

2. 结果期

从根瓜坐住到拉秧为结果期。结果期的长短因栽培形式和环境条件的不同而异。露地夏秋瓜只有40 d左右，日光温室冬春茬黄瓜长达120～150 d，黄瓜结果期生育特点是营养生长与生殖生长同时进行，即茎叶生长和开花结果同时进行。结果期的长短是产量高低的关键所在，因而应尽量延长结果期。

(1)温度管理。冬春茬黄瓜结果初期处于低温弱光期，温度管理上可参照抽蔓期的四段变温管理。进入盛果期后仍实行变温管理，由于这一时期(3月以后)日照时数增加，光照由弱转强，室温可适当提高，上午保持28～30℃，下午22～24℃，前半夜17～19℃，后半夜12～14℃。温度高于32℃，黄瓜植株开始生长不良，高于35℃时生理失调，植株迅速衰败。因此，在生育后期应加强通风，避免室温过高。

(2)水肥管理。黄瓜根系浅，根量少，吸收能力差；同时叶面积大，蒸腾量大；加之根系好气性强，形成了黄瓜喜湿又怕涝的特性。黄瓜适宜土壤相对含水量为80%，空气相对湿度为60%～90%，但也可以忍受95%～100%的空气相对湿度，但湿度较大容易诱发病害。黄瓜对地温要求也比较严格，生育期间最适宜地温为20～25℃，地温长时间低于12℃，根系活动受阻，设施栽培时，土壤温度低、湿度大时极易发生寒根、沤根等生理障害。因此，结果初期(低温弱光期)必须科学追肥灌水，以免地温过低。

通常当大部分植株根瓜长到15 cm左右时，选择冷尾暖头的晴天上午，进行第1次浇水追肥，并于中午前浇完。应采用膜下沟灌或滴灌，结合浇水每667 m^2 施三元复合肥15 kg，施用时将肥料溶于水中，然后随水灌入小行垄沟中，灌水后把地膜盖严。中午温室不通风，使温室内气温升高到30℃以上，以带动地温的升高。此时由于刚浇过水，室内空气湿度较大，植株不会因温度过高而萎蔫。午后再通风排湿。结果初期尽量控制浇水，一般10～20 d灌1次水，隔1水追1次肥，磷酸氢二铵、硫酸钾和三元复合肥、饼肥、鸡粪等交替使用。

进入结果盛期后，外界温度高，放风量大，土壤水分蒸发快，需5～10 d灌1次水，10～15 d追1次肥。盛果期开始在明沟追肥，可先松土，然后灌水追肥，并与暗沟交替进行。叶面喷肥从定植至生产结束可每15 d喷施1次，肥料可选用磷酸二氢钾及多种商品叶面肥。由于日光温室冬春茬黄瓜栽培中通风量较小，室内 CO_2 严重亏缺，结果期施用 CO_2 气肥，使温室内 CO_2 含量达1 000 mL/m^3，即可达到增产效果。

(3)植株调整。生长中后期，摘除植株底部的病叶、老叶，既能减少养分消耗，又有利于通风透光，还能减少病害发生和传播。日光温室冬春茬黄瓜以主蔓结瓜为主，整个生育期一般不摘心，主蔓可高达5m以上。因此在生长过程中，为改善室内的光照条件，可随着下部果实的采收，随时落蔓，使植株高度始终保持1.5 m左右。落蔓前摘掉下部老叶，把拴在铁丝上的尼龙绳解开，使黄瓜龙头下落至一定的高度，为龙头生长留出空间，再重新拴住。落下的蔓盘卧在地膜上，注意避免与土壤接触。

（五）收获

黄瓜应及早采收，特别是长势较弱的植株更应早采，以防坠秧。以后应根据植株生育和结瓜数量决定采收时期，如果植株生长旺盛，结果量较少，应适当延迟采收。如遇连续阴天，也要延迟采收，以果坠秧，防止植株徒长。采收最好在早晨进行，严格掌握采收标准。采下的黄瓜要整齐地摆放在纸箱内，遮光保湿。

五、设施越冬茬黄瓜嫁接栽培技术

（一）接穗品种选择

黄瓜设施越冬栽培遇到冬春季的低温弱光环境，因此，在品种选择时要根据栽培茬口的主要温光环境特点选择适宜的品种，越冬栽培茬口要选择低温、耐弱光、雌花节位低、节成性好、抗病性强、生长势强、品质好、产量高的品种。

（二）砧木的选择

砧木选择的原则：具有抗病能力，抗寒性强，与接穗的亲和能力强，易成活，不影响黄瓜品质，产量高。黄瓜嫁接以黑籽南瓜为砧木进行嫁接栽培苗，不仅提高黄瓜的抗病性，同时也可以加强根系吸收能力和耐寒能力。

（三）育苗——嫁接育苗

1. 苗床准备

苗床要求有丰富的营养土及覆盖设施，以便保温和遮阳。营养土配方：充分发酵腐熟的有机肥6～8份，田园土4份，尿素500 g/m^3，硫酸钾500 g/m^3，过磷酸钙3 000～4 000 g/m^3 或硝酸二铵1 000～1 500 g/m^3，草木灰5 000 g/m^3，尿素300 g/m^3，50%多菌灵可湿性粉剂300 g/m^3，将土、肥、药充分混合，再加水调湿，闷盖一周。

2. 种子处理

（1）温汤浸种：先用凉水浸泡，再用50～55℃热水烫种5～15 min，然后把种子放入冷水中迅速消除种子内部余热，在30℃左右温水中浸种10 h左右，捞出后在28～30℃下经12 h种子即可萌动。

（2）低温处理：将已萌动的种子放在0～2℃低温下连续处理7 d，种子经低温处理能提高幼苗抗坏血酸和干物质含量，加快叶绿素的合成，从而提高幼苗的抗寒能力，提高黄瓜早熟性和早期产量。

此外种子也可用0.02%硫酸铜、硫酸锌、硫酸锰等微量元素浸泡，均有促进早熟增产作用。

3. 浸种催芽

经低温处理后，种子放在28～30℃条件下经12～24 h即可出芽，中间应清洗2～3次，以去掉抑制萌发物质并促进气体交换，待露白后播种。

4. 错开播种期

黑籽南瓜与黄瓜大小相差悬殊，两者同时播种，出苗后二者的下胚轴粗细相差悬殊，无法进行嫁接。提前播种黄瓜，使其提前生长一段时间，但黑籽南瓜出苗后，二者下胚轴粗细度差距缩小，容易嫁接。一般黄瓜比黑籽南瓜提前5 d播种。但黄瓜和黑籽南瓜的播种时间因嫁接方法不同而异。插接时砧木苗应大些，需提前3～4天播种，而后播黄瓜。靠接时两种幼苗的大小应力求接近，但黄瓜苗生长慢，需要提前5～8天播种，然后播黑籽南瓜。

5. 播种

播种前苗床或营养土应提前浇足底水，待水分渗下后，按8～10 cm见方在苗预先画出方格，然后于每方格的中央播1粒种子。采用容器育苗时，每营养钵点播1粒种子。点播种子后还需用过筛细土进行覆盖，覆土厚度一般应在1～3 cm。覆土过厚不利于其拱土；覆土过薄则易导致种子带皮出土，产生所谓“戴帽”，不利于子叶平展，从而影响幼苗发育。

6. 嫁接前的幼苗期管理

(1)温度。播种至子叶展开时要求苗床温度较高，一般应保持在28℃左右，以促进幼芽尽快拱土，提高发芽率和发芽势。子叶展开至破心期间适当通风，降温、降湿，防止因温度过高形成高脚苗，或因湿度过大诱发猝倒病、立枯病。幼苗期适宜土温为白天25℃，夜间20℃左右。

(2)湿度。采用苗床育苗时，嫁接前的幼苗期原则上不必浇水，但底水不足或土壤有机质含量低、保水保肥能力差时，此时可适当浇水，浇水需选择晴天早上或中午进行，同时浇水量不宜过大。

(3)光照。子叶展开后草苫尽量早揭和晚盖，以延长光照时间。采用电热温床育苗时，苗床土壤水分蒸发量大，容易导致苗床缺水，也应注意及时浇水。

(四)嫁接

1. 嫁接方法

嫁接多采用靠接法、劈接、插接法和贴接。此外还有斜插接、水平插接、插皮接等，生产上不常用。

(1)靠接。接穗黄瓜应比砧木黑籽南瓜早播4～5 d，接穗黄瓜苗和黑籽南瓜瓜苗从苗床起出，然后削去砧木的生长点和真叶，留下2片子叶，用刀片在距子叶0.5～1.0 cm的下部胚轴(茎)上，自上而下按35～40°斜切一刀，深度为茎粗的

1/2；接穗黄瓜则在子叶下1.2～1.5 cm处的胚轴上自下而上斜切一刀，角度为30°左右，深度为茎粗的3/5；最后把砧木和接穗的两个切口相互嵌入，使黄瓜子叶在黑籽南瓜子叶之上，并用嫁接夹固定。嫁接后应立即载入装有营养土的塑料钵中，当然也可按10 cm×10 cm距离直接栽入苗床里，然后扣上小拱棚以保温保湿。嫁接15 d后可在接口下切断黄瓜茎，待黄瓜长出新叶后，可除去嫁接夹。

（2）插接。插接时用竹签剔除砧木真叶和生长点，持一宽度与接穗下胚轴粗细接近、前端削尖略扁的光滑竹签，紧贴砧木1片子叶下方斜插，深度为0.6～0.8 cm，暂不拔出；用刀片在接穗子叶节下约0.8 cm～1 cm处向下斜切，切口长度0.6～0.8 cm，再从背面斜切一刀，使之呈不对称楔形；拔出竹签，将削好的接穗插入砧木小孔，使两者密接。砧木和接穗子叶伸展方向呈十字形，便于见光。

插接法砧木苗无须取出，操作方便，嫁接效率高。瓜类蔬菜嫁接部位紧靠子叶节，细胞分裂旺盛，愈合速度快，成活率高。接口位置高，不易再度污染，防病效果好。但插接对操作技术和熟练程度要求较高，嫁接后管理要求较严格。

（3）劈接。砧木提前1～3天播种。当接穗和砧木真叶出现时为嫁接适期。

嫁接时首先用刀片去除砧木生长点，使之呈平台状，再在砧木两片子叶间沿茎轴侧自上而下轻轻切开长约10 mm的切口；然后在接穗子叶以下8～10 mm处用刀片将下胚轴切成两面楔形，将接穗插入砧木切口内，立即嫁接固定。

劈接法操作技术简单，容易掌握。砧木接穗结合面较大且结合紧密，成活率高。接穗离地面较高，防病效果好。

（4）贴接。瓜类蔬菜砧木、接穗子叶充分展平，真叶显露；茄果类蔬菜长至4～6片真叶时，适宜进行贴接。

用锋利刀片自上而下一刀削去砧木的生长点和一片子叶，椭圆形切口长0.5～1 cm。在接穗子叶下斜切一刀，斜角为30°左右，切口与砧木切口贴合，用嫁接夹固定。

贴接法操作简单，速度快，效率高，适于大批量嫁接，但不如劈接法愈合牢固。

（五）嫁接后苗期环境管理

1.温度

黄瓜嫁接后的头3 d小棚内应适当提高温度，促进伤口愈合，一般以白天30～35℃、夜间18～22℃为宜，地温25℃左右。嫁接7～10 d后伤口已基本愈合，可从小拱棚底部掀口，并逐渐加大通风量，可适当降温，之后可去掉小拱棚，转入正常管理。嫁接15 d以后可恢复到子叶出土后的温度；当幼苗1.5～2片真叶展开后，黄瓜雌花开始分化，白天温度应控制在24～26℃，夜间温度在13～15℃，以促进雌花分化，增加前中期产量；定植前7～10 d应进行低温炼苗，以白天20～24℃、夜间10～12℃为宜，整个育苗期的地温保持在15～20℃。

2. 土壤水分和空气湿度

嫁接或移植时应浇透水，以后尽量少浇水，当土壤缺水时应选择晴天上午进行浇水。整个育苗期间浇水次数不宜过多，同时要注意适宜的浇水量，既要浇透，又不能浇水量过大。在嫁接成活以前需要保持较高的空气相对湿度，以促进嫁接伤口的愈合，此时空气相对湿度在95%左右为宜。嫁接成活后空气相对湿度可控制在70%左右，超过80%要适当放风，以防止幼苗徒长和病害发生。

3. 光照

黄瓜生长发育要求较强的光照，但在嫁接后7～10 d以前应适当遮光，以降低叶片蒸腾，提高嫁接成活率。嫁接成活后，应尽量增加光照强度，如经常擦拭棚膜的灰尘；阴天也要揭草苫，以增加散射光；温室后墙挂反光幕，以增加床面上的光照强度，幼苗拥挤时，及时疏散营养钵，以扩大营养面积，增加幼苗群体光照。

4. 营养

一般冬春茬黄瓜栽培的苗龄仅有40 d左右，因此，在营养土肥沃情况下，黄瓜苗期不需要追肥。但如果营养土瘠薄，幼苗出现缺肥现象，可叶面喷施0.2%左右的磷酸二铵或尿素。

5. 适时断根

靠接苗要在嫁接成活后剪短接穗苗的根，使嫁接苗真正成为一个独立的植株。断根既不能太晚，也不能太早，一般是在嫁接苗成活后进行。黄瓜多在嫁接后10～12 d开始断根，在全面断根的前1～2 d最好用两只手指先把黄瓜苗在接口的下面狠捏一下，损伤部位维管束，减少水分输导，使嫁接苗预先得到适应性锻炼。用薄膜和曲别针固定接口的不用取下，用嫁接夹固定的在断根后即可摘下。

（六）苗龄和壮苗标准

冬春茬黄瓜的日历苗龄以35～40 d为宜；其壮苗生理指标为株高10～13 cm，茎粗0.6～0.7 cm，叶片数3～4片，叶片大而厚，颜色浓绿，节间短，下胚轴长3～4 cm，根系发达而洁白，花芽分化早，无病虫害。

（七）定植

1. 整地施肥

定植前半个月整地，每亩撒施8 000～10 000 kg优质腐熟农家肥、过磷酸钙100 kg、硫酸钾25 kg，深翻30～40 cm，然后作畦或作垄小行距50 cm，大行距80 cm。

2. 定植

为保证温度，定植应在晴朗天气进行。定植前1～2 d苗床放大水，营养钵育苗也要浇足水。定植后不放风，白天温度为28～32℃，夜间温度在20℃以上。4～6 d后温度应适当降低，白天不宜超过30℃，以25～28℃为宜，夜间18℃左右。

目前多采用双垄栽培，株距25 cm，一般以每亩3 500株左右为宜，过密会因光照不足而影响产量。

（八）田间管理

1.温度管理

尽管日光温室里的温度条件严格受到自然界光照条件的影响，但其温度也可以通过人为干预进行调节，从而满足黄瓜生长发育的需要。根据越冬茬黄瓜的生育时期和所处季节的光照条件，以光照为核心，可将其温度的管理大体分为3个阶段来掌握：

（1）定植到根瓜膨大期。这一时期，管理上应以促秧、促根和雌花节位为主，培养出适应低温寡照条件的健壮植株。越冬茬属于长生长期栽培，一般黄瓜从第7节附近开始出现雌花，以便有利于调整结瓜和长秧的关系。为此，在温度管理上就要依苗分段进行管理：第1片真叶以前采用稍高的温度进行管理，一般晴天的上午保持温度为25～32℃，夜间到16～18℃。从第2片叶展开，采用低夜温管理，以促进雌花的分化。5～6片真叶以后，栽培环境有利于雌花的分化时，则会使品种的雌花着生能力得到充分的表现。此期的温度应适当高些，晴天白天上午温度为25～32℃，下午23～20℃，夜间20～14℃，防止出现"花打顶"。

（2）结瓜期。越冬茬黄瓜开始结瓜后，大多数地区已进入严冬时节，光照越来越显不足。此时温度管理必须在前一段的基础上逐渐降下来，温度逐渐达到晴天上午23～26℃，但不能使其超过28℃，午后22～20℃，前半夜18～16℃，但不能超过20℃，清晨揭苫时为12～10℃。此时的温度，特别是夜温一定不能过高。

（3）夏季盛瓜期。入春后，日照时间逐日增长，温度逐日提高，黄瓜逐渐地转入产量的高峰期。植株一般比较健壮，营养生长和生殖生长比较协调，进入3、4月份，为了提早上市，也可采用高温管理。高温管理时，晴天的白天上午温度掌握在30～38℃，夜温为21～18℃。

2.水分管理

在浇好定植缓苗水的基础上，当植株长有4片真叶，应顺沟浇一次水，以引导根系继续扩展。随后就进入适当控水阶段，此后，直到根瓜膨大期一般不浇水，主要加强保墒，提高地温，促进根系向深处发展。结瓜以后，严冬时节即将到来，用水量也相对减少，浇水的间隔时间可逐渐延长到10～12 d。浇水水温和地温更接近，根受刺激小；有时间通过放风排湿使地温得到恢复，因此一定要在晴天的上午进行。浇水间隔时间和浇水量还需要根据需要和黄瓜植株的长相、果实膨大增重和各器官的表现来衡量判断。瓜秧深绿，叶片没有光泽，是水肥合适的表现；卷须呈弧状下垂，叶柄和主茎之间的夹角大于45°，中午叶片有下垂现象，是水分不足的表现，应选晴天及时浇水。

春季黄瓜进入旺盛结瓜期，需水量明显增加。此时浇水就不能只限于膜下的沟内灌，而是逐条沟都要浇水。浇水的间隔时间会因管理的温度不同而有明显的差别，按常规温度白天 25～28℃，不超过 32℃，夜间 18～16℃进行管理，一般 4～5 d浇一次水；管理温度偏高的，根据情况可以 2～3 d 浇一次水。只有根据管理温度，在满足必需的肥料供应的前提下，提供足够的水分，才能保证高产。嫁接苗根系扎得深，不能像黄瓜自根苗那样轻轻浇过，间隔一定时间需适当加大一次浇水量，把水浇透，以保证深层根系的水分供应。

3. **光照强度**

温室内光照条件内容主要是增加光照强度。增加光照强度的主要方法有①选用透光率高的无滴膜；②经常保持薄膜清洁，清除尘埃的污染；③适时揭盖草帘和纸被。在不降低室内温度的情况下，尽量早揭晚盖；④阴天也要打开草帘，以增加室内散射光照；⑤在温室后墙上挂上反光幕，晴天反光幕前 1 cm 以内可提高光照强度可达40%以上。⑥使用补光灯。

4. **CO_2 施肥**

CO_2 是黄瓜进行光合作用的主要原料，提高 CO_2 浓度，促进增产；相反，CO_2 浓度低，会降低光合强度，导致减产。在春季植株旺盛生长时，如果施用有机肥料少就容易出现 CO_2 缺乏。在作物产量的高峰期，为了增加产量，改善品质，可以通过 CO_2 施肥满足黄瓜需要。进行 CO_2 施肥时，要根据天气情况、植株生长状况确定其释放量，并适当提高土壤及空气湿度，适当增施磷、钾肥，适当加大温差，以防徒长。

（九）采收

采收是植株调整的一个重要手段，如果植株上部没有结瓜，瓜秧长势旺，采收后可能出现瓜秧徒长，就应推迟几天采收；如果瓜秧长势弱，那么植株上稍大的瓜都可以提前采收。有时为了促秧，前期幼瓜多时可疏掉一部分。从时间上来看，天气好时可适当重摘；天气变差以后摘瓜宜轻，并尽量保持一部分生长正常的果实延后采摘。

六、主要病害防治

（一）蔓枯病防治

（1）合理轮作。间隔 2～3 年与非瓜类轮作。

（2）种子处理。播前用25%的多菌灵可湿性粉剂 50 倍液，浸种 30 min 后取出晾干播种，也可用干种重量 0.3% 的福美双拌种播种。

（3）加强栽培管理。如合理施肥，实行合理密植，及时进行植株调整。

（4）药剂防治。发病初期选喷 75% 百菌清可湿性粉剂 600 倍液，或 50% 的多菌灵可湿性粉剂500倍液，或70%的甲基托布津500倍液，或70%的代森锰锌可湿性粉剂500倍液，或40%杜邦“福星”乳油8 000倍液，隔3～4 d喷1次，连喷2～3次。

（二）霜霉病防治

（1）选用抗病品种，提高植株的抗病性。

（2）浸种催芽，培育壮苗，55℃温汤浸种，减少病源。

（3）加强栽培管理，实行轮作倒茬。

（4）药剂防治：可采用72.2%普力克水剂800倍液，或58%的雷多米尔可湿性粉剂500倍液，或64%杀毒矾可湿性粉剂400倍液喷雾，每隔7～10 d喷一次，连防2～3次。

（三）霜霉病防治

（1）选用抗病品种。

（2）药剂防治：发病初期可选用50%翠贝干悬浮剂3 000倍液，或40%福星乳油4 000～6 000倍液，或10%世高水分散粒剂1 500倍液，或62.25%仙生可湿性粉剂600倍液，或15%粉锈宁可湿性粉剂1 500倍液，或70%威尔达甲托可湿性粉剂800倍液，或75%百菌清可湿性粉剂600倍液，或2%农抗120水剂200倍液等交替喷雾防治，每隔7～10 d喷1次，连喷2～3次。

任务二　西瓜栽培

西瓜又称水瓜、寒瓜，属于葫芦科西瓜属一年生蔓性草本植物。西瓜原产于非洲、埃及，已有4 000多年的栽培历史。我国自古栽培西瓜，因其引自西域，故名西瓜。西瓜是鲜果中含水分最高的种类之一，富含蔗糖、果糖、葡萄糖等糖类和维生素A、维生素B、维生素C和烟酸，以及多种有机酸、氨基酸和钙、磷、铁等矿物质。西瓜果实甘甜多汁，清爽解渴，是盛夏佳果。我国是世界上栽培西瓜面积最大的国家，特别是近年来设施西瓜栽培面积不断增大，实现了西瓜的周年供应。

一、生物学特性与栽培关系

（一）植物学特征

1. 根

西瓜为直根系，根系分布深而广，是深根系作物，主根入土深度达1m以上，侧根扩展范围3.5 m，但主要根群分布在10～33 cm土层内，西瓜根系强弱，入土深浅与品种特性有关。早熟、生长势弱的品种，根系生长能力差，入土浅，分布范围小；长势强的中晚熟品种根系入土深，分布范围广。西瓜根系入土深浅也与种植条件有关。旱田西瓜根系入土深。水浇地西瓜根系入土浅。西瓜根系发达，吸水能力强，叶片深裂，蒸腾量较小，因此西瓜是比较耐旱作物。西瓜根系不耐涝，涝淹时根系呼吸受阻,功能失调,尤其高温时涝害,即使短时间涝害,根系活动也会受到严重影响,涝淹时间稍长,根系极易死亡。

西瓜根系木质化程度出现早而且强,根系受损伤后恢复困难,新生根柔弱,所以西瓜是不太耐移栽作物,种植上一般不采取育苗移栽的措施。近年来早熟栽培西瓜越来越广泛,不得不育苗移栽以达到早熟目的,但育苗过程中和定植时必须采取护根措施,如用营养钵等容器育苗,防止根系损伤。

西瓜茎蔓能产生不定根,不定根部位在茎蔓贴近地表湿土处,尤其压蔓后易形成不定根。不定根数量与压蔓范围及土壤湿度有关,也与品种特性有关。晚熟品种比早熟品种的不定根数量多,不定根长度多为 30 ~ 50 cm,而且不定根上还能生长侧根。不定根的主要作用是固定秧蔓,防止秧蔓滚动,但也有吸收水分和营养的作用。

西瓜根系易感枯萎病,因而不能连作。近年来通过嫁接预防枯萎病,可减轻连作障害。

2. 茎

西瓜幼苗茎直立生长,成株茎匍匐蔓生长,茎蔓上密生绒毛。西瓜茎蔓分枝能力强,播种后 30 ~ 40 d,茎蔓基部形成 4 ~ 6 条侧枝,或称之为侧蔓。主蔓基部 3 ~ 5 叶腋中形成的侧蔓粗壮,能坐住瓜并形成产量,主蔓前端晚期发生的侧蔓一般不能结果,多为无效生长。侧蔓的多少、长势强弱与品种特性关系密切。叶腋间着生卷须、侧枝、花器等器官。卷须起攀缘作用,卷须形态、强弱还反映植株长势。蔓的节间长度与品种和种植条件有关。普通品种西瓜节间平均长度为 10 cm 左右,四倍体西瓜节间明显短缩,“丛生型”西瓜节间更短。通常栽培的普通西瓜在肥水大、田间郁闭、通风透光条件差及温室环境中节间长。西瓜茎的粗细主要与栽培的肥水及温度条件有关。

3. 叶

西瓜叶片因着生位置不同,叶片的形状也有所不同。

子叶为椭圆形,第 1 ~ 2 片真叶为基生叶,叶片小,缺刻浅或全缘,呈龟背形。此后的各真叶均呈掌状深裂形,叶面多绒毛,叶缘为钝锯齿形,叶柄长而空,叶脉为掌状网形。一般叶片为三深裂,每个裂片为羽状或二回羽状的浅裂或深裂,叶片表面有蜡质并密生绒毛。叶片从子叶开始由下而上单个叶片面积逐渐增大。单个叶片面积大小与品种有关,也受栽培条件影响。

4. 花

西瓜一般是同株雌雄异花,但也有部分植株和部分品种会出现完全花。西瓜花萼片 5 片,绿色。花冠桶状黄色,上部分为 5 个裂片。雄花花冠基部有 3 个雄蕊,花药呈 S 形。雌花的雌蕊位于花冠基部,柱头三裂。子房下位,雌花现花时,子房形状、颜色与成熟果相同。

西瓜花器形成很早,第二片真叶展开时已经有花原基出现。雄花着生节位比雌花低,出现得也早。早熟品种主蔓3~4节,晚熟品种主蔓8~9节出现雄花。早熟品种5~7节,晚熟品种10~13节出现雌花。雌花间隔节位早熟品种3~5片叶,晚熟品种7~9片叶。除雌花节位外,其余各节位均为雄花。

雌雄比例受多种因素影响。品种不同,雌雄比例和雌花始花节位有明显的差异。低温,尤其是夜间低温能提高雌花比例并能降低雌花始花节位。西瓜是强光照作物,光照强时,光合速率高,水分和营养吸收多,雌花分化和发育良好,雌花数量多,而且质量也好。子蔓上雌花绝对数量多,平均单果重量以子蔓上的偏高。化学物质能调节雌雄比例,适时喷洒乙烯利能提高雌花比例。

西瓜开花授粉与坐果是否顺利取决于植株生育状态和外界环境条件两方面因素。植株健壮,雌雄花器大而且形状正常,开花早,授粉易且坐果顺利;天气晴朗,温度较高,昆虫活动频繁,对开花坐果有利。

西瓜开花早晚与花器官发育程度和夜间温度关系密切。发育良好的花蕾开花早。夜温对西瓜花粉活力和开花时间有重要影响。如果夜间温度能维持在18℃以上时,西瓜花将在清晨6 h开放。如果夜间气温在14~22℃范围内,每上升或下降1℃,开花时间将提前或推迟30 min左右,夜间温度升高,花粉发芽率也会提高,有利于受精和坐果。

西瓜花器官寿命很短,雌花受精能力和雄花授粉能力不超过2 d,当天开放的花朵授粉受精最佳,坐果良好。

5. 果实

西瓜果形有圆、卵形、椭圆、圆桶形。果实大小因品种不同而有很大差异,大者有10~15 kg,小者仅为0.5~1 kg。果皮颜色有黄、绿白、绿、深绿、墨绿、黑色等,间有细网纹或条带。果肉有乳白、淡黄、深黄、淡红、大红等颜色。果肉可溶性固形物有8%~10%,优良品种可达11%~12%。

西瓜果实为瓠果,系受精子房发育而成。果实由果皮、果肉和种子三部分组成。果皮由子房壁发育成。外果皮由8~10层含叶绿素或无色细胞组成,外果皮表是一层排列紧密的表皮细胞,表皮上具气孔和一层角质层;表皮下几层细胞是石细胞,成了果皮的机械组织。果皮的硬度、韧度和耐贮运程度取决于机械组织发达程度。中果皮由薄壁细胞构成,组织紧密,含糖量低而不宜生食,可作菜用。瓜皮是外果皮和中果皮的合称。瓜的厚薄影响西瓜质量,其厚薄取决于品种特性和栽培条件。气温较低或坐瓜节位较低的条件下,瓜皮较厚。

果肉即通常所谓的瓜瓤,是由胎座组织发育而来的。西瓜为三心皮一心室多胎座的果实,一般具有3个侧膜胎座。果实成熟时,胎座细胞的中胶层离解,细胞间隙增大，形成大量巨形充满汁液的薄壁细胞，最大的薄壁细胞直径可达3～5 cm。瓜瓤色泽因其含有色素不同而有所不同。瓜瓤红色是因其含有番茄红素和胡萝卜素，其色泽深浅主要是由番茄红素的含量多少所决定。黄色瓜瓤主要含各种胡萝卜素，但不含番茄红素，因胡萝卜素含量多寡不一，黄色程度也不相同。白色瓜瓤含有黄素酮类，与各种糖结合成糖苷形式存在于细胞液中。

6. **种子**

西瓜种子为扁平卵圆形，一端钝圆，一端窄尖，窄尖的一端称为喙，喙端为萌动种子胚根出口，称之为出芽孔。种皮平滑或具皱纹。西瓜种子千粒重20～25 g的为小粒种子，100～150 g种子为大粒种子，40～60 g的为中粒种子。种皮颜色分为白、黄褐、黑等颜色。每个西瓜内的种子为200～500粒，多则700粒，少则仅为150粒。

种子寿命与贮藏条件有关，含水量10%左右的种子为干燥种子，可长时间贮存。空气湿度大、贮藏温度高不利于种子贮藏，其使用寿命将会缩短。在一般贮藏条件下，种子使用寿命3年。超过3年种子发芽率急剧下降。含水量为8%以下的种子，在空气相对湿度低于50%，贮藏温度低于10℃时，种子贮藏寿命可延长6年。在低温种子库或备有干燥剂条件下存放的种子，贮藏寿命可延长10年以上。

(二)生长发育周期

西瓜的生长发育过程是指从种子发芽至新种子形成过程，可分为4个时期，即发芽期、幼苗期、伸蔓期和开花结果期。

1. **发芽期**

种子萌动到子叶展平、真叶露心时为止是发芽期。需7～8 d，适宜温度为28～30℃。发芽期种子以胚器官生长为主，主要是胚轴伸长生长和子叶生长，真叶也开始生长。生长是依靠种子内贮存营养，由依靠种子贮存营养的异养生活阶段过渡到依靠幼苗自身制造营养的自养生活阶段。因此发芽期间对外界温度、水分等环境条件要求严格。催芽种子播种后，在15～20℃温度条件下发芽期约9～10 d。

在幼苗出土前宜尽量提高苗床温度，维持适宜的湿度，令幼苗尽快出土，缩短消耗种子贮存营养的异养阶段。幼苗出土后应适当降低苗床温度，防止下胚轴徒长。

2. **幼苗期**

由幼苗真叶显露到4～5叶团棵时为止为幼苗期，约25 d。这段时期以同化器官和吸收器官生长为中心，同时进行花芽分化。幼苗期间，叶片开始生长，茎的伸长生长很慢，花芽开始分化。当幼苗团棵时主蔓已经完成15～18片叶的分化，生长中心由地下部逐渐转向地上部，是植株营养生长和生殖生长并进阶段。栽培上应采取各种措施促进根系生长，为以后各阶段生长发育准备好条件。

3. 伸蔓期

从团棵到第一留瓜节位雌花开放时为止为伸蔓期，在 20 ~ 25℃的适宜条件下，历时 18 ~ 20 d。团棵以后，植株由直立生长转变为匍匐生长，地上部各器官进入迅速生长阶段，尤其茎的伸长生长加速。初期叶片数量增加很快，但每片叶片面积并不大，后期节间的伸长和叶片面积扩大很快，坐果的雌花正处于现蕾开花之际，抽蔓期内植株上雄花和雌花不断分化、孕蕾和开放，为果实生长奠定了基础。栽培上适当控制营养生长，促进坐果是本时期栽培的重点。

4. 开花结果期

开花结果期从留果节位雌花开放，到果实成熟为结果期，这一时期又可分为 3 个不同生长时期：

（1）坐果期。由雌花开放到褪毛为坐果期。雌花开放后，果实开始生长，因果实生长使果面上密生的绒毛变得稀疏，整个果实光亮，称之为“褪毛”。在25 ~ 30℃的适宜温度条件一般经过 4 ~ 5 d。褪毛前果实生长量有限，但这段时间是授粉受精、果实能否坐住的关键时期。褪毛是果实坐住的形态标志，此后果实开始迅速生长，即生殖生长占据优势。能否坐果是本期栽培的关键。

（2）膨瓜期。从果实褪毛到果实基本达到该品种具有的体积即俗称“定个”时为膨瓜期。果实迅速生长并基本达到本品种应具有的体积和重量，瓜的体积和重量达到其收获时 90% 以上。

膨瓜期以果实膨大生长为主，果实生长迅速，每天生长量大。膨瓜期要采取各种措施控制茎蔓的长势，使果实迅速顺利形成。膨瓜期结束时，果实大小定形，果皮变硬，显现出果实固有的颜色与光泽，果肉开始变色。在适当温度条件下，历时 20 d 左右。

（3）变瓤期。由果实体积基本定形到果实成熟。25 ~ 30℃条件下需 10 d 左右。果实内部进行各种物质转化，胎座细胞充分膨大，随着果实成熟，蔗糖和果糖合成加强，果实甜度不断提高。

（三）对环境条件的要求

1. 温度

西瓜为耐热性作物，喜高温、干燥，不耐寒。在较高温度条件下，生长发育良好，适宜温度为 25 ~ 30℃。适应温度范围为 10 ~ 40℃。

西瓜不同生育期对温度需求也不相同：16 ~ 17℃开始发芽，其发芽期适宜温度为 25 ~ 30℃，幼苗期适宜温度为 22 ~ 25℃，抽蔓期为 25 ~ 28℃，结果期为 30 ~ 35℃。在保护地内种植时，夜温降到 8℃，昼温升到 38 ~ 40℃，昼夜温差达 30℃时植株仍能生长。但坐果时保护地内不得低于 18℃，最好将温度维持在

25℃。低于18℃时果实生长不正常,果实扁圆或形成畸形果,而且生长速度慢。西瓜根系生长适宜温度25～30℃,根系生长最低温度10℃,最高温度38℃。一般10 cm土层温度达14℃以上为安全定植期。

2. 光照

西瓜是强光照作物。西瓜的幼苗期光饱和点是80 klx,结果期的光饱和点超过100 klx。光补偿点约为1.5 klx。每天光照长度超过10～12 h,光照充足时西瓜生长健壮,茎蔓粗壮,叶片肥大,节间短,花芽分化早,坐果率高,果实发育良好。

3. 水分

西瓜是需水量较多的作物。一株具2～3叶片的幼苗每昼夜蒸腾水量为170 g,雌花开放时每株西瓜每天蒸腾量为250 g,结果期西瓜蒸腾量更大。一株西瓜一生耗水2 000 L左右。

空气干燥有利于西瓜生长,空气相对湿度为50%～60%时,较低的空气湿度有利于果实成熟,并可提高含糖量。但是开花授粉时空气湿度过低,花粉不能正常萌发,影响坐果。我国西北地区是典型的大陆性气候,夏季高温干燥,日照充足,昼夜温差大,因而西北地区西瓜品质优于内地。

西瓜虽然耗水量大,但它又是耐旱性极强的作物。结果期遇到干旱时,甚至能流回植株,供植株的需要。西瓜植株极不耐涝。一旦水涝或土壤湿度过高时,根系会因土壤中空气不足而窒息死亡。

4. 矿质养分

研究结果表明在西瓜整个生育期内随着不断生长,氮、磷、钾吸收量增多,果实膨大期为吸收高峰期,每日平均吸收量分别是307、116.3和401 mg/株。各个生育期吸肥量也有所不同,发芽期最少,幼苗期也较少,抽蔓期吸收量增多,膨瓜期吸收量达到高峰,成熟期吸收量又缓慢下来,吸肥呈前期少,中后期多,后期少的规律。各生育期氮、磷、钾的吸收量占全生育期总吸收量的比例分别为发芽期0.02%,幼苗期0.46%,抽蔓期15.59%,褪毛期10.48%,果实膨大期63.05%,成熟期10.39%。全生育期每株吸收氮(N)10.118 g、磷(P_2O_5)3.65 g、钾(K_2O)12.39 g。据此计算,西瓜吸肥量是每1吨产品吸收氮(N)2.47 kg、磷(P_20_5)0.89 kg、钾(K_2O)3.02 kg,吸收钾最多,氮次之,磷最少。

氮对西瓜生长发育有重要意义,在低氮水平时,施氮量增加,叶片中的蛋白氮含量增加迅速,而非蛋白氮增加缓慢,所以蛋白氮/非蛋白氮比值迅速上升,叶片光合速率和根活力增强。施用氮肥过多时,蛋白氮增加缓慢,而非蛋白氮增加迅速,蛋白氮/非蛋白比值急剧下降,叶绿素含量、光合速率和根系活力也都急剧下降,酸性蔗糖转化酶活性高,不利于糖分积累。因此氮肥用量必须控制在适当水平上,过量施用氮肥,植株含氮量虽然有所增加,果实体积增大,产量提高,但蛋白氮/非蛋白氮比值下降，果实淡而无味。

施用磷肥能增加叶片中的叶绿素含量和光合速率，也能促进根系活力。但过量施磷肥也会使上述生理指标下降。在蔗糖合成中起主要作用的是蔗糖磷酸合成酶，在适当均含磷水平上该酶活性较高，有利于蔗糖合成。

在各营养元素中，钾肥能明显提高西瓜的产量，而且也能改善西瓜品质。钾肥对氮代谢有明显影响，对叶片中的蛋白氮影响不大，但却能大幅度降低非蛋白氮的含量，提高蛋白氮/非蛋白氮比例。钾能调节叶片中的糖代谢，提高蔗糖磷酸合成酶和蔗糖合成酶活性，抑制蔗糖转化酶的活性，有利于蔗糖的积累。在满足氮、磷营养需要的同时，配合施用钾肥（K_2O）180 kg/hm^2，西瓜品质佳、产量高、效益好。随着钾肥用量增加，植株对病毒病、枯萎病、炭疽病的抗性明显提高。然而钾肥用量过多，产量和含糖量下降，可能是过多的钾对蔗糖转化酶、蔗糖磷酸合成酶和蔗糖合成酶的活性产生抑制。

在西瓜栽培中，有机肥与无机肥配合施用，三要素合理配比，尤其合理施用钾肥是获得西瓜高产优质的施肥原则。

5. 土壤

西瓜根系具有明显的好气性，土壤疏松，氧气供应充足，西瓜生长良好。西瓜对土壤适应性广，在沙土、壤土和黏土上都能种植，但仍在土层深厚、排灌良好的沙壤上生长良好。西瓜适宜于中性土壤上生长，适应的土壤反应较宽，在 pH5 ~ 7 内均能生长。枯萎病发生地区，在酸性较低的地块上种植比较安全。西瓜不耐盐碱，土壤含碱量低于 0.2% 可以正常生长。

6. 气体 CO_2

西瓜的 CO_2 饱和点在 1 500 ul/L 左右，在设施内栽培补充 CO_2 可提高叶片的光合能力，从而提高西瓜的产量和品质。

二、类型与品种

西瓜分类尚无统一标准。按熟性可分为早熟、中熟和晚熟等品种。从开花到熟 26 ~ 30 d 为早熟种，30 ~ 35 d 者为中熟种，长于 35 d 为晚熟种。按照用途可分为食用类型和籽用类型。根据细胞学分为二倍体、三倍体和四倍体西瓜。根据种子大小，分为大籽类型、中等和小籽类型西瓜。按果实大小可分为大中果类型和小型果类型；按果实性状可分为圆球形、椭圆形和枕圆形；按果皮颜色可分为黄皮、绿皮、深绿皮、墨绿皮及黑色皮，另有单色皮、网纹及花皮；按瓜瓤颜色可分为黄瓤、粉红瓤及大红瓤；按种子的多少可分为有籽瓜、少籽瓜及无籽瓜；根据西瓜对气候的适应性，分为五个生态类型：

（1）新疆生态型。原产新疆，适应于干旱的大陆型气候，多数品种长势强，种子大。为大型晚熟种。

(2)华北生态型。原产华北,适应于温暖半干旱气候,长势强或中等,果型大或中等,种子大,肉质沙或软。

(3)东亚生态型。原产中国东南沿海或日本。适应湿热气候,长势弱,果形小或中等,种子小或中等。属早、中熟品种。

(4)俄罗斯生态型。原产伏尔加河中、下游和乌克兰草原地带,生长旺盛,多为中、晚熟品种,肉质脆,种子小。

(5)美国生态型。原产美国南部,适应于干旱沙漠草原气候。生长势旺,分枝中等,大果形晚熟品种,结实较少,含糖量高。

三、栽培季节与茬口安排

西瓜栽培季节和茬口可灵活掌握,只要能满足基本光照和温度要求,一年四季均可生产,北方地区具体栽培类型及季节如表6-2所示。

表6-2　西瓜的温室和大棚栽培类型及季节(月/旬)

栽培类型	设施类型	播种期	定植期	始收期
春茬栽培	大棚	2/上~3/上	3/下	4/下~7/下
	日光温室	12/下~1/上	翌年2/上	3/上中~6/上中
秋延后栽培	大棚	7/上中	7/下~8/上	9/上~10/下
秋冬茬栽培	大棚	8/中下~9/上	9/中下	10/中下~1/上
冬春茬栽培	大棚	10/中~11/中	11/下~12/下	翌年1/上~2/上
越冬茬(长季节)	大棚	9/中~10/上	10/中~11/上	11/中~12/上

四、日光温室早春茬西瓜栽培技术

日光温室西瓜以早春茬生产效果较好。这是因为西瓜对温度和光照要求严格,冬季生产难度较大,产品销量小,可从南方调运来满足需求。另外,北方地区早春很少阴雨,光照充足,特别3~5月份环境条件对西瓜发育比较适宜,所以日光温室西瓜2月中下旬定植,4月中下旬开始采收,既可获得高产优质,又有较好的销路。

(一)品种选择

日光温室早熟栽培应选用早熟或中早熟品种,应具有良好的低温生长性和低温结果性,耐阴湿,并具优质、丰产、抗病等特点。目前常用品种为京欣1号、京欣2号、金钟冠龙、丰收2号、开杂12、农友新1等。

(二)培育壮苗

1.苗床和营养土准备

棚内建造苗床,苗床为平畦,净宽1.2 m、深10 cm左右,并铺设地热线。选用腐熟农家肥和质地疏松的未种过西瓜的肥沃土壤(1∶1),同时加入0.5%的过磷酸钙,过筛后装钵。或用草炭加0.5%过磷酸钙。采用8 cm×8 cm的塑料营养钵。

2. 种子处理

播种前种子采用温汤浸种。一般先将种子放入水中漂去瘪种,捞出籽粒饱满的种子后浸入55℃温水中浸泡20 min进行种子表面消毒处理,并使水温降至30℃浸种6~8 h,再捞出后放在28~30℃的条件下进行种子催芽。一般经24~48 h种子就会出芽,待种子大部分露白后播种。

3. 播种

播种前营养钵装好营养土并提前浇足底水,待水分渗下后,每营养钵点播3~4粒种子。播种时芽朝下平放,覆土2~3 cm。覆土太薄,容易造成戴帽出土。

4. 苗期管理

出苗期尽可能提高床温,白天28~30℃,夜间18℃;一半顶土时,降温,昼/夜温在22/15~17℃,25℃以上徒长;出苗后继续控温控水,增光,控湿;破心后适当增温,白天25~28℃,夜温18℃,增光,浇温水;定植前进行幼苗锻炼,通风降温。

(三)定植

1. 定植时期

西瓜定植要求10 cm土温稳定在14℃以上,凌晨气温不低于10℃,遇到寒流强降温,短时间最低气温也能保持5℃以上才能定植。定植宜在晴天的上午进行。

2. 整地施肥作畦

定植前土壤应深翻40 cm,使根系充分生长。按1.5 m行距开深度、宽度均为40 cm的施肥沟,表层20 cm的土放在一侧,底层20 cm的土放在另一侧。每亩施优质农家肥2 000 kg、鸡粪500 kg、过磷酸钙3 kg,分层施入沟中,第一层施完后再把其刨松,撒一层表土再施第二层肥,表土填完再分层填入底土,分层施肥时下层少施,上层多施。按大行距100 cm、小行距50 cm起垄,垄上覆地膜。

3. 定植

在垄中央按50~60 cm株距,用打孔器或移植铲交错开定植穴。选大小一致的秧苗,脱下容器,放入穴中,埋一部分土,浇足定植水,水量以不溢出穴外为准,水渗下后,封土。

(四)田间管理

1. 缓苗及抽蔓期

(1)温度管理。缓苗期间,外界温度仍然很低,有时还会出现灾害。高温高湿条件下促进缓苗,定植后密闭不放风,遇寒流天气,凌晨最低气温不能保持在10℃以上时,可扣小拱棚保温。缓苗后开始从温室顶部放风,逐渐把温度降到22~25℃,夜间最好保持在15℃左右。当茎蔓开始伸长进入抽蔓期时,日温保持在

25～30℃，夜温为15℃左右，茎蔓伸长到一定程度，把日温降到20～25℃，前半夜15℃，后半夜13℃左右，适当抑制茎叶生长，促进坐瓜，即所谓“蹲瓜”。

西瓜要求较长的日照时间和较高的光照强度，一般品种每天都要求有10～12 h的光照时间。光照充足，植株生长健壮，茎较粗，节间较短，叶片肥厚，叶色浓绿，抗病力增强；阴天多雨，光照不足则植株易徒长，茎细弱，叶大而薄。因此，温室早春茬西瓜光照调节的原则是采取各种措施进行增光补光。

（2）肥水管理。抽蔓期是西瓜坐果和果实发育的基础阶段，茎叶充分生长才能结出较大的果实。茎蔓开始迅速生长时，结合浇催蔓水，追一次催蔓肥，每667 m^2追施尿素10 kg。以后直至膨瓜前不再浇水，抑制营养生长，促进生殖生长，进行“蹲瓜”。

（3）植株调整。西瓜的茎蔓性植株“团棵”以后，不能直立生长，需及时吊绳引蔓。主蔓各叶腋均能发生侧枝，称为子蔓，从子蔓上再发生的侧枝称为孙蔓。主蔓基部第3～5叶腋处形成的子蔓粗壮，可作结果蔓。日光温室栽培西瓜采取双蔓整枝较为适宜，除主蔓外，在主蔓基部第3～5节选留一条健壮子蔓，其余子蔓全部摘除，这两条蔓上发生的侧蔓也要摘除。两条蔓可同进吊起，也可以只吊结瓜蔓，营养蔓放在行间地膜上生长。为提前上市，也可以只保留主蔓进行单蔓整枝，单蔓整枝果实较小，但价位较高。对于果实较小的袖珍礼品西瓜，为获得高产，宜采用多蔓多果方式，一般保留2～4条子蔓，摘除多余的子蔓和孙蔓。

2. 结果期

西瓜的开花结果期从留瓜节位、雌花开放至果实成熟，适宜条件下需30～40 d。单个果实的生育时期又可细分为坐果期、膨果期和变瓤期三个阶段。

（1）坐果期。从留瓜节位、雌花开放至“褪毛”（果实鸡蛋大小，果面茸毛渐稀），需4～5 d。此期是进行授粉受精的关键时期，此期要求光照充足，温度不低于18℃，否则延迟开花，花粉发芽率低，受精不良，易产生畸形瓜。

西瓜为雌雄同株异花植物，花黄色，子房下位，雌花出现时可看见子房。西瓜花为半日花，上午开花授粉，下午闭合。每天开花时间受夜间气温支配，气温低开花晚，气温高开花早。西瓜无单性结实能力，必须授粉后才能结果。露地栽培可靠昆虫传粉，设施内很少有昆虫活动，因此要取得丰产必须进行人工辅助授粉。一般上午8～9 h柱头和花粉生理活动最旺盛，是人工授粉的最佳时间。西瓜的第1雌花结果小，还容易出现畸形果，人工辅助授粉宜选用主蔓第2～3朵和侧蔓第1～2朵雌花进行，以便于结瓜后有选择地留瓜。小果型西瓜授粉时摘除子蔓上第1雌花，其余均可选留。授粉后在果柄处挂上纸牌或不同颜色的毛线，在纸牌上记录授粉日期作为采收标记。这一阶段，果实处于细胞分裂增殖期，重量增加较少，温度控制在25～30℃为宜。

(2)膨果期。从“褪毛”到“定个”(果实大小不再增加)称膨果期。西瓜褪毛后,果实迅速膨大,重量急剧增加,此期最适日温为30～35℃,夜温为15～20℃。此期果实迅速生长并已基本长成。瓜体积和重量已达到收获时的90%以上。这一时期是整个生长发育过程中吸肥吸水量最大的时期,也是决定产量的关键时期。幼瓜“褪毛”后,需浇催瓜水、追催瓜肥,一般每667 m^2 施发酵饼肥30～40 kg或三元复合肥15 kg,结合浇水施入,以后可根据植株长势和土壤湿度均匀供水。西瓜结瓜以后如遇干旱,果实中的水分能倒流回茎叶以维持生命。因此,膨果期不可过早控水,否则会使果实内水分倒流,影响果实产量和品质。

西瓜进行人工授粉后,在环境条件适宜的情况下,主蔓和侧蔓都能结瓜。双蔓整枝只留一个瓜。当已坐住的两个瓜长到鸡蛋大小时,选留果形端正的一个瓜,把另一个瓜疏掉。留瓜的蔓在瓜前5～7片叶处摘心,不留瓜的蔓作为营养蔓,营养蔓始终不摘心,以制造充足的光合产物供果实生长发育。选留的瓜由于养分集中,生长较快,随着重量的增加,茎蔓不能承担其重量,需要及时吊瓜。小果型礼品西瓜则每株留2～4个瓜,结果节以下孙蔓宜尽早摘除。

(3)变瓤期。从“定个”到果实成熟,适宜条件下需7～10 d。此期果实内部进行各种物质转化,蔗糖和果糖合成加强,果实甜度不断提高。此期应给予较大的昼夜温差,以促进糖分的积累,增加果实甜度。果实“定个”后,不再追肥浇水,管理上主要是保护叶片,延长功能叶寿命。此时根系吸收能力减弱,可进行叶面喷肥补充营养。

(五)成熟度的鉴别与收获

1. 成熟度鉴别

西瓜果实为瓠果,果实的形状、皮色、大小因品种而异。果实由果皮、果肉和种子组成,果肉即通常所说的瓜瓤,含水量较高,成熟的果实果肉甜而多汁,是主要的食用部分。西瓜采收应在含糖量最高时进行,掌握最佳采收时期的关键是鉴别成熟度。从外部征来看,成熟的果实,果皮坚硬光滑,脐部和果蒂部位略有收缩,果柄刚毛稀疏不明显,果柄附近的几条卷须已经枯萎。另外,根据授粉时标记的日期和不同品种果实成熟所需要的天数来计算果实的成熟度。早熟品种一般开花后30 d左右成熟,可先摘几个品尝,达到成熟度即可把同期授粉的瓜一次采收。

2. 收获

西瓜采收要根据销售和运输情况来决定采收成熟度。当地销售,采收当天投放市场,必须达到十分成熟,品质好;销往外地的西瓜,经长途运输,短期存放,需在八九分熟时采收。采收西瓜要带果柄剪下,可延长存放时间及通过果柄鉴别新鲜度。当地销售的每个西瓜上带一段瓜蔓和叶片,更能显得新鲜美观。采收最好在早晚进行,避免中午高温时采收。因为高温时采收的瓜温度高,内部呼吸作用强烈,运输途中易发生软腐变质。采收和搬运过程中应轻拿轻放,防止破裂损失。

五、主要病害防治

(一)立枯病防治

(1)轮作倒茬。

(2)加强管理,增施有机肥料,提高抗病力。

(3)及时拔除病株,减少菌源。

(4)药剂防治:发病初期可用64%杀毒矾镁可湿性粉剂500倍液,或20%甲基立枯磷乳油1 200倍液,或72.2%普力克水剂800倍液喷洒秧苗,或80%代森锰锌可湿性粉剂700~800倍液喷雾,7 d喷一次,连喷2~3次。

(二)炭疽病防治

(1)温汤浸种:55℃恒温水浸种15 min或60%防霉宝600倍液浸种30 min。

(2)药剂防治:发病初期,摘除底部老叶,然后喷75%百菌清可湿性粉剂600~700倍液或50%炭疽福美可湿性粉剂300~500倍液或70%代森锰锌可湿性粉剂600倍液喷雾,每隔7~10 d喷一次,连喷3~4次。

(三)猝倒病防治

(1)药土盖种:用50%多菌灵0.5 kg加细土100 kg,或用40%五氯硝基苯200 g加细土100 kg制成药土,播种后覆盖1 cm厚。

(2)药剂防治:出苗后发病时可喷64%杀毒矾可湿性粉剂500倍液,或喷25%瑞毒霉可湿性粉剂800倍液,也可喷50%多菌灵可湿性粉剂500倍液喷雾,每隔7~10 d喷一次,连喷2~3次。

任务三 甜瓜栽培

甜瓜,别名香瓜、果瓜。葫芦科黄瓜属一年生蔓性植物,非洲的几内亚是甜瓜的初级起源中心,经古埃及传入中东、中亚(包括中国的新疆)和印度。甜瓜的果实营养丰富,口味甜美,气味芳香,以鲜食为主,也可制成瓜干、瓜脯等加工品,深受人们喜爱。近年来,外观优美、品质优良的甜瓜,一直作为高档水果出售,成为人们馈赠亲友的佳品。

一、生物学特性

(一)植物学特征

1. 根

甜瓜根系发达,主根入土深度可达1.2~1.5 m,但主要根群分布在30 cm的土层内,应浅施肥。

根易栓化(植物细胞壁次生壁加厚,细胞层数增多,产生发达木栓层的现象),

受伤后不易恢复，适于直播，若育苗移栽应把籽直接播在营养钵内。

根系呼吸能力强，因此在沙壤，耕作良好、透气性强的壤土和黏壤地块上根系生长良好。

2. 茎

茎中空，机械组织发育差，6～7 叶的匍匐生长，分枝能力强，应严格整枝。茎易发生侧枝，侧枝的生长势强于主枝。

3. 叶

叶为单叶、互生近圆形或心脏形，有缺刻，叶面有茸毛，属抗旱叶型。叶片大小、颜色与栽培条件关系密切。叶柄长短在很大程度上与温度有关，夜温高，植株徒长时叶片大，叶柄长。

4. 花

花为雌雄同株，虫媒花，雄花是单性花，雌花大多为具雄蕊和雌蕊的两性花，也称为结实花。主蔓上雄花在 3～5 节开始发生，雌花发育较晚。而在侧枝上第1～2节就着生雌花。栽培上要早摘心，促进侧蔓形成提早结果。

5. 果实

果实为瓠果，果实形状、大小、色泽因品种不同而异。形状有圆形、梨形、筒形等。果皮颜色有白色、绿色、枯黄等。果面光滑或具网纹、裂纹、棱沟等。

6. 种子

种子长扁圆形或披针形，大小各异，扁平，无胚乳。黄、灰或褐红等色，表面平滑或不平。种子寿命一般为 5～6 年。

(二)生长发育周期

1. 发芽期

甜瓜从播种到第一片真叶显露为发芽期，历时 10～15 d。管理重点是创造适宜条件使幼苗尽快出土。幼苗出土后适当降低温度防止下胚轴徒长。种子发芽期内主要消耗种子内贮存营养，因此要求种子饱满。

2. 幼苗期

幼苗从第一真叶显露(露心)到 4～5 片真叶(团棵)为幼苗期，约 25 d 左右。此时根部及茎叶生长量加大，从第一片真叶出现时苗端即开始花芽分化，幼苗期结束时苗端约分化 20 叶节。在昼温 30℃，夜温 18～20℃，12 h 日照条件下花芽分化早，结实花(两性花和雌花)节位较低。

3. 伸蔓期

伸蔓期从第 5 真叶出现到第一次结实花开放，需 20～25 d 左右。伸蔓期植株根、茎、叶迅速生长，花芽进一步分化发育，植株进入旺盛生长阶段，幼苗由直立生长转变为匍匐生长，与花器官形成，同时抽生子蔓。茎叶生长适宜昼温 25～30℃，夜温 16 ~ 18℃，长时间为 13℃以下和 40℃以上的温度条件下生长发育不良。根系生长适宜温度为 22 ~ 25℃。伸蔓期是管理关键时期，既促进茎叶生长，又不会造成徒长，使其顺利坐瓜。

4. 开花结果期

开花结果期是从结实花开放到果实成熟。结果期长短因品种而异，早熟品种结果期一般为 25 ~ 30 d，中熟品种为 35 d 左右，晚熟品种 35 d 以上。结果期又分为坐果期、果实膨大期和果实成熟期三个不同生育时期。

（1）坐果期。雌花开放到小瓜鸡蛋大小的一段生长期为坐果期，历时 6 ~ 7 d。植株内部的营养物质将由向茎叶运输转为向果实运输。

（2）果实膨大期。果实由鸡蛋大小膨大至果实基本达到品种特性所具有的大小为止为果实膨大期。薄皮甜瓜需 10 ~ 15 d，厚皮甜瓜需 25 d 左右。膨瓜速度是决定果实大小的主要因素，果实量的 3/4 是在本期内形成。栽培上应加强肥水管理，防止叶、茎早衰。

（3）果实成熟期。果实成熟期从果实停止膨大到生理成熟叫成熟期。这一时期对温度要求严格，以昼温 27 ~ 30℃，夜温 15 ~ 18℃，昼夜温差 13℃以上为宜，同时要求充足日照。薄皮甜瓜需 7 ~ 10 d，厚皮甜瓜需 15 ~ 20 d。

（三）对环境条件的要求

1. 温度

甜瓜属耐热作物，整个生育期中最适宜的温度为 25 ~ 35℃。种子发芽期最低温度为 15℃，最适宜温度为 25 ~ 35℃；幼苗期昼温 26 ~ 27℃，夜温 15 ~ 20℃，土温 20 ~ 25℃；果实发育期最适温度为 30 ~ 35℃；根系生长最低温 8℃，最高温 40℃。根毛发生最低温为 14℃。

2. 光照

甜瓜是喜光作物，生育期里每日需要至少 10 ~ 12 小时的日照时数。光照不足，植株生长细弱，品质下降，易发生病害。甜瓜植株生育期内对日照时数的总要求因品种不同而异，早熟种需 1 100 ~ 1 300 h，中熟种需 1 300 ~ 1 500 h，晚熟种需 1 500 h 以上。甜瓜光补偿点为 4 klx，光饱和点为 55 klx。

3. 水分

甜瓜根系发达，能利用土壤中的水分，比较耐旱，不耐涝。适宜的土壤湿度为 60%，空气相对湿度为 50% ~ 60%。幼苗期和伸蔓期适宜土壤相对含水量为 70%；果实生长期适宜土壤相对含水量为 80% ~ 85%；果实成熟期适宜土壤相对含水量为 55% ~ 60%。

4. 土壤

甜瓜对土壤的适应性较强，但以土层深厚、通透性好的冲积砂土或壤土为宜。

适宜 pH6.0~6.8,甜瓜能耐轻度盐碱,耐盐性强。

二、类型与品种

目前一般把栽培甜瓜分为网纹甜瓜、硬皮甜瓜、冬甜瓜、观赏甜瓜、柠檬瓜、菜瓜(蛇形瓜)、香瓜、越瓜。

根据生态学特性,中国通常又把甜瓜分为厚皮甜瓜和薄皮甜瓜两大生态型。

(一)厚皮甜瓜

主要包括网纹甜瓜、冬甜瓜、硬皮甜瓜。植株生长势强或中等,茎粗叶大色浅,果实长圆、椭圆或长椭圆、纺锤形,有或无网纹,有或无棱沟,瓜皮厚 0.3~0.5 cm,果肉厚 2.5~4.0 cm,细软或松脆多汁,芳香、醇香或无香气,耐贮运。一般单果重 1.5~5.0 kg。种子较大,不耐高温,需要充足光照和较大的昼夜温差。适宜于日光温室栽的培厚皮甜瓜品种有伊丽莎白、状元、密世界、玉露、新世纪、农友、香兰、大利等品种或杂交品种。

(二)薄皮甜瓜

又称普通甜瓜、东方甜瓜、中国甜瓜、香瓜、梨瓜。薄皮甜瓜生长势较弱,叶色深绿,叶面有皱,果实圆桶、倒卵圆或椭圆形等,果面光滑,皮薄,肉厚 1~2 cm,脆嫩多汁或面而少汁,皮瓤均可食用,单果重多在 0.5 kg 以下。不耐贮运,较耐高湿。种子中等或小,在日照较少,温差较小的环境中能正常生长。

薄皮甜瓜类型很多,一般划分为 6 个种群:

1. 白皮品种群

果皮白色,成熟时略显黄色,如山东益都银瓜、白糖罐、浙江雪梨等品种。

2. 黄皮品种群

果皮橙黄色,果肉脆甜,如华东各地黄金瓜等。

3. 花皮品种群

果皮有绿色斑纹或条纹,果肉脆甜,如蛤蟆酥等品种。

4. 青皮品种群

果实浓绿或墨绿色,果肉脆甜,如羊角密等。

5. 面瓜品种群

果肉多淀粉,质面个甜,如老头乐。

6. 小子品种群

种子特别小,如芝麻粒、兰州金塔寺瓜、皖北小麦瓜等。

三、栽培季节和茬次安排

厚皮甜瓜生长发育要求温暖干燥、昼夜温差大、日照充足等条件,因此多在我国新疆、甘肃等地种植。薄皮甜瓜喜温暖湿润气候，耐湿抗病，适应性强，与厚皮甜瓜在南北各地广泛栽培。西北地区的常见茬口有冬春茬保护地甜瓜栽培，一般12月下旬至元月上旬播种育苗，元月下旬至2月上旬定植，4月上、中旬开始收获；春季提前栽培甜瓜，温室育苗、大棚栽培、地膜覆盖、棚内加小拱棚保护，一般在2月上旬播种，3月上旬定植，5月中旬开始收获；厚皮甜瓜的露地栽培，一般在5月上旬覆膜播种，6月上、中旬定植，8、9月份成熟。厚皮甜瓜秋延后栽培，一般在6月上、中旬播种，7月份定植，10月中下旬成熟；秋冬茬保护地甜瓜栽培，8月下旬至9月上旬播种，10月上旬定植，12月中、下旬上市。

四、日光温室冬春茬厚皮甜瓜栽培技术

日光温室冬春茬甜瓜一般在11～12月份播种，翌年1～2月份定植，收获期为3月下旬～5月上旬。

（一）品种选择

日光温室冬春茬栽培应选用耐低温弱光、生育快、早熟、株型紧凑的品种。如伊丽莎白、玉金香、银翠、天蜜等品种。

（二）培育壮苗

1. 苗床和营养土准备

棚内建造苗床，苗床为平畦，宽1.2 m、深10 cm左右，并铺设地热线。营养土选肥沃的大田土与腐熟厩肥混合配制而成。常用配方有腐熟马粪1份，腐熟猪、鸡粪1份，肥沃大田土1份。将营养土配好后，床土拌匀，采用福尔马林消毒，每立方米约需1瓶（500 mL），将药配成50～100倍，边倒堆，边喷药，然后翻拌均匀，用薄膜盖好闷上一周，使用前扒开营养土堆，晾一周，再装钵备用。

2. 种子处理

用55℃温水浸种20 min，然后捞出洗净种子表面粘膜，用湿布包好，放到25～35℃条件下催芽，翻动3～4次，大约10～12 h就可出芽，当芽长1～2 mm时立即播种。一般苗龄在30 d左右。

3. 播种

将营养钵在育苗床中放平，浇透水，将催出芽的种子每钵点1～2粒，盖土1 cm厚。然后用地膜盖严。

4. 苗期管理

出苗前白天气温保持在28～35℃，夜间17～20℃。出苗后应适当降温，以防止徒长，白天气温可降到22～25℃，夜间气温15～17℃。真叶出现后应适当提温，白天气温保持在25～28℃，夜间为17～19℃。当棚温超过28℃时即可通风。育苗期内只要是浇足底水，一般不再浇大水，干旱时可用喷壶洒水，当苗床内湿度

过高时,可以撒些干土或草木灰以降低湿度。苗床内常由于低温高湿而发生猝倒病,所以应及时放风。即使在低温天气,若床内湿度过大时,也应酌情通风放湿气;也可用64%杀毒矾500倍液或75%百菌清可湿性粉剂600倍液喷洒根部。定植前7~8天要锻练瓜苗,以提高其耐寒力。

(三)定植

1. 定植时期

甜瓜在10 cm土温稳定在12℃以上,气温不低于13℃时定植。定植应选晴天上午进行,阴天有寒流的天气不能定植。

2. 整地施肥作畦

定植前将土地深翻耙平耙细,施入基肥。一般每亩施入优质农家肥厩肥5 000 kg、过磷酸钙50 kg、硫酸钾20 kg作基肥。结合基肥,每亩地施入镁肥3~5 kg、硼锌等微肥2~3 kg,可改善果实品质,预防缺素症。一般高畦和垄畦栽培,高畦畦宽1.0~1.2m。沟宽50 cm,畦高20~30 cm,每畦栽2行苗;垄畦面宽40~50 cm,高15~20 cm,每畦栽1行苗。

3. 定植

栽培密度一般每亩2 200~2 300株,行距70~80 cm,株距40~45 cm为宜。定植时要浇足底水,秧苗不宜栽植过深,应以露出子叶为度。保护地冬春茬栽培必须采用地膜覆盖,提升地温,保持土壤湿润。

(四)田间管理

1. 温度管理

缓苗期白天气温控制在27~30℃,夜间不低于20℃,地温27℃左右;缓苗后注意通风降温,白天温度为25~30℃,夜间温度为不低于15℃;开花期白天温度为27~30℃,夜温为15~18℃,地温为15~18℃,昼夜温差要求10~13℃;果实膨大期昼温为27~35℃,夜温为15~20℃,保持10℃以上的昼夜温差有利于果实的发育和糖分的积累。

2. 肥水管理

缓苗时如发现土壤水分不足,可浇1次缓苗水,水量不宜过大。缓苗后根系的吸肥、吸水能力强,因此,植株开始生长时浇1次伸蔓水,每亩地随水施入磷酸氢二铵10 kg、尿素5 kg及硫酸钾5 kg,促进植株迅速生长。开花坐果期应避免浇水,使雌花充实饱满。膨瓜期可每10 d浇1次小水,整个结瓜期共浇2~4次,结合浇膨瓜水,每亩地随水冲施磷酸氢二铵30 kg、硫酸钾15 kg、硫酸镁5 kg。果实接近成熟时,要节制水分,保持适当的干燥,以利于糖分的积累。缓苗后可挂反光幕,提高光照强度。结果期如遇低温寡日照天气,要设法临时加温、补光;草苫早揭晚放,保持棚膜清洁,争取多透入阳光。

3. 植株调整

甜瓜的茎蔓性植株“团棵”以后，不能直立生长，需及时吊绳引蔓。一般采取单蔓整枝和双蔓整枝。单蔓整枝是在主蔓25~30节摘心，基部子蔓长到4~5 cm摘除，在11~15节上留3条健壮子蔓作结果预备蔓，结果蔓在第2雌花前留2片叶摘心，在主蔓的22~25节选留2~3条子蔓5叶时摘心，作二茬结果蔓，两茬结果蔓之间的子蔓全摘除。双蔓整枝是幼苗3~4片叶摘心。当子蔓长到15 cm左右，选留两条健壮子蔓，分别引向两根吊绳，其余子蔓全部摘除。在每条子蔓中部10~13节处选留3条孙蔓作结果蔓，每条结果蔓于雌花开放前在花前留2片叶摘心。子蔓20~25节左右摘心。

4. 人工授粉

人工授粉的最佳时间在上午8~10时，适宜温度为20~25℃。一般采取的授粉方法有毛笔授粉和雄蕊涂抹。授粉时要选取合适节位，一般选取子蔓上第2节及以后的雌花或孙蔓上第1节及以后的雌花。

(1)人工辅助授粉。甜瓜应采取人工辅助授粉以促进坐果。具体做法是在晴天清晨采摘即将开放的雄花花蕾置于容器中，待其自然开放后，摘除花瓣，将扭曲状的花药对准柱头，轻轻均匀涂抹即可，授粉最好在气温升至20℃以上约上午8~10时进行。

(2)激素处理。可用20 ppm防落素，于上午8~10时喷花或用毛笔蘸药涂抹果柄。注意药水中要加入红色广告色作标记。

(五)采收

采收时根据不同的销售方式来确定采收期，就地销售时，应在完全成熟时收获。远途贩运，可在果实八九分成熟时采收。采收应在果实温度较低的早晨和傍晚进行。

五、主要病害防治

(一)蔓枯病防治

(1)避免阴天浇水，争取浇后连晴。

(2)浇水后如遇连续阴雨，注意中午进行短时排湿。

(3)药剂防治：发病初期用75%百菌清可湿性粉剂600倍液，或70%甲基托布津可湿性粉剂800倍+80%大生可湿性粉剂(或悦生)800倍液喷雾；收获后及时清除病残体，减少菌源。

(二)细菌性叶枯病防治

(1)种子消毒。播种前先把种子在清水中预浸10~12 h后，再用1%硫酸铜溶液浸5 min，捞出后播种。也可用55℃温水中浸种30 min，再移入冷水中冷却后催芽播种。

(2)农业措施实行2~3年轮作。结合深耕，以促进病残体腐烂分解，加速病菌死亡。定植以后注意中耕松土，促进根系发育，雨后注意排水。

（3）药剂防治：发病初期和降雨后及时喷洒农药，常用药剂有72%农用链霉素可溶性粉剂4 000倍液，或新植霉素4 000～5 000倍液，或2%多抗霉素800倍液，或60% DTM可湿性粉剂500倍液，或14%络氨铜水剂300倍液，每7 d喷1次，连喷3～4次。

技能单

技能 黄瓜嫁接

一、目的

学习黄瓜嫁接的基本原理和方法，掌握黄瓜靠接、插接、劈接和贴接的基本技能。

二、材料和用具

材料：嫁接适龄的黄瓜苗、黑籽南瓜苗。

工具：刀片，竹签、嫁接夹等。

三、方法与步骤

1. 靠接法

（1）去除南瓜生长点，用刀片在距子叶0.5～1.0 cm处的胚轴上，按35°自上而下斜切一刀，切口深度为茎粗的1/2。

（2）在接穗子叶节下1.0～1.5 cm处，按30°自下而上斜切一刀，切口深度为茎粗的3/5。

（3）将接穗舌形楔插入砧木的切口中，用嫁接夹固定，使黄瓜子叶压在南瓜子叶上面。

（4）嫁接后立即将接穗根系栽入砧木的营养钵。

2. 插接法

（1）去除砧木生长点。

（2）用竹签在两片子叶间向下倾斜插入。注意插孔要躲过胚轴的中央嫁接时，先去除砧木生长点，不要插破表皮，竹签暂不拔出。

（3）取一株黄瓜苗，在子叶以下0.5～1.0 cm处，将下胚轴切成楔形。

（4）拔出砧木上的竹签，将接穗插入孔中，使接穗两片子叶与砧木两片子叶平行或呈十字花嵌合。

3. 劈接法

(1)去除砧木生长点,保留砧木基部1~2片真叶,使其呈平台状。

(2)在茎轴一侧自上而下轻轻切开长约1~1.5 cm的切口。

(3)将黄瓜保留2~3片真叶轴切成楔形,插人砧木切口内,立即用嫁接夹固定。

4. 贴接法

(1)用锋利刀片自上而下一刀削去砧木的生长点和一片子叶,椭圆形切口长0.5~1 cm。

(2)在接穗子叶下斜切一刀,斜角为30°左右,切口与砧木切口贴合,用嫁接夹固定。

四、作业

1. 嫁接有什么重要意义?

2. 按照操作程序,写出实验报告,分析操作过程中应注意的问题。

知识点回顾

一、填空题

1. 黄瓜属于(　　)科(　　)属一年生草本蔓生攀缘植物。
2. 黄瓜定植的原则为(　　)。
3. 黄瓜抽蔓期结束的标志是(　　)。
4. 黄瓜的花有3种类型,即(　　)、(　　)和(　　)。
5. 西瓜授粉的最佳时间(　　)。
6. 西瓜一般10 cm土层地温度达到(　　)以上为安全定植期。
7. 根据西瓜对气候的适应性,分为五个生态类型:(　　)、(　　)、(　　)、(　　)、(　　)。
8. 甜瓜的结实花指(　　)和(　　)。
9. 根据生态学特性可以把甜瓜分为(　　)、(　　)两种类型。
10. 甜瓜人工授粉的适宜温度为(　　)。

二、判断题

1. 黄瓜在低温短日照条件下形成雌花数量多。(　　)

2. 黄瓜喜光，不耐弱光。（　）

3. 黄瓜属于喜温性蔬菜，既不耐寒又怕高温。（　）

4. 黄瓜增加有机肥用量导致雌花数量增加。（　）

5. 甜瓜雌雄同株异花，雌花多为两性花。（　）

6. 甜瓜主蔓雌花出现较迟，子蔓、孙蔓雌花出现较早。（　）

7. 甜瓜雄花在主蔓第3~5节开始发生，雌花发育较早。（　）

8. 西瓜以主蔓上第二、三节雌花结的瓜最大。（　）

9. 西瓜从果实褪毛到果实基本达到该品种具有的体积即俗称“定个”时为膨瓜。（　）

10. 西瓜雌雄花比例为孙蔓<子蔓<主蔓。（　）

三、简答题

1. 简述影响黄瓜雌雄花比例的因素。
2. 黄瓜嫁接的方法有哪些？具体如何操作？
3. 黄瓜嫁接苗如何管理？
4. 如何进行西瓜的植株调整？
5. 如何鉴别西瓜的成熟度？
6. 如何进行甜瓜的植株调整？
7. 简述如何进行甜瓜的人工授粉。

参考文献

[1]陈杏禹.蔬菜栽培[M].北京:高等教育出版社,2010.
[2]李天来.设施蔬菜学[M].北京:中国农业出版社,2011.
[3]山东农业大学.蔬菜栽培学总论[M].北京:中国农业出版社,2000.
[4]卢育华.蔬菜栽培学各论:北方本[M].北京:中国农业出版社,2000.
[5]山东农业大学.蔬菜栽培学各论:北方本[M].北京:中国农业出版社,1999.
[6]蒋先明.蔬菜栽培生理学[M].北京:中国农业出版社,1996.
[7]张振贤.蔬菜栽培学[M].北京:中国农业大学出版社,2003.
[8]程智慧.蔬菜栽培学各论[M].北京:科技出版社,2010.
[9]于广建.蔬菜栽培 [M].北京:中国农业科技出版社,2009.
[10]曹宗波,张志轩.蔬菜栽培技术:北方本[M].北京:化学工业出版社,2009.
[11]程智慧.蔬菜栽培学总论[M].北京:科技出版社,2010.

育苗营养块育苗

嫁接育苗

穴盘育苗

温室育苗

蛋形茄子

宝塔菜

黑色辣椒

樱桃辣椒

朝天椒

五彩椒

菊芋

蚕豆

结球甘蓝

羽衣甘蓝

球茎甘蓝

抱子甘蓝

苦瓜

丝瓜

佛手瓜

番杏

苋菜

落葵

杏鲍菇

姬菇

平菇

银耳

山药

莲藕

百合

芋头

香葱

大蒜